용수·폐수의
산업별 처리 기술

KB077557

용수·폐수의
산업별 처리 기술

와다 히로무츠(和田洋六) 지음
김상배 옮김

씨
아이
알

이 책은 2010년 초판 발행 이후 ㈜공업조사회에서 간행되어 다행히도 오랜 기간 많은
독자들로부터 애용되었습니다. 이번에 도쿄 전기 대학 출판국에서 새롭게 간행되었습
니다. 이 책이 앞으로도 독자에게 도움이 되길 바랍니다.

2011년 5월
와다 히로무츠

저자 서문

물은 생명의 근원이며 우리의 생활과 산업에 불가결한 자원입니다.

지금으로부터 10년 전에 "20세기에는 석유가 세계 경제의 향방을 좌우했지만 21세기는 물의 세기가 된다"라고 하였습니다.

현재 그 말은 물 부족, 물 오염, 물 분쟁 등을 포괄하는 개념으로 쓰이고 있으며 이제는 현실화되고 있습니다.

이 이유는 세계적인 인구 증가와 산업 발전에 따라 물 사용량이 늘어나 수원이 되는 담수가 부족하고, 더욱이 지역적으로 편재되어 있기 때문입니다.

이 물 부족의 문제는 지구상에 존재하는 담수량이 한정되어 있는 이상 피할 수 없는 과제입니다.

공공수역의 수질은 1960년대부터 급속히 늘어나기 시작한 산업활동과 인간 중심의 생활에 의해 오염되어 자연이 본래 가지고 있는 자정 작용만으로는 회복하기 어려운 지역이 나타나고 있습니다.

이 경향은 일본을 포함한 중국이나 아시아의 나라들에서 많이 볼 수 있습니다.

이러한 문제 해결에서 중요한 것은 물의 오염을 막아 고도 처리하고, 회수율을 올려 재활용하는 등 수처리의 실무에 대해서 잘 아는 것입니다.

수질오염의 발생원으로는 ① 산업 폐수, ② 생활오수, ③ 도시하수, ④ 산업 폐기물 처리, ⑤ 축산 폐수 등이 있습니다.

이들 폐수에 포함된 오염물질을 제거하는 데 일정하게 정해진 방법은 없습니다.

그 이유는 산업 폐수에 따라 제거 대상 물질의 종류, 성질, 성분 등이 각각 달라지며 항상 변화하기 때문입니다.

이것은 수처리 기술의 어려운 점으로 기술자의 기초지식과 함께 현장 경험, 연구 성과 등이 많이 요구됩니다.

산업 폐수라고 해도 적절히 고도 처리하여 재활용하면 절수와 환경보전에 공헌할 뿐만 아니라 기업에 이익을 가져다줄 수 있습니다.

본서는 이러한 물 부족과 물 오염의 문제 해결 수단으로서 산업별 폐수의 고도 처리와 재활용 실무에 도움이 되는 기술에 대해 설명하고 있습니다.

본 서의 내용은 다음의 4장으로 구성되어 있습니다.

제1장은 용수·폐수 처리 계획 진행 방법, 펌프, 유량계, 교반기 등의 사용법을 설명하고 아울러 물을 재이용하는 방법에 대해 요약합니다.

제2장에서는 수처리의 실무에 도움이 되는 응집침전, 산화·환원 처리, AOP 처리, 막 분리법 등 기본이 되는 물리화학적 처리에 대해 설명합니다.

제3장은 생물을 사용한 활성 슬러지법, 질소 및 인의 제거, 막분리 활성 슬러지법 등의 설계에 도움이 되는 생물학적 처리의 요점에 대해 설명합니다.

제4장은 30개 항목에 걸친 산업별 폐수 처리에 대한 플로우 시트를 이용하여 구체적으로 설명합니다.

이 중에는 이미 실용화된 처리 시스템도 있지만 항목에 따라서는 아직 실용화 단계에 이르지 못한 경우도 있습니다.

이 경우는 향후 기술 개발의 참고자료로 봐주시면 좋겠습니다.

본 서의 내용은 초심자도 쉽게 이해할 수 있도록 어느 항목이라도 4페이지로 내용을 파악할 수 있도록 요약했습니다.

지면 관계로 내용을 충분히 전달할 수 없는 부분도 있지만, 자세한 내용은 글 중간과 책 끝에 열거한 참고문헌을 참고해주십시오.

이 책이 산업별 수처리 기술의 기초학습과 실무 가이드북으로 도움이 되길 바랍니다.

본 서를 작성하는 데 본문 중에 언급한 우수한 문헌, 저자, 발행처의 자료를 참고할 수 있게 해주심에 감사드립니다.

또 출판에 협력해주신 (주)공업조사회 편집부 여러분께 깊이 감사드립니다.

2010년 2월

와다 히로무츠(和田洋六)

역자 서문

인구의 도시 집중과 고도로 발달한 산업으로 깨끗한 자연환경이 점차 오염되어 우리들이 살고 있는 생태계에 매우 큰 문제가 되고 있습니다.

지구상 모든 동식물이 생명을 유지하기 위한 깨끗한 물의 확보는 필수불가결의 상황에 직면하고 있으며, 공공수역의 수질은 급속히 늘어나기 시작한 산업활동과 인간 중심의 생활에 의해 오염되어 자연이 본래 가지고 있는 자정 작용만으로는 회복하기 어려운 지역이 표면화되고 있습니다. 이 때문에 깨끗하고 아름다운 환경을 보전하려고 많은 노력을 기울이고 있습니다.

수처리 목적은 오염된 물 중에서 오탁물질 및 유해물질을 물리적 또는 화학적 처리 방법으로 최대한 많이 제거하는 것으로 수처리 기술은 필수적이 되고 있습니다.

이러한 수처리 기술의 중요한 점은 물의 오염을 막아 고도 처리하고 재활용하기 위한 수처리 기술에 대해 다양한 방법을 파악하여 활용하는 것입니다.

이러한 수처리 기술은 물리화학의 기초지식은 물론 토목, 기계, 전기, 계측제어의 엔지니어링 분야뿐만 아니라 효율적이고 안정한 처리 기술에 대해 다방면의 기술집약이 요구되고 있습니다.

이에 역자는 오염된 물의 처리 시 고려하여야 할 사항과 추진 방법, 또한 수처리 기술 중 물리·화학적 처리법, 생물학적 처리법 그리고 업종별 폐수의 특성과 처리 방법에 대해 새로운 수처리 기술과 도입에 도움이 되고

자 수처리 기술에 대한 책을 번역하게 되었습니다. 특히 수처리 시설 분야에 종사하는 지방자치단체의 시설 계획 담당자, 운영관리자, 공공기관의 관계자, 엔지니어링 회사의 설계 및 건설사업 관리 기술자 그리고 수처리 제작업체 및 위탁 운영업체의 운영 관리요원들에게 많은 도움이 되기를 바랍니다.

번역할 때는 수처리 계획 추진과 기술에 대한 내용은 가능한 원서에 충실하도록 하였습니다. 이 때문에 수처리 계획 추진은 우리나라 관계 법률과는 다소 상이한 내용이 될 수 있어 '역자 후기'로 우리나라 관계 법률을 비교하여 표기하였으나 보다 자세한 내용은 대한민국 법률에 따라 확인하기 바랍니다.

본 번역서는 우리나라 수처리 기술을 좀 더 쉽게 접근하고 보다 나은 기술 발전을 위한 의도이므로 번역에 다소 부족한 부분이 있더라도 너그러운 이해를 바랍니다. 이 책을 출판할 수 있게 지원해준 도서출판 씨아이알 관계자 여러분께 감사드리며, 바쁘신 중에도 좋은 번역서가 되도록 감수해주신 한국건설기술연구원의 장춘만 선임연구위원과 (사)한국생활폐기물 기술협회의 관계자 여러분께도 감사드립니다.

2022년 3월

김상배

목 차

제3장 생물학적 처리법

제4장 업종별 폐수의 특성과 처리

제1장
용수 및 폐수 처리의 기본

제**1**장

용수 및 폐수 처리의 기본

용수 처리와 폐수 처리의 포인트

일본의 수돗물은 수원이 되는 강이나 호수의 수질이 좋기 때문에 의심스러운 물질이 존재하지 않는 것을 전제로 수질 기준이 정해져 있었습니다.

그러나 최근 암모니아성 질소나 세제를 포함한 생활하수 외에 난분해성 물질을 포함한 산업 폐수 등이 수원인 강이나 호수에 유입되어, 그것을 정화하기 위해 염소나 응집제 등 화학 약품의 사용량이 증가하게 되었습니다.

● 상수도 물의 수질과 과제

<표 1.1.1>은 수돗물 수질 항목과 기준치 초과 원인(사례)입니다. 농도가 높을 때의 원인은 모두 인위적인 것입니다. 식수를 사용하는 우리들은 더 이상 상수도용 수원을 더럽히지 않는 것이 중요합니다. 1990년대 대도시 하천에 배출되는 BOD량 중 생활 폐수가 차지하는 비율은 79%로 증가

하였습니다. 현재는 생활하수가 공공 수역의 유기 오염 대부분을 차지하고 있습니다. 산업 폐수의 오염 부하는 감소하고 있지만 최근 수원지 물에 기준에 없는 유해한 수용성 유기물이 포함되어 있을 가능성이 있습니다. 이러한 용해성 물질은 현재 모래에 의한 급속 여과와 염소 살균 처리만으로는 제거할 수 없습니다. 투명한 설탕물을 모래 여과해도 설탕물에 변함이 없는 것과 같습니다.

〈표 1.1.1〉 수돗물 수질 항목과 기준치 초과 원인(사례)[1]

항목	구체적 물질명	농도가 높을 때의 원인
건강에 관한 항목 (29항목)	일반 세균	소독과 멸균이 불충분
	시안·수은·납·불소	수돗물 속에 산업폐수가 섞여 있을 우려가 있음
	질산 질소 아질산성 질소	비료, 동물의 분뇨, 하수 혼입의 가능성이 큼
수돗물이 가져야 할 성상과 관련된 항목 (17항목)	음이온 계면활성제	가정용 폐수나 공장 폐수에 의한 오염이 추측됨
	아연	산업 폐수, 타이어 마모, 아연도금 제품에서 박리 용출
쾌적한 수질 항목 (13항목)	알루미늄	정수 처리에서의 응집제 과잉 주입에 의한 누출
	난분해성 유기물	생활 오수, 산업 폐수 등의 혼입
감시 항목 (26항목)	붕소·프탈산제틸헥실 등	공장 폐수, 산업 폐기물 폐액의 혼입

<그림 1.1.1>은 현재 많은 정수장에서 시행되고 있는 급속여과법에 의

---

1 우리나라 환경부령으로 정하고 있는 먹는 물 수질 기준은 총 59종으로 미생물에 관한 기준(4종), 건강상 유해영향 무기물질에 관한 기준(11종), 건강상 유해영향 유기물질에 관한 기준(17종), 소독제 및 소독부산물질에 관한 기준(11종), 심미적 영향물질에 관한 기준(16종)으로 구성되어 있다.

한 처리 공정도 사례입니다. 급속여과법은 미국에서 탄생한 방법으로 전쟁 후인 1945년에 진주군에 의해 일본에 반입되어 지금까지의 완속여과법을 대신하여 널리 보급되어 오늘에 이르고 있습니다.

급속여과법은 <그림 1.1.1>과 같이 제1 공정에서 폴리염화알루미늄 등의 응집제와 염소를 사용하여 잘 가라앉지 않는 미립자를 큰 입자로 바꾸어 침전시킵니다.

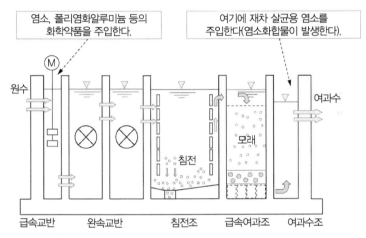

<그림 1.1.1> 급속여과법에 의한 정수 처리 공정도(사례)

제2 공정에서는 모래 여과층 전체에서 급속 여과를 실시합니다. 여과 속도는 1일 120m³/m²로 완속여과의 약 30배입니다. 여과 속도가 큰 만큼 여과지를 작게 할 수 있기 때문에 부지 면적이 작아집니다. 급속여과법은 완속여과법처럼 세균류, 수용성 유기물, 암모니아, 합성세제 등을 제거할 수 없습니다. 따라서 여과 전후의 공정에서 염소를 주입하고 있습니다.

이것이 원인이 되어 유해한 염소계 화합물을 부생하거나 물맛을 나쁘게 하는 문제가 파생합니다.

● 공업용수의 수질과 과제

<표 1.1.2>는 공업용수 공급 수질의 기준치(사례)입니다. 평소 우리(일본)가 수질 기준이라고 부르는 것은 수도법에 의거한 정령에 의해 정해진 수질 기준입니다.

공업용수는 「공업용수도 사업법(한국: 수도법)」에 의거한 정령으로 8항목의 수질 측정을 실시하도록 되어 있으나, 음료수만큼 엄격한 기준은 아닙니다. 그래서 공업용수의 사용자는 본 서에서 설명하는 몇 개의 처리를 부가해 생산 공정에 알맞은 수질로 정화하고 있습니다.

〈표 1.1.2〉 공업용수 공급수질의 기준치(사례)

측정항목	기준치(일본)	기준치(한국)
pH	6.5~8.0	5.8~8.5
탁도(mg/L)	20	5(NTU) 이하
알칼리도(mg/L)	75	75
경도($CaCO_3$)(mg/L)	120	300
증발잔류물(mg/L)	250	500
염소이온(mg/L)	80	250
철(mg/L)	0.3	0.3
망간(mg/L)	0.2	0.3

● 산업 폐수 처리의 요점

산업 폐수 수질은 상수도와 달리 발생 공정에 따라 수질이 전혀 다릅니다. 따라서 처리 방법도 폐수의 종류별로 달라집니다. <그림 1.1.2>는 산업 폐수의 종류와 발생 공정(사례)입니다만, 생산 공정에 따라서 폐수의 내용이 크게 달라집니다.

이런 이유로 산업 폐수 처리는 상수 처리와 달리 처리법이 정해져 있지 않다는 점을 인식할 필요가 있습니다.

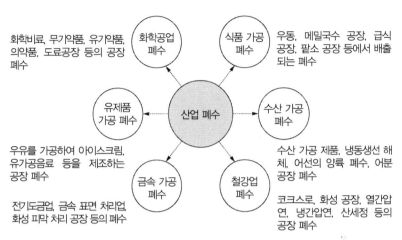

〈그림 1.1.2〉 산업 폐수의 종류와 발생 공정(사례)

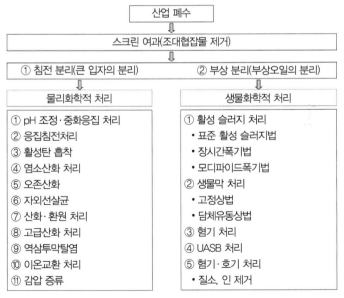

〈그림 1.1.3〉 산업 폐수 처리의 순서(사례)

<그림 1.1.3>은 산업 폐수 처리의 순서(사례)입니다. 산업 폐수 처리는 사전에 폐수 수질 조사, 예비 실험을 실시하여 실제 장치 설계에 대한 데이터를 검토하도록 권장합니다. 실험은 여러 번 하여 재현성 있는 결과를 얻을 수 있으면 보다 좋은 처리 시스템으로 완성됩니다.

1.2 용수·폐수 처리 계획 추진 방법

용수·폐수 처리에서는 원수의 조성을 알 수 있으면 이에 근거하여 처리 실험을 실시합니다. 이어서 처리 목표치에 맞는 처리 방법을 검토합니다.

용수 처리에서는 원수 조성에 큰 변화가 없으나 폐수의 경우는 생산 과정별로 조성이 전혀 다르기 때문에 처리를 위한 확인 실험은 필수조건입니다.

<그림 1.2.1>은 용수·폐수 처리 계획 절차를 정리한 것입니다. 수처리 설비의 설계, 제작에서는 대체로 <그림 1.2.1>에 나타내는 절차에 따라 장치를 설계하고 건설 공사, 시운전, 유지관리를 합니다.

● 수질 측정 및 처리 실험

용수와 폐수의 수질은 연중 항상 변화하고 있습니다. 따라서 처리 설비를 설계하기 위해서는 되도록 장기간의 측정 데이터를 참고하여 특성을 해석·검토합니다. 데이터가 없는 경우에는 설계자가 직접 현지로 가서 시료를 채취한 후 그 자리에서 처리 실험하는 것을 권장합니다.

<그림 1.2.1> 용수·폐수 처리 계획 절차

● 플로우 시트 작성

플로우 시트(Flow Sheet)는 <그림 1.2.2>와 같이 공정을 칸으로 둘러싼 '블록 플로우 시트'와 <그림 1.2.3>과 같이 장치를 개략도로 나타낸 '플로우 시트도(圖)'가 있습니다.

블록 플로우 시트는 처리 순서를 나타낸 것뿐이지만 플로우 시트도는 장치의 형상을 그리기 때문에 한눈에 봐도 설비 전체의 이미지가 떠오릅니다. 여기에서는 수량, 수질, 탱크나 펌프의 크기, 밸브, 유량계, 압력계 등의 개수를 기입합니다. 이를 통해 기기류의 구체적인 개수나 가격을 알 수 있습니다. 여기까지는 비교적 용이하게 작업이 진행되기 때문에 원가 계산 및 견적 금액 산출의 기초 데이터 자료가 됩니다.

플로우 시트는 화면의 좌측 상단을 원수로 하고, 우측 하단을 향해 처리 흐름을 써넣으면 보기 쉬워집니다. 처리 공정이 길어져서 꼭 2단으로 표

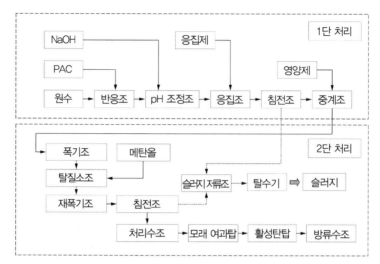

〈그림 1.2.2〉 블록 플로우 시트(예)

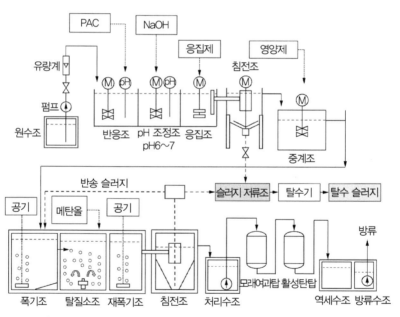

〈그림 1.2.3〉 플로우 시트도(사례)

현하고 싶은 경우는 그림과 같이 상단 우측 하단에서 하단 좌측 상단으로 선을 그었다가 다시 우측 하단 방향으로 작성하면 알기 쉬워집니다.

● 배치도 작성

여기서부터는 실무 경험이 있는 기술자의 순서입니다. 그 이유는 배치도 작성에는 발주자의 요망, 예산 조건, 건설 현장의 지형, 주위 환경, 배관의 조정 방법, 풍향, 기후, 반입·반출로 확보 등 복잡한 요소가 얽혀 있기 때문입니다. 여기서부터는 책에서 얻은 지식 외에 현장에서의 실무 경험이 크게 작용합니다.

플로우 시트가 정해지면 일례로 <그림 1.2.4> 평면배치도, <그림 1.2.5> 단면도에 나타난 것과 같은 배치도를 작성합니다. 설계에서는 건설한 후 몇 년이고 계속되는 유지관리자의 작업을 배려한 사용하기 쉬운 설비를

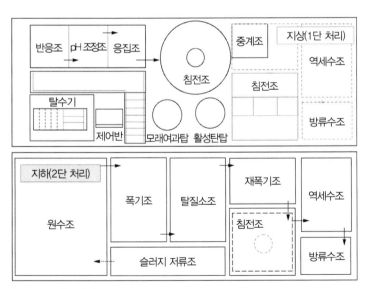

<그림 1.2.4> 평면배치도

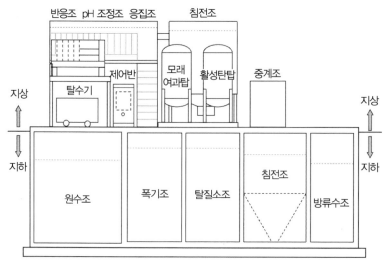

〈그림 1.2.5〉 단면도

만드는 것이 중요합니다.

1.3   펌프의 선정 방법

용수 및 폐수 처리에서는 대부분의 설비에서 펌프를 사용합니다. 펌프는 전양정, 유량 및 취급하는 액체의 종류에 따라 많은 종류가 있습니다. 작동 원리로 분류하면 <표 1.3.1>과 같이 ① 원심식(Centrifugal), ② 용적 회전식(Rotary), ③ 용적 왕복동식(Recipro), ④ 기타가 있습니다.

<표 1.3.2>에 펌프의 특성을 나타냅니다. 펌프는 종류에 따라 각각의 특성이 있으므로 장치의 사용 목적에 맞는 것을 선택합니다.

펌프의 선정은 대략적으로 다음과 같은 순서로 결정합니다.

<표 1.3.1> 펌프의 종류

펌프 종류	이송 원리	펌프 명칭
원심식	원심력	볼류트 펌프, 터빈 펌프
용적 회전식	회전식의 용적 변화	가스케이드 펌프, 기어 펌프, 스크류 펌프, 베인 펌프
용적 왕복동식	왕복동식의 용적 변화	피스톤 펌프, 플런져 펌프, 다이야프램 펌프
기타		기포 펌프, 튜브 펌프

<표 1.3.2> 펌프의 특성

펌프 종류	용량·양정 (적용 범위)	점성	슬러리	정량성
원심식	용량: 소~대 양정: 저~고 (적용 범위 넓음)	고점도는 부적합	대응 가능	낮음
용적 회전식	용량: 소~중 양정: 중~고 (대용량 부적합)	고점도 액체 → OK	미량이면 대응 가능	낮음
용적 왕복동식	용량: 소~중 양정: 중~고 (대용량 부적합)	어느 정도 점도 있는 액체 → OK	부적합	• 높음 • 약품 주입 펌프에 적합함

● 기본 사양의 결정

액체의 종류, 유량, 어느 정도의 높이까지 보내느냐에 따라 펌프의 재질과 종류가 결정됩니다.

① 액체, 조성: 액체의 종류, 온도, 비중, 점도, 증기압, 고형물 혼재 여부를 확인합니다.
② 유량, 양정: 유량 및 전양정(실양정 + 전손실수두)의 결정입니다.

③ 흡입 조건: 흡입 조건이 까다로운 경우 펌프의 NPSH(Net Positive Suction Head: 유효 흡입 수두를 말하는 것으로 캐비테이션[2]의 판정에 이용하는 수치)의 값을 고려합니다.

④ 운전 방법: 연속 자동운전 등으로 펌프가 체절되는 경우에는 최소 유량을 고려할 필요가 있으며, 복수의 펌프를 교대로 운전하는 경우도 있습니다.

⑤ 적용 법규·규격: 건설 현장에 맞는 적용 법규·규격 유무를 조사합니다.

⑥ 원동기(모터·엔진·터빈 등): 펌프의 구동원을 어떤 타입으로 할지 결정합니다. 펌프에 따라서는 인버터를 설치하기도 합니다. 모터 종류 검토(옥외, 실내, 내압방폭 등)

● **원심펌프**

<그림 1.3.1>은 원심펌프(① 볼류트 펌프, ② 터빈 펌프)의 단면도입니다.

① 볼류트 펌프: 원심형 날개로 원심력에 의해 반경 방향으로 압력을 가하는 펌프입니다. 펌프로는 가장 많이 사용되고 있습니다. 수도·하수도의 송수 펌프에서 화학 플랜트용 공정 펌프까지 다양한 용도로 사용되고 있습니다. 베어링 개수나 케이싱 분할 방법 등에 따라 더욱 세세하게 분류됩니다.

② 터빈 펌프: 임펠러 주위에 안내 날개(가이드 베인)가 달린 것이 터빈

---

2 캐비테이션이란 펌프를 운전하면 ① 유량이 증가한다, ② 유속이 빨라진다, ③ 흡입측의 압력이 내려가는 등의 운전조건이 겹쳐 펌프 흡입 배관의 압력이 낮아져 액이 비등하여 기포가 발생하는 현상을 말합니다. 물펌프를 선택하려면 제조사가 권장하는 필요 NPSH를 확인하는 것이 중요합니다.

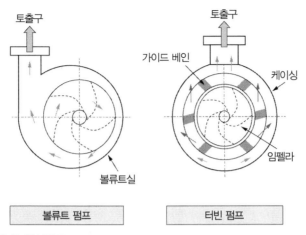

토출구

가이드 베인
케이싱
임펠라
볼류트실

| 볼류트 펌프 | 터빈 펌프 |

〈그림 1.3.1〉 원심펌프

펌프입니다. 터빈 펌프는 한층 더 고양정을 얻을 수 있습니다.

● 용적 회전식 펌프

<그림 1.3.2>는 용적 회전식 펌프(① 가스케이드 펌프, ② 기어 펌프)의
단면도입니다.

① 가스케이드 펌프: 다수의 작은 홈이 새겨진 원반 모양의 날개를 케이
싱 내에서 고속 회전시켜 액체를 거의 1회전시킴으로써 고압을 얻을
수 있기 때문에 소유량·고압에 적합합니다.

② 기어 펌프: 기어(치차) 형상을 한 임펠러가 저속으로 회전하여 유체
를 이송하는 형식의 펌프입니다. 중소 용량의 연료 이송용으로 많이
사용되고 있습니다.

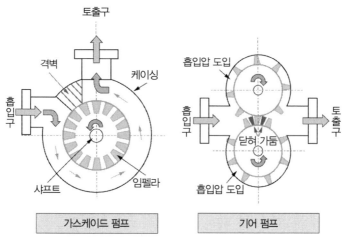

<그림 1.3.2> 용적 회전식 펌프

● 용적 왕복동식 펌프

<그림 1.3.3>은 용적 왕복동식 펌프(① 플런저 펌프, ② 다이어프램 펌프)의 단면도입니다.

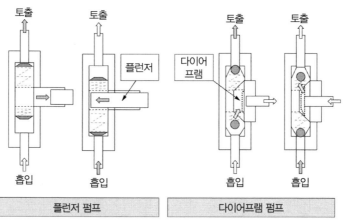

<그림 1.3.3> 용적 왕복동식 펌프

① 플런저 펌프는 플런저를 왕복시켜 흡입·토출합니다. 정량·고압 이송용입니다.

② 다이어프램 펌프는 다이어프램(막)과 2개의 밸브로 구성되어 있습니다. 다이어프램을 상하 또는 좌우로 운동시켜 용적을 변화시키고 흡입·토출을 합니다. 실(Seal)이 없으므로 산·알칼리 등의 약품 이송에 적합합니다.

1.4 유량계 선정 방법

물 유량계는 관로나 수로를 통해서 흐를 때의 단위 시간당 부피 또는 질량을 측정하기 위한 계측기입니다. 체적을 측정하는 방식을 체적 유량계, 질량을 측정하는 방식을 질량 유량계로 부르며, 일정 시간 내에 흐른 유체의 총량을 표시하는 기구를 갖춘 체적 유량계는 적산 체적계(적산 유량계)라고 부릅니다.

유량을 측정하는 데는 다양한 원리와 방법이 있으며 측정 목적에 따라 구분됩니다. 이하에 원리별로 주된 유량계의 종류와 사용법을 설명하겠습니다.

● 플로트식 유량계(〈그림 1.4.1〉(좌) 플로트식 유량계)

플로트식 유량계는 위쪽이 아래쪽보다 넓어진 유리 테이퍼관 안에 플로트를 세팅한 것으로, 유량의 대소에 따라 플로트가 상하로 움직여 그 위치를 읽어 유량을 구합니다. 청수의 유량 측정에 많이 사용됩니다. 플로트에는 우산형, 볼형 등이 있습니다.

● 웨아식 유량계(〈그림 1.4.1〉(우) 웨아식 유량계)

　자유 액면을 가진 액체가 웨아(Weir)를 넘어 흘러내릴 때 그 유량과 웨아 상류측 액면의 높이가 일정한 관계를 갖는다는 점을 이용한 유량계입니다. 청수는 물론 오염으로 탁한 폐수 유량 측정에도 적합합니다. 웨아의 각도에는 삼각 웨아(60°, 90°), 사각 웨아, 전폭 웨아 등이 있으며 유량에 따라 사용됩니다. 최근에는 그림과 같이 액면 높이를 초음파로 측정하여 유량으로 환산하는 기종도 실용화되고 있습니다.

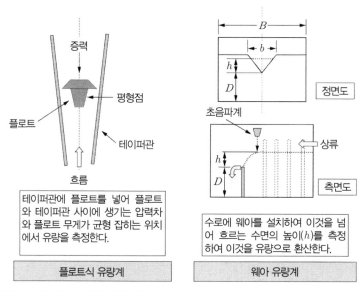

〈그림 1.4.1〉 플로트 유량계와 웨아 유량계

● 차압식 유량계(〈그림1.4.2〉 오리피스 유량계와 벤투리 유량계)

배관 중간에 오리피스판 또는 벤투리관(가운데 구멍이 뚫린 판)을 설치하여 플레이트 또는 관의 전후 압력차를 이용하여 유량을 측정합니다. 가장 간단한 측정법이 오리피스관입니다. 관내 지름의 직관 내 중앙에 홀 직경(D)의 구멍을 뚫은 오리피스판을 끼웁니다. 관내를 통과하는 유체는 유로의 단면적이 축소되어 유속이 증대하고 하류에서의 정압이 저하됩니다. 이 정압 저하는 베르누이 식에서 속도의 함수로 구해집니다. 둘 다 수류를 교축하여 측정하기 때문에 청수를 측정하는 데 적합합니다.

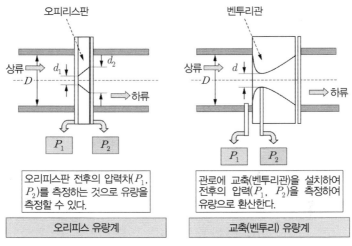

〈그림 1.4.2〉 차압식 유량계(오리피스 유량계 및 벤투리 유량계)

● 초음파 유량계(〈그림 1.4.3〉(좌) 초음파 유량계)

상류 측과 하류 측에서 비스듬히 초음파 펄스를 전파시켜 흐름에 따른 시간차를 검출하여 유량을 측정합니다. 청정한 액체의 측정용입니다. 초음파는 물질을 투과하여 전파하기 위해 송수파기를 유체 도관 바깥쪽에 부착하여 내부 유체의 유속을 측정할 수 있습니다.

초음파 유량계는 비싸지만 폭넓은 물의 측정에 적용할 수 있어 다음과 같은 특징이 있습니다. ① 관내에 장애물이 없다. ② 압력손실 제로. ③ 구조가 간단하여 고장 나지 않는다. ④ 관로가 청정. ⑤ 밀도·점도 영향을 받지 않는다. ⑥ 측정할 수 있는 유량 범위가 넓다. ⑦ 응답이 빠르다.

● 전자유량계(〈그림1.4.3〉(우) 전자 유량계)

전자유도를 이용하기 때문에 적용 범위는 도전성 유체로 한정되지만 견고하고 정밀도가 좋아 공업적으로 자주 이용됩니다. "자기장에 도체가 교차하면, 그 속도에 따른 전압이 발생한다"라는 패러데이의 전자 유도 규칙을 응용하여 도전성 유체의 체적 유량을 측정합니다.

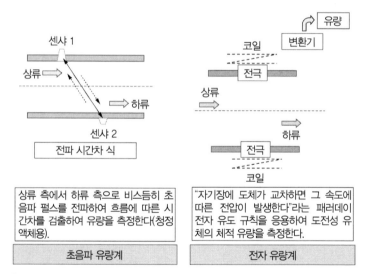

〈그림 1.4.3〉 초음파 유량계와 전자 유량계

● 적산유량계

적산유량계 이외의 미터는 '순간 유량계'라고도 불리며, 흐르는 물의 순간적인 유량을 측정하며, 적산유량계는 사용한 물의 적산량을 측정하는 데 사용합니다.

적산 유량계에는 ① 접선류 임펠라식, ② 축류 임펠라식, ③ 전자식 등이 있습니다. 이것들 중 많이 사용되고 있는 것은 ① 접선류 임펠라식이라고 불리는 것으로, 물의 양에 따라 날개가 회전합니다.

<그림 1.4.4>는 접선류 임펠라식 유량계(단상자형, 복상자형)의 개략도입니다. 계량실이 외부 상자를 겸하고 있는 것을 ① 단상자형, 이중으로되어 있는 것을 ② 복상자형이라고 합니다.

단상자형은 수차와 마찬가지로 임펠러에 직각으로 물을 분사하여 회전시키고 기계적으로 유량으로 환산합니다. 구조가 간단하고 고장이 적고 저렴하여 일반 가정용으로도 많이 사용되고 있습니다.

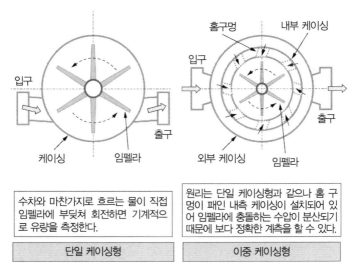

〈그림 1.4.4〉 적산 유량계

최근에는 임펠러 형상의 개량이나 이중 케이싱 안쪽의 계량실 입구 형상에 유체역학적 곡선을 적용하여 보다 저유량역의 감도 향상을 도모한 수도 미터도 있습니다.

1.5 교반기 사용 방법

교반기는 용수·폐수 처리를 비롯하여 의약품, 화장품, 화학 공업 용품, 식품 생산 등 우리 주변의 모든 분야에서 이용되고 있습니다. 수처리에 사용되는 교반기의 구동부는 전동 모터가 대부분으로 모터 직결식이나 V−벨트 전달 방식을 채택하고 있습니다.

교반 샤프트와 프로펠러는 STS 304를 표준으로 하고 있으나 고무 라이닝을 비롯한 각종 수지 라이닝 등의 가공품도 있습니다. 6극 모터를 사용하면 50Hz에서 200rpm, 60Hz에서 240rpm의 저속도 회전 조정이 가능합니다.

● 프로펠러 교반기 및 터빈 교반기

<그림 1.5.1>은 3매 프로펠러형 교반기와 십자 터빈형 교반기의 개략도입니다. 이 책의 플로우 시트에 나타나는 교반기는 대부분이 이 두 종류입니다.

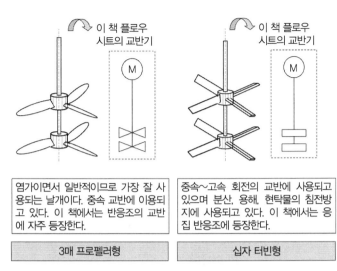

염가이면서 일반적이므로 가장 잘 사용되는 날개이다. 중속 교반에 이용되고 있다. 이 책에서는 반응조의 교반에 자주 등장한다.

3매 프로펠러형

중속~고속 회전의 교반에 사용되고 있으며 분산, 용해, 현탁물의 침전방지에 사용되고 있다. 이 책에서는 응집 반응조에 등장한다.

십자 터빈형

〈그림 1.5.1〉 3매 프로펠러형 교반기와 십자 터빈형 교반기

<표 1.5.1>과 <표 1.5.2>는 3매 프로펠러 교반기 및 터빈 교반기와 탱크 용량의 관계를 나타낸 것입니다. 터빈형 교반기는 이 책의 응집조에 자주 등장합니다. 회전수는 낮지만 응집 플럭을 망가뜨리지 않고 효율이 좋은 교반을 하는 데 적합합니다.

〈표 1.5.1〉 3매 프로펠러형 교반기와 탱크 용량

모터		회전수(rpm)		축(플랜지 하단)	교반용량(L)	
출력(kW)	전압(V)	50(Hz)	60(Hz)	길이(mm)	희석액	중점도
0.1	200	295	350	800	700	230
0.2	200	295	350	1,000	1,500	450
0.4	200	295	350	1,000	3,000	700
0.75	200	295	350	1,200	5,000	1,500
1.5	200	295	350	1,400	10,000	2,500
2.2	200	295	350	1,600	15,000	5,000
3.7	200	295	350	1,800	25,000	8,000

<표 1.5.1> 3매 프로펠러형 교반기와 탱크 용량(계속)

모터		회전수(rpm)		축(플랜지 하단)	교반용량(L)	
출력(kW)	전압(V)	50(Hz)	60(Hz)	길이(mm)	희석액	중점도
5.5	200	295	350	2,200	38,000	10,000
7.5	200	295	350	2,800	50,000	14,000
11	200	295	350	3,000	75,000	24,000

* 재질은 STS 304가 표준입니다만 용액에 따라서 고무 라이닝도 있습니다.

<표 1.5.2> 십자 터빈형 교반기와 탱크 용량

모터		감속기 회전수(rpm)		교반용량(L)	
출력(kW)	전압(V)	50(Hz)	60(Hz)	희석액	중점도
0.1	200	132	159	700	230
0.2	200	132	159	1,500	450
0.4	200	132	159	3,000	700
0.75	200	132	159	5,000	1,500
1.5	200	132	159	10,000	2,500
2.2	200	132	159	15,000	5,000
3.7	200	132	159	25,000	8,000
5.5	200	132	159	38,000	10,000
7.5	200	132	159	50,000	14,000
11	200	132	159	75,000	24,000

* 교반속도는 감속기의 비율에 따라서 임의로 변경될 수 있습니다.

● 교반기의 바른 사용 방법

<그림 1.5.2>는 원형 탱크와 교반기의 배치입니다. 원형 탱크 중앙에 교반기를 설치해서 수용액을 혼합하려고 하면 <그림 1.5.2> ①처럼 수면이 프로펠러와 같은 속도로 소용돌이를 일으키며 회전하다가 나중에는 중앙부의 수면이 움푹 패이는 현상을 자주 경험합니다.

이것으로는 용해되거나 혼합하려는 물질과 물이 함께 회전해버리기 때문에 효율이 좋지 않습니다. 그래서 ②에 나타낸 바와 같이 교반기 샤프트를 탱크 중심부에서 약간 비키면 중심부에서 발생했던 소용돌이가 감소되어 교반 효율이 개선됩니다.

<그림 1.5.2> ③에서는 교반기 프로펠러는 탱크의 중심부 그대로이지만 탱크 원주부에 방해판이 부착되어 있습니다. 이렇게 하면 탱크 내에서 난류가 일어나 교반 효과가 좋아집니다.

수지제 탱크 제조사는 작은 용량(500L, 1,000L)의 탱크에 방해판을 제작하여 장착한 것을 판매합니다. <그림 1.5.2>의 ④는 방해판이 있는 탱크에 추가하여 처리수 출구에 그림과 같이 가공한 노즐 배관을 부착하였습니다. 이렇게 하면 처리수 단락류를 방지할 수 있어 효과적인 배출이 가능합니다.

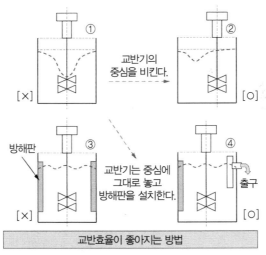

<그림 1.5.2> 원형 탱크와 교반기의 배치

<그림 1.5.3>은 연결 탱크와 교반기의 배치입니다. <그림 1.5.3>(좌)는 각형 탱크를 2조 연결한 사례입니다. 각형 탱크의 경우 교반기의 프로펠러는 중앙부에서도 효율이 거의 저하되지 않습니다. 단, 여러 탱크를 연결하는 경우는 위 그림에 나타난 바와 같이 물이 탱크의 대각선을 통과하고, 다음 그림과 같이 탱크의 상하를 우회하여 출구로 향하게 합니다.

<그림 1.5.3>(우)는 원형 탱크를 2조 연결한 사례입니다. 원형 탱크에서는 교반기의 프로펠러를 중앙부에서 비키어 배치합니다. 가능하다면 방해판이 있는 탱크를 채용할 것을 권장합니다. 탱크의 연결 배관은 그림과 같이 입구에서 들어온 물이 우회하여 출구로 유하되도록 하면 효율적인 반응조가 완성됩니다.

그림에 나타난 어떤 탱크에도 내부의 반응액을 전량 빼낼 수 있도록 바닥부에 물 빼기 배관과 밸브를 설치해두면 탱크 청소나 액체 교체 작업이 편합니다.

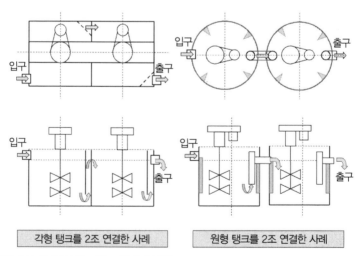

각형 탱크를 2조 연결한 사례   원형 탱크를 2조 연결한 사례

<그림 1.5.3> 연결 탱크와 교반기의 배치

1.6 물 재활용

지구상의 물은 순환하는 것으로 이루어져 있습니다. 지구를 순환하고 있는 담수는 지구상의 물의 약 0.05%라고 하며, 실제로 사용할 수 있는 수량은 한정되어 있습니다. 이러한 점에서 산업 폐수라고 해도 수원의 하나로 파악해 고도 처리하여 재활용하면 절수, 환경보전에 공헌할 뿐만 아니라 경제 효과도 얻을 수 있습니다.

산업 폐수의 재활용화에서는 발생 공정마다 처리해 순환 사용하는 것을 권장합니다. 그 이유는 성상이 다른 폐수를 한번 섞어버리면, 그 후의 분리와 정제에 많은 에너지를 소비하기 때문입니다. 예를 들어, 백설탕과 소금은 같은 흰 결정인데 이걸 한번 섞고 나면 나중에 나누려고 하여도 분리하기가 쉽지 않은 것과 마찬가지입니다.

<표 1.6.1>은 폐수 정화 방법과 재활용 절차입니다. 재활용은 입경이나 분자량이 큰 것부터 차례로 분리하여 화학약품을 사용하지 않고 청정한 물로 바꾸는 것이 포인트입니다. 본 항에서는 유해물을 다량으로 포함한 표면 처리 폐수를 ① 이온교환수지, ② 역삼투막, ③ UV 오존산화 처리 등을 사용하여 재활용하는 사례에 대해서 소개합니다.

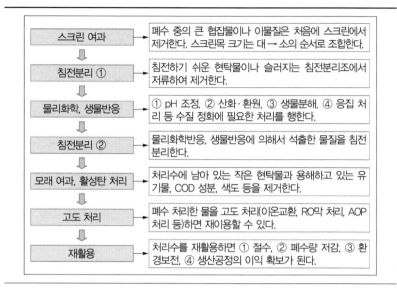

스크린 여과	→	폐수 중의 큰 협잡물이나 이물질은 처음에 스크린에서 제거한다. 스크린목 크기는 대 → 소의 순서로 조합한다.
침전분리 ①	→	침전하기 쉬운 현탁물이나 슬러지는 침전분리조에서 저류하여 제거한다.
물리화학, 생물반응	→	① pH 조정, ② 산화·환원, ③ 생물분해, ④ 응집 처리 등 수질 정화에 필요한 처리를 행한다.
침전분리 ②	→	물리화학반응, 생물반응에 의해서 석출한 물질을 침전분리한다.
모래 여과, 활성탄 처리	→	처리수에 남아 있는 작은 현탁물과 용해하고 있는 유기물, COD 성분, 색도 등을 제거한다.
고도 처리	→	폐수 처리한 물을 고도 처리(이온교환, RO막 처리, AOP 처리 등)하면 재이용할 수 있다.
재활용	→	처리수를 재활용하면 ① 절수, ② 폐수량 저감, ③ 환경보전, ④ 생산공정의 이익 확보가 된다.

● 이온교환수지법에 의한 표면 처리 폐수의 재활용

표면 처리 폐수에는 구리, 니켈, 아연, 6가 크롬 등의 금속 이온이나 염분이 많이 포함되어 있기 때문에 폐수 처리를 하여 공공 수역에 방류하고 있습니다. 그런데 〈그림 1.6.1〉의 이온교환수지에 따른 플로우 시트(〈사진 1.6.1〉에 나타난 장치)에 준하여 탈이온 처리하면 유해한 폐수를 순수한 물로 재활용할 수 있으며, 환경보전과 절수 양쪽에 도움이 됩니다.

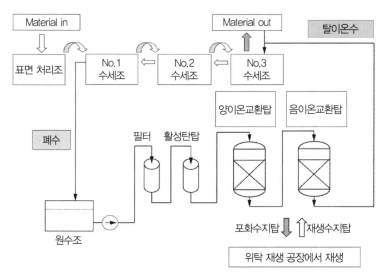

<그림 1.6.1> 이온교환법에 의한 표면 처리 폐수 재이용 플로우 시트

<사진 1.6.1> 위탁 재생식 이온교환법에 의한 표면 처리 폐수의 재이용 장치

● RO막과 이온교환수지법을 통한 표면 처리 폐수 재활용

역삼투막(RO막)은 표면 처리 폐수 중의 중금속 이온이나 염분의 95%정도를 분리할 수 있습니다. 그래서 <그림 1.6.2>의 플로우 시트(<사진 1.6.2>에 나오는 장치)에 준하여 처리하면 유해한 폐수를 순수한 물로 재활용할 수 있으며 이온교환수지의 수명이 약 10배 연장됩니다.

RO막과 이온교환수지 처리를 조합시키면 고품질의 순수를 안정적으로 만들어냅니다.

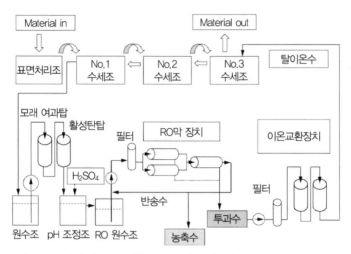

〈그림 1.6.2〉 RO막과 이온교환법을 통한 표면 처리 폐수 재활용 플로우 시트

〈사진 1.6.2〉 RO막과 이온교환법에 의한 표면 처리 폐수 재이용 장치

● UV 오존산화와 이온교환법을 통한 표면 처리 폐수 재활용

오존에는 산화 작용이 있습니다. 오존산화에 자외선(UV)를 병용하면

산화력이 강한 히드록실라디칼(OH·)이 발생합니다. OH라디칼은 시안 (Cyan)이나 유기물을 빠르게 산화·분해합니다. 이 원리를 응용하여 <그림 1.6.3>의 플로우 시트(<사진 1.6.3>에 표시한 장치)에 준하여 시안 폐수를 처리하면 유해한 시안 폐수를 순수한 물로 재활용할 수 있습니다.

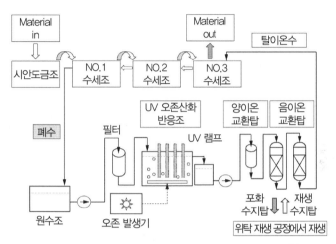

〈그림 1.6.3〉 UV 오존산화와 이온교환법에 의한 표면 처리 폐수의 재활용 플로우 시트

〈사진 1.6.3〉 UV 오존산화와 이온교환법에 의한 표면 처리 폐수의 재이용 장치

칼럼 1 강에는 자정작용이 있습니다

강은 원래 물을 깨끗하게 하는 작용을 하고 있습니다. 유기물을 포함한 더러운 물이 강으로 유입하면 그 지점의 수질은 일시적으로 나빠집니다. 하지만 하류로 가면서 정화되고 어느 일정한 거리를 흐르면 다시 원래의 깨끗한 물로 돌아갑니다. 이 현상을 옛날부터 물의 자정작용이라 부르고 있습니다.

이 정화작용에 큰 역할을 하는 것이 강바닥의 모래, 자갈의 표면, 수생식물의 뿌리 등에 살고 있는 생물들입니다. 이 생물은 주로 다음 그림에 나타난 조류, 세균류, 원생동물(짚신벌레 등), 후생동물(물벼룩 등)입니다.

조류는 낮 동안 태양광 아래에서 탄산가스를 받아들여 다량의 산소를 물속으로 방출합니다. 이것을 광합성이라고 하며 식물의 탄산동화 작용과 같습니다. 산소는 물속의 생물들이 호흡하고 유기물을 수중에 넣을 때 필수적인 것이므로 자정작용의 기초가 되는 것입니다. 다음으로 세균류가 유기물을 흡수해 증식하고, 그 다음에 원생동물이 세균류를 잡아 유기물을 흡수하면서 증식해나갑니다.

점차 하류로 갈수록 세균류는 줄어들고 원생동물이 늘어나지만, 더욱이 하류에서는 원생동물, 후생동물, 어류 등에 의해 포식의 연쇄가 이어지면서 결과적으로 강의 유기물은 줄어듭니다. 각각의 생물들은 산소를 호흡원으로 하여 유기물이나 자신보다 하등한 생물을 먹이로 증식합니다. 깨끗한 강으로 돌아올 무렵에는 수생 생물이나 물고기 등의 대형 생물이 많아집니다. 이 과정을 물속의 먹이사슬이라고 합니다.

이리하여 강물은 자연으로 깨끗해집니다.

제2장
물리화학적 처리법

제**2**장

물리화학적 처리법

2.1 스크린 여과

용수 처리와 폐수 처리를 하는 원수에 포함된 대형쓰레기나 큰 이물질은 최초 스크린 여과로 제거 후 개별 수질에 맞는 처리를 합니다.

<그림 2.1.1>은 스크린 여과와 수처리 방법의 개요입니다. 수처리에서는 그림과 같이 단계적으로 오염물질을 제거하고 원하는 개별 처리를 하는 것이 합리적인 방법입니다. 스크린 여과는 단순한 원리로 대형 쓰레기나 큰 이물질을 제거하기 때문에 수처리의 첫 번째 분리 수단으로 빼놓을 수 없는 단위 처리입니다.

<표 2.1.1>에 수처리에서 사용되는 주요 스크린 종류를 나타냅니다. 이 책에서는 몇 가지 플로우 시트의 첫 단계로 스크린 여과를 소개합니다. 산업 폐수 처리에서는 고정식 스크린을 사용한 ① 바 스크린, ② 자동 긁어 올림 스크린, ③ 경사식 와이어 스크린 등이 많이 사용됩니다.

상수도 및 공업용수도 부문에서는 ④ 회전스크린 여과기를 사용합니

다. 회전스크린 여과기의 여과면에는 ① 극세 철망, ② 극세 섬유 등이 사용됩니다.

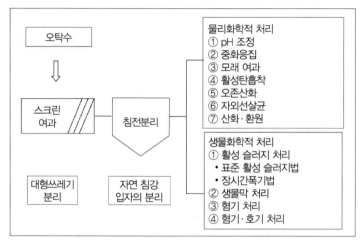

〈그림 2.1.1〉 스크린 여과와 수처리 방법(예)

〈표 2.1.1〉 주요 스크린 종류

종류	원리	특징	용도
바 스크린	수로에 설치하여 수로에 부유하는 쓰레기를 막아 제거한다.	긁어 올리기용 갈퀴 형식은 자동적으로 이물질을 제거할 수 있다.	하수처리장, 펌프장, 취수장 등에서 쓰레기 제거
자동 긁어 올림 스크린	수로에 스크린 부분을 잠기게 하여 항상 레이크로 긁어 올린다.	슬릿 사이로 항상 레이크가 이동하므로 막힘이 없다.	일반 산업 폐수 처리의 일차 처리, 합병 정화조, 식품공장, 각종 산업 폐수의 전처리
경사식 와이어 스크린	경사 스크린 상부에서 폐수를 끌어내려 이물질을 분리한다.	부유 고형물의 파괴 없이 자연 상태로 분리할 수 있다.	식품 가공 공장, 과실 통조림, 수산 가공 공장 폐수의 이물 분리. 호텔, 주방 오수 여과
회전 스크린	원통형의 여과체를 회전시켜 물을 안팎으로 흘려 여과한다.	여과면이 상시 회전하여 역세척할 수 있으므로 막힘이 적다.	기타 각종 산업 폐수의 전여과(前濾過)

● 고정식 스크린 여과

<표 2.1.1>에 나타낸 주요 스크린의 개념도는 다음과 같습니다.

<그림 2.1.2> 바 스크린: 간단한 원리이지만 공공 하수도나 상수도 등 대량의 오염수를 처리하는 첫 공정에서 사용되며 이물질 제거에 효과적입니다.

<그림 2.1.3> 자동 긁어 올림 스크린: 수로의 쓰레기 및 이물질을 상시 제거할 수 있습니다. 눈 폭은 1~50mm까지이며, 크기에 따라 18~290m³/h까지 여과할 수 있습니다.

<그림 2.1.4> 경사식 와이어 스크린: 스크린 상부에서 오탁수를 흘려보내 쓰레기나 이물질을 분리합니다. 눈 폭은 1~50mm까지이며, 40~800m³/h까지 여과할 수 있습니다.

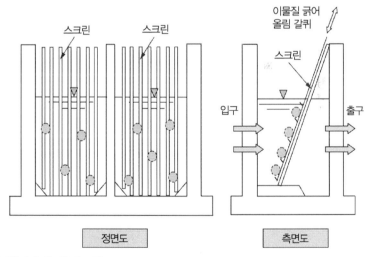

〈그림 2.1.2〉 바 스크린

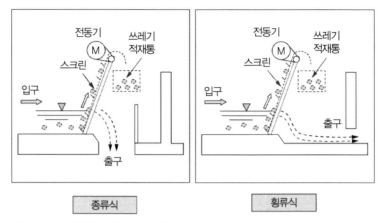

종류식   횡류식

<그림 2.1.3> 자동 긁어 올림 스크린

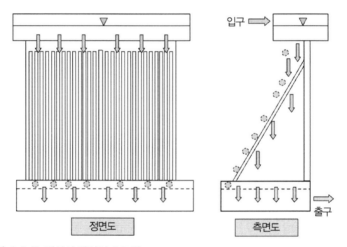

정면도   측면도

<그림 2.1.4> 경사식 와이어 스크린

● 회전식 스크린 여과

구조는 <그림 2.1.5>와 같이 원통의 내면에 미세한 철망 또는 극세 섬유포(纖維布)를 붙인 드럼을 감·변속기 장착 모터로 저속 회전시키면서 드럼 입구에서 원수를 안쪽으로 유입하여 여과면을 통해 바깥쪽으로 유출시킵니다. 이때 포착된 부유물은 드럼 안쪽에 부착됩니다. 부유물은 드럼이 꼭대기까지 회전했을 때 드럼의 바깥쪽 위쪽에 설치된 노즐에서 분출되는 세척수에 의해 씻어냅니다. 세척 폐수와 부유물은 드럼 안쪽 호퍼로 받아 드럼 속 중공축 내부를 통해 외부로 배출됩니다.

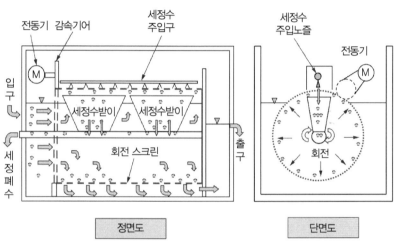

〈그림 2.1.5〉 회전식 스크린

본 장치는 좁은 장소에서 사용할 수 있는 것이 특색으로, 다음의 현장에서 많이 사용되고 있습니다.

① 급속 및 완속 여과의 전처리로서 현탁물(懸濁物) 제거나 조류 제거
② 공업용수의 전처리로서 부유물, 박테리아 제거
③ 순환 냉각수 여과기 및 산업 폐수 처리 부유물 제거

<그림 2.1.5>은 개량한 장치로 닛수이콘(日水コン)의 코지마 사다오 박사 발안에 의한 '긴 털 여과기'입니다. 철망 대신 긴 털을 식모한 특수 여포를 사용해 원수가 밖을 향하여 흐릅니다. 이를 통해 조류 및 활성 슬러지 처리수의 SS분 제거율이 더욱 향상됩니다.

2.2   pH 조정

pH는 수용액의 산성, 중성, 알칼리성 정도를 나타내는 수치(지표)로 용수, 폐수 수질을 비롯해 농작물의 생육 및 식물의 발색(發色)에도 영향을 미칩니다. 많은 생물이나 농작물에 적절한 pH값은 5.8~8.6으로 여겨지고, 폐수 기준도 이 수치를 채용하고 있습니다.

pH의 어원은 라틴어의 'pounds Hydrogenii'로 pounds는 중량, Hydrogenii는 수소를 의미합니다. 기타 p에는 potential이나 power 등의 설이 있고 H는 hydrogen으로 각각의 앞 글자를 따서 피에이치 또는 '페하'라고 읽습니다. 원래 pH의 발견자가 덴마크인(제렌센)이어서 페하라고 불리는 경우가 많았지만 1957년 pH의 JIS를 제정할 때 피에이치라는 영어 읽기로 통일되었습니다. 그 후 pH의 호칭은 정식으로 피에이치가 되었으나 지금도 양쪽 모두 사용되고 있습니다.

● pH(수소이온지수)

pH값에는 0~14까지가 있어 7을 중성 혹은 화학적 중성점이라고 합니다.

pH는 7보다 작아질수록 산성이 강하고, 7보다 커질수록 알칼리성이 강해집니다. 수용액 중의 수소 이온의 몰 농도, 즉 1L 안에 존재하는 H^+의 몰수를 [H$^+$]라고 했을 때, 다음과 같이 정의됩니다.

$$pH = -\log[H^+] = \log 1/[H^+]$$

(여기서 1og는 상용대수를 나타냅니다)

위의 관계에서 [H$^+$] = 10^{-3}mol/L의 경우 pH3, [H$^+$] = 10^{-9}mol/L은 pH9 가 됩니다.

pH값은 대수로 나타나기 때문에 한 예로 pH3의 용액 1L을 물로 희석해서 pH4로 하려면 이론상 10배의 10L가 필요합니다.

● 중화 곡선

<그림 2.2.1>에 중화 곡선의 일례를 나타냅니다. ①과 같이 불순물을 포함하지 않은 산성물(pH2)에 중화제를 추가하면 pH는 7 부근에서 급격히 상승합니다. 실제의 중화 처리에서 너무 농도가 높은 알칼리 용액(NaOH 등)을 사용하면 pH이 급격히 상승하여 조정이 잘 되지 않는 것을 경험합니다.

따라서 수산화나트륨이나 황산을 중화제로 사용하는 경우에는 3~5% 가 적당합니다. ②와 같이 중금속이나 알칼리를 소비하는 성분을 포함하는 폐수의 중화에서는 OH 이온이 중금속 등에 먼저 소비되므로 중화제를 추가해도 pH가 좀처럼 상승하지 않을 수 있습니다. 또한 중금속을 포함하지 않아도 탄산나트륨(Na_2CO_3) 등의 약알칼리로 중화하면 ②와 동일한 곡선을 이룹니다.

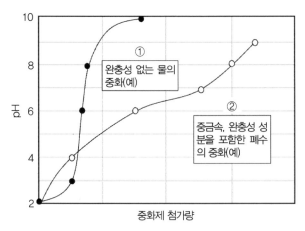

<그림 2.2.1> 중화 곡선

● pH 조정을 통한 중금속의 분리

중금속을 포함한 폐수는 일반적으로 산성의 경우가 많기 때문에 수산화나트륨(NaOH)이나 수산화칼슘[Ca(OH)₂] 등의 알칼리를 더해 pH치를 높이면 금속 이온이 수산화물로서 석출합니다. 한 예로 n가의 금속 이온을 M^{n+}라고 하면 M^{n+} 이온은 NaOH의 OH^- 이온과 반응하기 때문에 (1)이 됩니다.

$$M^{n+} + nOH^- = M(OH)n \qquad (1)$$

이 경우의 용해도적(溶解度積, Ksp: Solubility Product)은 다음과 같습니다.

$$[M^{n+}] \times [OH^-]^n = Ksp \qquad (2)$$

(2)를 변형하면

$$[M^{n+}] = Ksp/[OH^-]^n \tag{3}$$

$$\log[M^{n+}] = \log Ksp - n\log[OH^-] \tag{4}$$

pH의 정의에서 pH = $-\log[H^+]$

$$[H^+] \times [OH^-] = 1 \times 10^{-14}$$

$$\log[OH^-] = -14 + pH \tag{5}$$

식 (2)와 (5)에서 $[M^{n+}] = K_{sp}/[OH^-]^n$이 되며 $[M^{n+}]$과 pH 사이에 직선 관계가 성립됩니다.

<표 2.2.1>에 금속 수산화물의 용해도적을 나타냅니다.

<표 2.2.1>에서 Al(OH)$_3$ 및 Fe(OH)$_3$는 낮은 수치를 나타냅니다. 알루미늄이나 철 이온이 응집제로 사용되는 이유 중 하나입니다. <그림 2.2.2>는 금속 이온 용해도와 pH의 관계입니다. 그림과 같이 모든 금속 이온이 pH를 높게 하면 용해 농도가 저하됩니다. 단, 아연(Zn^{2+})이나 크롬[Cr^{3+}]과 같이 pH를 올리면 다시 용해될 수 있으므로 주의가 필요합니다.

〈표 2.2.1〉 금속 수산화물의 용해도적(溶解度積, 18~25℃)

수산화물	K_{sp}	수산화물	K_{sp}
Al(OH)$_3$	1.1×10^{-33}	Fe(OH)$_3$	7.1×10^{-40}
Ca(OH)$_2$	5.5×10^{-6}	Mg(OH)$_2$	1.8×10^{-11}
Cd(OH)$_2$	3.9×10^{-14}	Mn(OH)$_2$	1.9×10^{-13}
Co(OH)$_2$	2.0×10^{-16}	Ni(OH)$_2$	6.5×10^{-18}
Cr(OH)$_3$	6.0×10^{-31}	Pb(OH)$_2$	1.6×10^{-7}
Cu(OH)$_2$	6.0×10^{-20}	Sn(OH)$_2$	8.0×10^{-29}
Fe(OH)$_2$	8.0×10^{-16}	Zn(OH)$_2$	1.2×10^{-17}

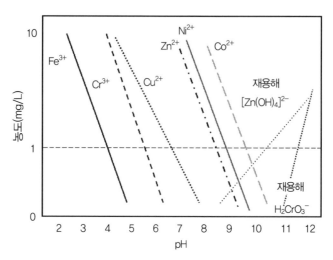

〈그림 2.2.2〉 금속 이온 용해도와 pH의 관계

● pH 조정제

pH 조정 약품은 반응의 용이성, 용해도, 취급 용이성, 가격, 슬러지 생성의 영향 등을 고려하여 선택합니다. 자주 사용되는 산·알칼리의 종류와 특징을 <표 2.2.2>에 나타냅니다.

〈표 2.2.2〉 pH 조정에 사용하는 산·알칼리

산·알칼리 약품	화학식	특 징
황산	H_2SO_4	용해도 큼. 반응속도 큼
염산	HCl	용해도 큼. 농도 높으면 발연(發燃) 주의
수산화나트륨	NaOH	용해도 큼. 반응속도 큼. 공급 용이하나 가격이 높음
소석회	$Ca(OH)_2$	용해도 작음. 중화에서는 슬러리 상태로 공급하므로 배관이나 펌프가 막히기 쉬움. 불순물이 많으나 가격이 낮음
탄산나트륨	Na_2CO_3	용해도 작음. 칼슘이온과 반응하여 용해도가 낮은 탄산칼슘을 생성

pH 조정용 알칼리로는 수산화나트륨, 수산화칼슘, 탄산나트륨, 산으로는 황산, 염산이 잘 사용됩니다. 수산화칼슘과 탄산나트륨은 물에 대한 용해도가 낮으므로 5~10% 정도의 슬러리 형태로 사용합니다. 수산화칼슘이나 탄산나트륨은 한번 용해되었다고 생각하여 그대로 방치하면 불용해 성분이 침강하여 약품 주입 펌프가 막힐 수 있으므로 약품 주입 시에는 교반할 수 있도록 합니다.

2.3 황화물 처리

황화물법은 황화나트륨(Na_2S)과 중금속 이온(M^{2+})을 반응시켜 물에 용해하기 어려운 황화물(MS)을 생성시키는 처리법입니다.

$$M^{2+} + S^{2-} \rightarrow MS \downarrow \tag{1}$$

황화물의 침전은 일반적으로 입자가 미세하여 침강성이 나쁘므로 실제 처리에서는 폴리염화알루미늄이나 염화철 등의 무기 응집제를 병용합니다.

철염의 병용은 과잉의 황화물을 황화철로 소비함과 동시에 수산화철의 공침(共沈) 효과에 의해 응집성이 개선되므로 편리한 처리법입니다.[1]

---

1 와다히로무츠(和田洋六), 물의 재활용(기초편), pp.183-185, 地人書館(1992).

● 황화물의 용해도적

<표 2.3.1>은 금속황화물의 용해도적(예)입니다. 금속황화물의 용해도적은 수산화물보다 훨씬 작기 때문에 수산화물법보다 낮은 농도까지 금속 이온을 제거할 수 있습니다.

〈표 2.3.1〉 금속황화물의 용해도적(예)(18~25°C)

황화물	K_{sp}	황화물	K_{sp}
CdS	2×10^{-28}	PbS	1×10^{-25}
CoS	$\alpha - 4 \times 10^{-21}$	NiS	$\alpha - 3 \times 10^{-19}$
	$\beta - 2 \times 10^{-25}$		$\beta - 1 \times 10^{-24}$
CuS	6×10^{-36}	HgS	4×10^{-53}
FeS	6×10^{-18}	Ag₂S	6×10^{-50}
ZnS	$\alpha - 2 \times 10^{-24}$	MnS	무정형 3×10^{-10}
	$\beta - 3 \times 10^{-22}$		결정체 3×10^{-13}

<그림 2.3.1>에 pH와 황화물 이온의 관계를 나타냅니다.

pH의 상승(산성 → 알칼리성)에 따라 유황성분은 H_2S, HS^-, S^{2-}로 형태가 변하므로 황화물 생성반응은 복잡한 변화를 나타냅니다. 황화나트륨은 산성 쪽에서 사용하면 유해한 황화수소(H_2S)가 발생하므로, 보통 중성~알칼리 쪽에서 사용합니다. 아무래도 산성 아래에서 황화나트륨을 첨가하는 경우에는 환기를 하면서 소량씩 천천히 더해주십시오.

<그림 2.3.2>는 황화물 처리 시의 금속이온 농도와 pH의 관계(예)입니다. 황화나트륨 첨가량의 제어는 pH와 산화환원전위(ORP)를 기준으로 할 수 있습니다.

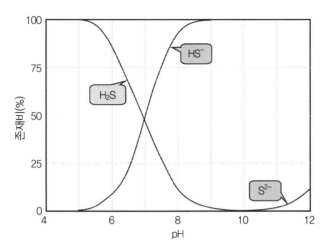

〈그림 2.3.1〉 pH와 황화물 이온의 관계

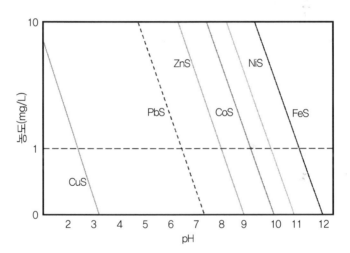

〈그림 2.3.2〉 금속이온의 용해도와 pH의 관계

pH와 ORP는 일반적으로 pH가 떨어지면 ORP는 상승하고 pH가 오르면 ORP는 떨어지는 상관성이 있습니다.

통상 응집 처리는 산화성 분위기하에서 pH 중성~알칼리 측에서 처리합니다. 일례로 수돗물 응집 처리는 폴리염화알루미늄(PAC)과 염소를 사용하여 pH6.5~7.5에서 실행하지만 그때의 산화환원전위(ORP)는 +300~+500mV입니다. 이에 반해 황화물 침전의 생성은 환원성 분위기(ORP 0~-300mV) 내에서 처리합니다.

실제 황화물 처리 현장에서는 황화나트륨을 과도하게 첨가하는 경향이 있으나 환원제로서의 작용을 같이 하는 황화나트륨은 응집효과를 현저하게 저하시키기 때문에 적정량을 더하는 것이 중요합니다.

산화제를 포함한 폐수의 경우 미리 환원제($NaHSO_3$ 등)로 환원시켜놓으면 황화나트륨을 효율적으로 이용할 수 있습니다.

황화물법은 취기 문제나 설비 부식, 은 제품 변색 등의 문제가 있습니다. 이를 해결하는 수단으로서 악취의 발생이 거의 없는 디티오카르바민산기($R-NH-CS_2Na$)의 관능기를 가지는 고분자 중금속 포집제에 의한 처리가 있습니다.

금속 황화물은 원래 표면이 친수성이므로 침전의 결정성이 나쁘고, 수중에서 분산되어 응집 저해를 일으키기 쉬운 성질을 가지고 있습니다. 이 원인의 하나로서 폐수 중의 M-알칼리도(HCO^{3-})나 실리카(SiO_2)의 공존을 생각할 수 있습니다. 이들 장애는 산성 조건에서의 폭기에 의한 탈탄산이나 황산알루미늄 등의 응집제 첨가에 의해 저감할 수 있습니다.

● 황화물 처리법의 포인트

황화물 처리법의 포인트를 다음에 요약합니다.

① 처리 pH는 중성 영역이 좋습니다(산성하에서는 악취의 근원이 되는

황화수소가 발생합니다).

② 황화물의 첨가량은 중금속의 당량 이상으로 합니다(1.0~1.2 당량 정도가 좋습니다).

③ 과잉의 황화물은 소량의 염화제2철 등의 철 이온으로 처리합니다 (과잉 첨가 엄금).

● 황화물법에 의한 금속의 분별회수

금속황화물은 <그림 2.3.2>와 같이 안정영역이 다릅니다. 이 특성을 이용하여 황화물 처리의 pH를 조정하면 특정 금속을 침전시켜 분리할 수 있습니다.

<그림 2.3.3>은 분별법에 의한 금속 회수(예)입니다.

일례로 아연과 니켈의 혼합 폐수(pH2.5, Zn^{2+} : 300mg/L, Ni^{2+} : 400mg/L)를 pH 4~7 범위에서 황화물 처리하면 pH5.5에서 아연이 많은 침전물을 회수할 수 있습니다.

이어서 침전물을 분리 후 여액의 pH를 7.0으로 올려 황화물 처리하면 이번에는 니켈 성분이 많은 침전을 회수할 수 있습니다. 분별 회수한 황화물은 각각 안에 아연과 니켈이 혼재되어 있고, 황화물 생성 pH도 접근하고 있기 때문에 순도는 그렇게 높지는 않지만 대략적인 분별 회수가 가능합니다. 이것에 의해 아연과 니켈의 재자원화가 가능합니다.

<그림 2.3.3>과 같은 수단을 사용하면 구리와 니켈의 분리 회수도 가능해져 자원 재활용에 도움이 됩니다.

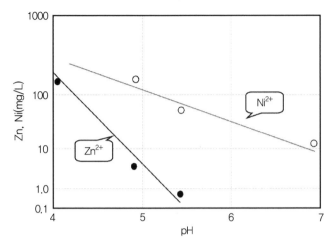

〈그림 2.3.3〉 분별법에 의한 금속 회수(예)

응집 처리

이온상 물질이나 분자보다 크고 수중에서 장시간 방치하여도 가라앉지 않는 미립자(1μm 이하)를 콜로이드(Colloid)라고 합니다. 우리와 가장 가까운 사례로는 우유, 크림, 잉크, 도료 등이 있습니다. 콜로이드 입자의 표면은 음에 대전되어 있어 서로 반발하여 안정적입니다. 이들 콜로이드 입자는 '응집'하면 물에 가라앉게 됩니다. 응집 처리에는 ① 무기 응집제와 ② 고분자 응집제가 있으며 많은 경우 조합하여 사용합니다.

① 무기 응집제는 미립자의 표면 전하를 중화시켜 응집시킵니다.
② 고분자 응집제는 현탁물을 '실밥'처럼 얽어서 '가교 응집'시킵니다.

● 콜로이드의 응집

점토계 콜로이드 입자의 표면전하는 제타전위라고 불리며 − 20 ~ − 30mV 범위에 있습니다. 이 점토계 현탁물에 황산알루미늄 등의 응집제를 추가하면 전하가 중화됩니다.

<그림 2.4.1>에 제타 전위와 탁도 변화의 일례를 나타냅니다.

<그림 2.4.1>에 따르면 점토 플록의 제타 전위는 등전점(等電點, ±0mV, pH7) 주위에서 탁도가 낮지만 또 다른 등전점(pH4)에서는 탁도가 80도나 됩니다.

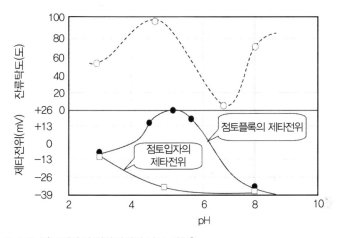

〈그림 2.4.1〉 점토입자의 제타전위와 탁도 변화[2]

이는 pH4에서도 pH7에서도 콜로이드의 부하는 중화되어 있는데, pH4 에서는 알루미늄이 용해되어 있으므로 가교 기능이 없어 플록을 형성하지 않는다는 것을 의미합니다.

---

2   탄보 노리히토(丹保憲仁): 수도학회지, 365호(1965).

이에 반해 pH7에서는 알루미늄 이온이 불용화되면서 생성한 수산화알루미늄에 의한 가교현상이 일어나고, 플록이 커진 결과 탁도가 저하된 것으로 여겨집니다. 마이너스로 전류가 내려가 안정된 콜로이드 입자는 일반적으로 전해질을 더하면 응집하기 쉬워집니다. 응집을 일으키는 데 필요한 전해질의 최저 농도를 그 전해질의 응결가(凝結價)라고 부릅니다.

<표 2.4.1>은 음에 대전된 콜로이드에 대한 몇 가지 전해질의 응결가입니다.

<표 2.4.1>에서 전하가 큰 알루미늄 이온(Al^{3+}) 등의 양이온은 작은 응결가를 나타내고, 나트륨 이온(Na^+) 등의 전하의 작은 양이온은 큰 응결가를 나타냅니다.

〈표 2.4.1〉 음에 대전된 콜로이드 입자에 대한 각종 전해질의 응결가

전해질	응결가(밀리 mol 양이온/L)		
	AS_2S_3 졸(Sol)	Au 졸(Sol)	pt 졸(Sol)
NaCl	51	24	2.5
KCl	49.5		2.2
$1/2K_2SO_4$	65.5	23	
HCl	31	5.5	
$CaCl_2$	0.65	0.41	
$Al(NO_3)_3$	0.095		
$1/2Al_2(SO_4)_3$	0.096	0.009	0.013

일반적으로 2가 이온의 응집 작용 세기는 1가 이온의 20~80배, 3가 이온은 2가 이온보다 10~100배나 더 강한 것으로 알려져 있습니다.

따라서 응집제로서는 황산알루미늄 [$Al_2(SO_4)_2$] 나 염화제2철($FeCl_3$) 등 3가 양이온을 함유한 염류가 효과적이며, 실제 현장에서도 이러한 약품이

자주 사용됩니다.

● 알루미늄 이온의 성질

수중의 알루미늄 염류는 6 수화물의 3가 이온으로 식 (1)에 의해 약산성을 나타냅니다.

$$Al(H_2O)_6^{3+} \rightarrow A10H(H_2O)_5^{2+} + H^+ \tag{1}$$

이 용액에 알칼리를 첨가하면 물속의 수산 이온(OH^-)과 중합되며, 일례로 [$A1_8(OH)_{20}^{4+}$] 또는 [$AI_6(OH)_{15}^{3+}$] 등의 정전하 폴리머 이온을 형성합니다. 이러한 알루미늄의 다가 이온은 하전 중화에 도움이 됩니다.

<그림 2.4.2>는 모노마(Monomer: Al^{3+})로서의 알루미늄 이온의 용해도입니다. 0.01M의 KNO_3 수중에서는 pH5.7~6.9 범위에서 알루미늄 이온

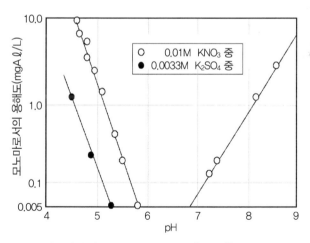

<그림 2.4.2> 모노마로서의 알루미늄 이온의 용해도(25℃)[3]

이 0.05mg/L 용해됩니다. 이 농도 이상으로 용존하고 있는 알루미늄 이온이 응집에 관여합니다.

● 응집제

응집제는 크게 무기계와 유기계로 구분됩니다. 무기응집제는 콜로이드 입자의 하전 중화와 콜로이드 입자를 결합시키는 가교작용을 가진 물질로 황산알루미늄, 염화제2철 등이 있습니다.

유기계 고분자 응집제는 분자량 100만 이상의 고분자 물질로 가교 작용으로 플록을 크게하고 결합 강도를 높이기 위해 병용합니다.

<그림 2.4.3>은 마이너스로 대전된 콜로이드 입자가 모여 큰 플럭을 형

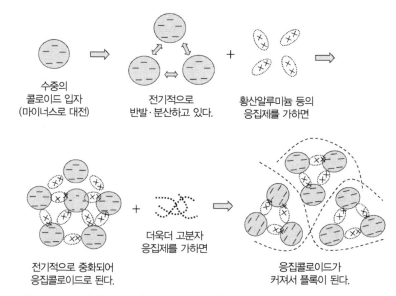

〈그림 2.4.3〉 마이너스로 대전된 콜로이드 입자

---

3 고토 가쓰미(後藤克己), 일본화학회지, Vol.81, p.349(1960).

성하는 경과를 모식적으로 나타낸 것입니다. 이렇게 되면 처음에는 전기적으로 반발하게 되고 분산되어 있던 콜로이드 입자도 결국은 큰 플럭이 되어 현탁물의 응집침전 분리가 생기게 됩니다.

우리는 된장국 속에 떠다니는 콩 알갱이가 다시마를 가하면 '응집'되어 용기 밑바닥에 '침전'되는 현상을 자주 경험합니다. 이는 다시마에 들어 있는 알긴산 나트륨의 작용에 의한 것입니다. 이처럼 다시마, 미역, 톳 등 해조류에 포함된 알긴산 염류는 몸속의 '폐기물'을 '응집'해 몸 밖으로 배출하는 역할을 합니다.

2.5 침전분리

침전분리법은 오탁수를 침전조에 저장하는 것만으로 현탁물질과 상징수로 분리할 수 있어서 간단하고 저렴한 고액분리법으로 오래전부터 사용되었습니다. 침전분리 효율에 영향을 미치는 요소는 ① 입자의 침강속도, ② 수면적부하의 관계가 있습니다.

● **침전분리 효율**

<그림 2.5.1>에 침전 분리의 원리를 나타냅니다.

① 입자의 침강속도: <그림 2.5.1> 좌측에 나타난 입자의 침강속도(V_p)와 폐수의 상향류 속도(V_w)의 차이가 클수록($V_p > V_w$) 고액분리 효과가 높아집니다.

② 수면적부하: <그림 2.5.1>(우측)의 침전분리조에서 가라앉는 입자의

침강 용이성은 침전분리조의 표면적 A(m²)의 대소와 관계가 있으며, 이 면적을 유효 분리면적이라고 합니다.

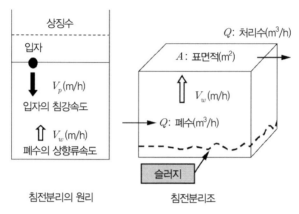

〈그림 2.5.1〉 침전분리의 원리

<그림 2.5.1>에서 오탁수는 입자를 분리하면서 상징수가 되고 침전분리조 상부 표면적에서 처리수가 균일하게 넘쳐 나오려고 합니다.

그때의 수면에서의 상향류 속도는 $[Q/(A \cdot V_w)]$가 됩니다. 이 경우 물의 상향 유속보다 침강하는 입자의 침강 속도$[V_p$(m/h)$]$가 큰 것이 조건이 됩니다.

$$V_p(\text{m/h}) \geq Q(\text{m}^3/\text{h})/A(\text{m}^2) \text{ 또는 } A(\text{m}^2) = Q(\text{m}^3/\text{h})/V_p(\text{m/h})$$

단위 유효 분리 면적당 유입량 Q/A(m³/m²·h)를 수면적 부하라고 합니다. 일례로서 침강하기 쉬운 금속 수산화물의 침강 속도는 lm/h 정도입니다. 이 경우 침전조 내의 상향류 속도를 0.5m/h로 하면 확실한 분리가 가능합니다.

  폐수 중 오염물질의 침전 분리 효율(E)과 침전 분리조의 수면적 $A\,(\text{m}^2)$, 폐수 유량 $Q\,(\text{m}^3/\text{h})$, 입자의 침강속도 $V_p\,(\text{m/h})$의 관계는 식 (1)로 표시됩니다.

  식 (1)을 통해 침전분리조의 처리효율을 높이려면 수면적부하(Q/A)를 작게 하면 된다는 것을 알 수 있습니다.

$$E = V_p / (Q/A) \tag{1}$$

● 월류 웨아와 월류 부하

  <그림 2.5.2>에 월류 웨아와 월류 부하의 개요를 나타냅니다. 그림의 월류웨아(A-B 사이)는 처리수가 흘러나올 때 유속이 빠르면 입자도 유출되어 버리므로 분리효율이 저하됩니다. 그래서 침전조를 설계할 때 월류웨아를 통과하는 수량의 크기를 비교하기 위해 '하루당 단위 길이의 '웨아'를 월류하는 수량'을 정하고 있어 이를 월류 부하라고 부릅니다.

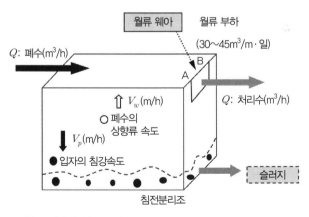

<그림 2.5.2> 월류 웨아와 월류 부하

일례로 유량 조정조를 설치한 정화조의 월류 부하는 45m³/m·일(1.88m³/m·h) 이하, 조정조를 설치할 수 없는 경우에는 30m³/m·일(1.25m³/m·h) 이하가 적절합니다.

● 침전조의 표면적과 깊이의 관계

<그림 2.5.3>은 같은 깊이로 지름 5.0m와 7.1m의 상향류 침전조의 수면적을 비교한 것입니다. 일례로 유량 20m³/h의 배수가 ① 직경 5.0m의 침전조와 ② 직경 7.1m의 침전조에 유입되었다고 합시다. 이 경우의 상향 유속은 각각 ① 1.0m/h, ② 0.5m/h가 됩니다.

입자의 침강 속도를 1.0m/h라고 하면 ①에서는 상향류 속도와 같으므로 입자는 침강할 수 없습니다. 이에 반해 ②는 상향류 속도가 절반인 0.5m/h이므로 침전을 분리할 수 있습니다. 이처럼 침전조의 분리효율은 입자의 침강속도와 수면적으로 결정되며 깊이는 관계없습니다.

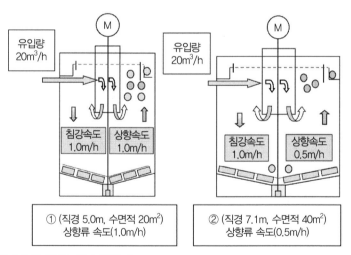

<그림 2.5.3> 침전조의 수면적 비교

● 응집조와 침전조의 접속 배관

<그림 2.5.4>에 응집조와 침전조의 접속 예를 나타냅니다. 그림에 나타난 좌측 배관으로 연결할 경우 좁은 배관으로 연결하면 다음과 같은 불편함이 발생합니다.

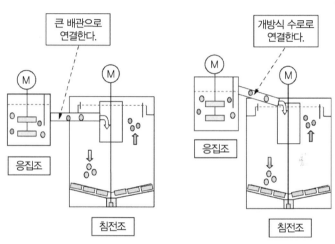

<그림 2.5.4> 응집조와 침전조의 접속(예)

일례로 응집조와 침전조의 연결 배관에 직경 200mm와 100mm의 배관이 있다고 가정합니다. 직경 200mm와 100mm 배관의 단면적을 비교하면 직경 100mm의 관은 200mm 관의 1/4입니다.

여기서 2개의 관에 같은 유량으로 물을 흘려보냈다고 하면 직경 100mm의 관내 유속은 직경 200mm인 관의 4배나 됩니다. 직경 200mm의 큰 관 속에서는 완만하게 흐르던 응집 플럭은 직경 100mm의 작은 관 속에서는 4배 속도이기 때문에 플럭이 깨지고 유속 증가로 침전조 내부에서 난류를 일으켜 분리가 잘 되지 않습니다. 따라서 응집조와 침전조의 연결 배관 지

름은 오히려 크게 하는 것이 적합합니다.[4]

<그림 2.5.4>(우측)는 개방 U자 연결 수로의 예입니다. 이 방식은 유로 폐색이 없는 데다 점검이 간단하고 청소도 쉬워 유지 관리가 용이합니다.

<그림 2.5.4>의 연결 배관 직경은 크게 하고 길이는 짧게 하는 것이 유리합니다. 배관은 구부러진 부분을 없애고 응집된 플럭이 막히지 않도록 합니다. 만일 거리를 길게 하여 구부러진 부분을 설치하는 경우에는 배관 도중에 청소를 할 수 있는 개구부(상시 뚜껑을 닫고 밀폐)를 설치해두면 유지관리가 용이합니다.

2.6　부상분리

부상분리는 ① 자연부상분리, ② 가압부상분리로 크게 나뉩니다. 자연부상분리는 수중의 기름방울처럼 정치(靜置)하는 것만으로 자연스럽게 떠오르기 때문에 물과 기름을 분리할 수 있습니다.

가압부상분리는 정치만으로 분리가 곤란한 경우로 제거하고자 하는 입자에 미세한 공기기포를 부착하여 겉보기 비중을 가볍게 하여 분리하는 방법입니다.

---

4 응집조와 침전조의 연결 배관의 크기: 금속 수산화물을 포함한 응집 플럭의 경우는 일례로서 다음의 연결 배관 직경과 유량을 적용할 수 있다.

배관경(mm)	유량(m³/h)
100	5
200	20
300	45

● 자연부상분리

　자연부상분리에서는 스토크스(Stokes) 식을 적용할 수 있습니다. 폐수 중에 기름을 분리할 때 기름방울의 직경을 0.015cm(150μm)로 하고 스토크스 식에 대입하여 다음과 같은 기름방울의 부상속도가 제안되었습니다.

$$v = 0.735\,(\rho_w - \rho_o)/\mu \tag{1}$$

v: 기름방울의 부상속도(cm/min)　　　ρ_w: 물의 밀도(g/cm^3)

ρ_o: 기름 밀도(g/cm^3)　　　　　　　μ: 물의 점도(g/cm·s)

　여기서, 기름방울의 지름을 0.015cm로 한 이론적인 근거는 없으며 실용상 이용할 수 있는 수치입니다. 또 기름방울을 분리하기 위한 분리조의 최소면적은 다음 식에서 계산할 수 있습니다.

$$A = F(Q/v) \tag{2}$$

A: 분리조의 표면적(m^2)

Q: 배수 유입량(m^3/min)

v: 기름방울의 부상속도(m/min)

F: 안전계수[난류의 영향에 의한 안전율(1.3~1.8이지만, 통상 1.5를 채용합니다)]

● 가압부상분리

<그림 2.6.1>[5]에 가압부상 장치의 플로우 시트(예)를 나타냅니다. 응집
조에서 처리한 플록을 포함한 처리수는 가압부상조 하부입구에서 공기
를 용해한 가압수와 혼합합니다.

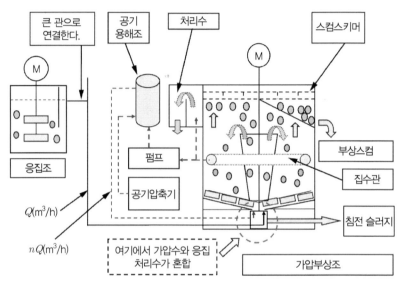

〈그림 2.6.1〉 가압부상장치의 플로우시트(예)

응집된 플록에는 기포가 부착되어 가벼워진 후 가압부상조를 천천히
상승하여 수면에 도달합니다. 수면에 부상한 응집 플록은 스컴 스키머로
끌어 모아 탱크 밖으로 배출합니다.

한편 플록과 분리된 물은 탱크 중간 부분에 있는 집수관으로 모으고 대
부분은 탱크 밖으로 처리수로 배출합니다. 가압부상 처리에서는 응집 플

---

5   와다 히로무츠(和田洋六), 물의 재활용(기초편), pp.106-108, 地人書館(1992).

록이 가압수와 혼합할 때의 충격으로 붕괴되므로 침전분리법에 비해 수질이 저하됩니다. 처리수의 일부는 가압펌프로 공기 용해조에 보내서 0.3~0.5MPa의 가압하에서 공기를 용해시킵니다.

가압부상장치의 설계는 일반적으로 다음 범위에서 결정합니다.

① 공기 용해조: 공기 용해방식에 따라 다릅니다. 보통 체류시간 3~5min, 공기 용해효율 50~60%로 합니다.

② 기 − 고비(氣 − 固比): 발생하는 기포중량과 폐수 중 SS 중량의 비를 기 − 고비라고 합니다. 부유 물질의 중량을 S, 기포로 발생한 공기의 중량을 A 라고 하면, 기 − 고비(氣 − 固比)는 식 (3)으로 나타납니다 (<그림 2.6.2> 참조).

$$R = A/S = (a-b) \times nQ/(C_s \times Q) \tag{3}$$

a: 가압수에 용해되는 공기량(mg/L)

b: 대기압 시에 물에 용해되는 공기량(mg/L)

n: 폐수량에 대한 가압의 비율

Q: 폐수량(m^3/h)

C_s: 폐수 중 부유물 농도(mg/L)

기 − 고비와 처리수 수질의 관계 예를 <그림 2.6.2>[6]에 나타냈습니다. <그림 2.6.2>에서 하수 슬러지(SVI = 85)는 기 − 고비가 0.02 이상이면 처리수의 부유물 농도가 15mg/L 이하가 되어 안정된 처리수를 얻

6 　이데 테츠오 외(井出哲夫ほか), 수처리 공학, pp.95-96, 技報堂出版(1990).

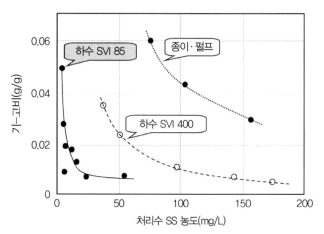

〈그림 2.6.2〉 기 - 고비와 처리수 수질

을 수 있음을 알 수 있습니다.

③ 표면적부하: 표면적부하는 통상 하수슬러지 $0.7 \sim 3.0 m^3/m^2 \cdot h$, 함유
폐수 $4 \sim 7 m^3/m^2 \cdot h$, 종이 펄프 $3 \sim 8 m^3/m^2 \cdot h$가 설계값으로 채용되고
있습니다.

이는 침전분리에 비해 $3 \sim 8$배나 높은 값입니다. 이는 가압부상 처리 장
치가 그만큼 작을 수 있다는 것을 의미합니다.

가압수량, 고형물 부하량($kg/m^2 \cdot h$), 고형물 제거율(%)의 관계를 〈그림
2.6.3〉에 나타냅니다. 이에 따르면 가압수 배수에 관계없이 $12kg/m^2 \cdot h$ 이
상에서 제거율이 갑자기 낮아집니다.

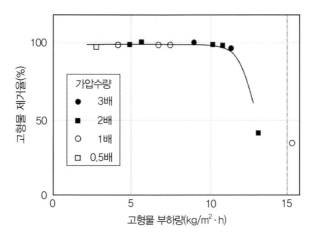

〈그림 2.6.3〉 고형물 부하량과 처리수 수질

④ 가압부상조의 체류시간: <그림 2.6.4>에 활성 슬러지의 체류시간과 부상 슬러지 농도의 관계를 나타냅니다. 체류시간은 일반적으로 30분 정도를 채용합니다.

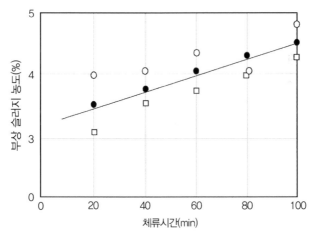

〈그림 2.6.4〉 부상 슬러지 농도와 체류시간

<그림 2.6.1>의 응집조와 가압부상조간의 연결배관 직경은 크게 하되 거리는 짧게 하는 것이 유리합니다. 이 사이를 흐르는 응집 처리수는 '슬러지 흐름'이라고도 할 수 있는 현탁물이 많은 폐수이므로, 만약 가늘고 구불구불한 긴 관으로 연결하면 배관이 막혀버립니다. 그 결과 응집조로부터 처리되지 않은 폐수가 넘치는 등의 사고 원인이 됩니다.

2.7　모래 여과(압력식 여과)

모래 여과에서의 현탁질 포집은 현탁물의 모래 입자 표면으로의 수송과 흡착의 2단계를 거쳐 이루어집니다.

<그림 2.7.1>은 모래 여과재의 틈새에 입자 등이 포집되는 모식도입니다.

실제로 모래 여과 실시 시 모래(직경 $500\mu m$) 틈새($100\mu m$)보다 작은 입자를 흘려보내도 모래 사이에 포집되는 것을 경험합니다. 이는 '체치는 효과'보다는 다음 ①~④의 흡착, 침전 등이 복합적으로 작용한 결과로 판단됩니다.

① 현탁물의 여재 표면으로 수송

② 여재의 틈새에서 흡착이나 침전

③ 이미 포착된 현탁입자의 흡착

④ 여재 표면에서 입자끼리 가교하여 입자를 포착

활성 슬러지 처리로 발생한 슬러지의 경우는 그 자체가 응집성을 가지

고 있습니다. 실제로 활성 슬러지 처리수에 응집제를 가하지 않고 입경 0.5~
1.2mm의 모래층 60cm에 LV=7~12m/h의 속도로 물을 보내면 80% 정도
의 현탁물을 제거할 수 있습니다.

　공업용수나 음료수의 여과에서는 현탁물 자체의 응집성이 낮기 때문
에 여과 성능을 향상시키기 위해 모래 여과 전에 무기 응집제나 유기고분
자 응집제를 첨가합니다.

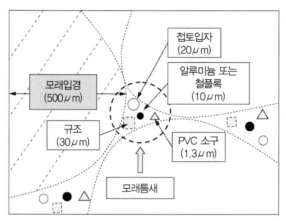

〈그림 2.7.1〉 모래 여과재 틈새의 모식도

● 단층 여과와 복층 여과

　<그림 2.7.2>는 압력식 모래 여과기의 단층 여과와 2층 여과의 현탁물
포집의 모식도입니다. 같은 입경 모래만을 채운 단층 여과기에 현탁물을
포함한 오염수를 통수하면 미립자나 세균 등이 모래 표면에만 포집되고
내부에는 도달하지 않습니다. 즉, 현탁물의 포집에 사용되고 있는 것은 모
래 표면뿐이라고 할 수 있습니다.

　이에 반해 2층 여과기에서는 상부에 입경이 크고 비중이 가벼운 안스라

사이트(무연탄을 잘게 한 것)를 충전하고 하부에 입경이 작고 비중이 무거운 모래를 충전합니다. 이것에 의해 안스라사이트와 모래의 2층이 형성됩니다. 여기에 현탁물질을 포함하는 오염수를 보내면 미립자나 세균 등은 안스라사이트와 모래의 내부에 포집됩니다. 이를 통해 모래 단독 층보다 많은 현탁물질을 포집할 수 있습니다.

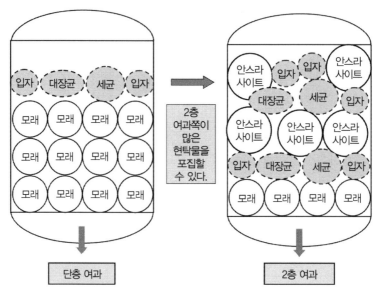

<그림 2.7.2> 단층 여과와 2층 여과의 비교

● 마이크로플록 여과

<그림 2.7.3>은 마이크로플록 여과의 플로우 시트(예)입니다. 마이크로플록 여과법은 원수의 탁도가 5도 이하일 경우 응집침전조를 생략하여 급속 여과의 한 공정으로 응집과 여과를 동시에 실시하려고 하는 것입니다. 원수조 펌프의 출구 배관에 직접 차아염소산 나트륨과 PAC를 주입하여

여과기에 압입합니다. 통수는 10~15m/h로 하고, 여과압력은 0.5MPa 정도의 압력으로 실시합니다. 이를 통해 공간 절약의 여과 시스템이 완성됩니다.

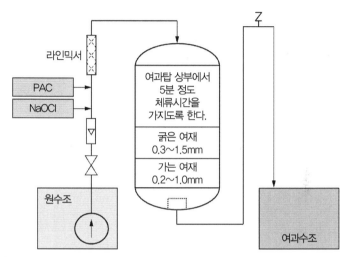

<그림 2.7.3> 마이크로플록 여과의 플로우시트

● 역세전개율(展開率)과 수온

<그림 2.7.4>는 안스라사이트의 역세전개율(Backwash Deployment rate), 역세척 속도, 수온의 관계를 나타낸 것입니다.

일례로 수온 30℃에서 입경 0.87mm의 안스라사이트를 역세척 속도 30m/h로 역세척했을 때의 전개율은 20% 정도입니다. 수온 5℃로 같은 0.87mm의 안스라 사이트를 역세척속도 30m/h로 역세척했을 때의 전개율은 38% 정도로 약 2배로 증가합니다. 그 이유는 물의 점성에서 유래하고 있습니다.

온도가 높은 물은 온도가 낮은 물보다 점성이 낮고 끈적끈적하지 않기

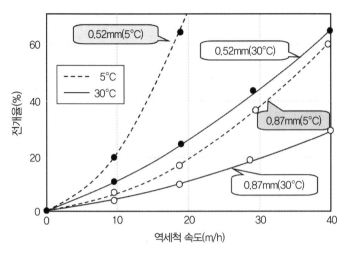

〈그림 2.7.4〉 안스라 사이트의 역세전개율

때문에 입자의 침강 속도가 커집니다. 따라서 같은 유속으로 역세척해도 전개율이 낮아집니다. 1년 내내 수온이 높은 동남아시아 국가들과 여름과 겨울에는 수온이 대폭 변화하는 일본에서 모래 여과장치를 설계할 경우, 역세척에 사용하는 펌프를 선정하려면 상기의 수온, 물의 점도, 전개율의 관계를 잘 고려하는 것이 중요합니다.

　<표 2.7.1>에 실제로 압력식 여과기를 설계할 때의 설계 시방의 예를 제시하였습니다.

내경 (mm)	단면적 (m²)	여과유량 (LV: 7 m/h) (m³/h)	역세유량 (LV: 30m/h) (m³/h)	여재량	
				안스라사이트 600H(m³)	모래 400H(m³)
500	0.20	1.4	6.0	0.12	0.08
1,000	0.79	5.5	23.6	0.47	0.32
1,500	1.77	12.3	52.7	1.06	0.71
2,000	3.14	22.0	94.3	1.88	1.25
2,500	4.91	34.4	147.4	2.95	1.97
3,000	7.07	49.5	212.1	4.24	2.83

2.8 철·망간 제거

물속의 철이나 망간은 환경 조건에 따라 다양한 형태를 보입니다. 철 및 망간 제거에서 문제가 되는 것은 수원이 무산소나 환원 상태인 지하수인 경우가 대부분입니다. 하천수에 철(Fe^{2+})이 용해되어 있어도 산소 보충이 충분하므로 $Fe^{2+} \rightarrow Fe^{3+}$의 산화반응이 진행되어 수산화제2철 [$Fe(OH)_3$]로 석출하므로, Fe^{2+}가 물속에 용존하는 경우는 거의 없습니다.

● 철의 공기산화

<그림 2.8.1>은 Fe^{2+}의 공기산화와 pH값의 관계를 나타냅니다.

중성 부근(pH7.0 이상)의 철 이온(Fe^{2+})은 비교적 단시간에 공기산화할 수 있습니다.

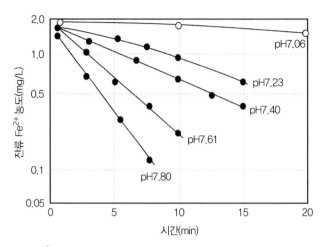

〈그림 2.8.1〉 Fe^{2+}의 공기산화와 pH값

  〈그림 2.8.2〉는 pH와 수산화철의 용해도를 나타냅니다. 철은 3가(Fe^{3+})로 산화되어 있으면 pH4 이상으로 불용화(不溶化, Insolubilization)할 수 있지만 2가(Fe^{2+})의 상태에서는 pH10 이상으로 해야 불용화할 수 있습니다. 땅속의 유기물은 부패, 분해 등으로 물속의 산소를 소비해, 대신에 이산화탄소(CO_2)를 방출하므로 지하수 중의 산화철(FeO 등)은 $Fe(HCO_3)_2$ 등의 형태로 수중에 용존하고 있습니다.

$$FeO + CO_2 \rightarrow FeCO_3 \tag{1}$$

$$FeCO_3 + CO_2 + H_2O \rightarrow Fe(HCO_3)_2 \tag{2}$$

  철이 탄산수소철[$Fe(HCO_3)_2$]의 형태로 용해하고 있는 지하수나 온천수는 양수(揚水)된 직후에는 무색투명하지만, 시간이 경과할수록 〈그림 2.8.2〉와 같이 서서히 산화되어 $Fe(OH)_3$로 변하므로 외관상 탁해집니다.

$$4Fe(HCO_3)_2 + O_2 + 2H_2O \rightarrow 4Fe(OH)_3 + 8CO_2 \tag{3}$$

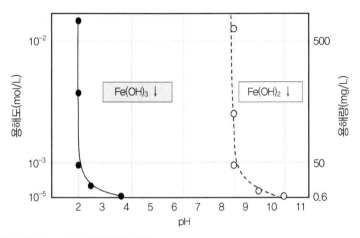

〈그림 2.8.2〉 pH와 수산화철의 용해도

● 철의 염소산화

공기산화법은 수질에 따라서는 철이 제거되지 않을 수도 있지만 염소는 산화력이 강하기 때문에 적용 범위가 넓어집니다. 염소에 의한 Fe^{2+} 이온의 산화는 식 (4), (5)와 같이 진행되며, 반응 시간은 거의 순식간에 완결됩니다.

$$2Fe^{2+} + Cl_2 + 6H_2O \rightarrow 2Fe(OH)_3 + 6H^+ + 2Cl^- \tag{4}$$

$$2Fe(HCO_3)_2 + Cl_2 + 2H_2O \rightarrow 2Fe(OH)_3 + 4CO_2 + 2HCl \tag{5}$$

식 (4), (5)에서 Fe^{2+} 1mg을 산화하는 데 필요한 Cl_2는 0.64mg입니다.

$(Cl_2/2Fe = 71/111.6 = 0.64)$

산화에 의해 수산화철[Fe(OH)$_3$]로 된 철은 모래 여과에 의해 쉽게 분리할 수 있습니다.

● 망간의 염소산화

망간은 산화환원 전위가 철보다 높고, 중성에서는 산소에 의한 산화석출이 거의 일어나지 않으므로 하천물속에 망간이온(Mn^{2+})이 있으면 그대로의 상태로 용존하고 있습니다.

지하수나 저수지의 저수층(底水層)이 정체하면 무산소 상태에서 혐기성이 되므로 망간은 당연히 Mn^{2+}로 남아 있고, 철도 환원 상태의 Fe^{2+}로 용해하고 있습니다. 망간 이온의 용해량은 보통 철 이온의 약 1/10입니다.

<그림 2.8.3>은 염소, 공기, 오존에 의한 철과 망간 산화의 기준입니다.

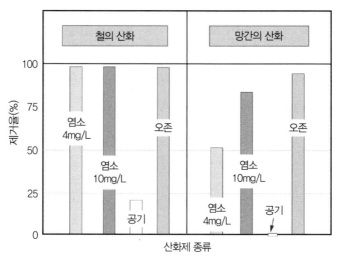

〈그림 2.8.3〉 염소, 공기, 오존에 의한 철과 망간 산화율

공기로 망간을 산화하려고 해도 전혀 대응할 수 없지만 염소와 오존이라면 상당한 효과를 기대할 수 있습니다. 실제의 망간 제거에서는 염소를 더한 물을 수화(水和)이산화망간($MnO_2 \cdot H_2O$) 담지(担持)[7]의 '망간 모래'의 층을 통과합니다. 이것에 의해, Mn^{2+}는 $MnO_2 \cdot H_2O$를 촉매로 하여 염소로 신속하게 산화되어 $MnO_2 \cdot H_2O$가 됩니다.

$$Mn^{2+} + MnO_2 \cdot H_2O + Cl_2 + 3H_2O$$
$$\rightarrow 2MnO_2 \cdot H_2O + 4H^+ + 2Cl^- \tag{6}$$

식 (6)으로부터 Mn^{2+} 1mg를 산화하는 데 필요한 Cl_2는 1.29mg입니다.

$$(Cl_2/Mn = 71/55 = 1.29)$$

여기서 새로 생성한 $MnO_2 \cdot H_2O$는 촉매와 같은 작용을 하며, 다음의 Mn^{2+} 이온 산화의 촉매로 작용합니다.

● 철 및 망간 제거 방법

철과 망간을 모두 염소 산화 시키려면 원수 철량의 0.64배, 원수 망간량의 1.29배의 염소가 필요합니다. <그림 2.8.4>는 철 및 망간 제거 플로우 시트(예)입니다.

---

7 담지: (백금 등) 촉매로 이용하는 금속의 미립자를 담체(운반체)에 부착시키는 것.

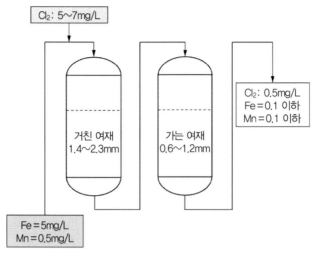

<그림 2.8.4> 철 및 망간 제거 플로우 시트(예)

수중의 철 이온은 5mg/L 정도 되면 외관은 갈색으로 흐려집니다. 이 경우 그림과 같이 '거친 망간 모래'와 '가는 망간 모래'를 여과기에 충전하여 직렬로 접속할 것을 권장합니다. 이에 따라 앞단의 거친 망간 모래에서 철과 망간의 현탁물을 제거하고, 뒷단의 가는 망간 모래에서 망간을 제거하면 전체적으로 철 및 망간 제거가 잘 이루어집니다.

철 및 망간 제거의 경우 산화제로 염소가 필요하지만 잉여 염소는 사용하지 않습니다. 일례로서 <그림 2.8.4>의 잔류염소(0.5mg/L)는 다음 식 (7)에 의해 활성탄으로 제거합니다.

$$Cl_2 + H_2O + C(활성탄) \rightarrow 2H^+ + 2Cl^- + O + C(활성탄) \qquad (7)$$

식 (7)에서 활성탄의 역할은 촉매작용으로 염소(Cl_2)를 염화물 이온(Cl^-)으로 바꾸는 것뿐이므로 활성탄의 수명은 꽤 길어집니다(<그림 2.9.3> 참조).

2.9 활성탄 흡착

활성탄은 수중의 유기 성분(색, 냄새, COD, BOD 등)을 흡착하거나, 유리 염소(Cl_2)를 분해하므로 수처리 프로세스에서는 넓게 이용되고 있습니다.

활성탄 입자 내부에는 작은 미세한 구멍이 무수히 있고 1g의 활성탄 표면적은 $800 \sim 1,400 m^2/g$도 있습니다.

용수나 폐수 중에는 분자량이 큰 것부터 작은 것까지 다양한 크기의 분자상 물질이 용해되어 혼재하고 있습니다.

● 활성탄의 성질

활성탄의 흡착력은 일반적으로 다음과 같은 경향이 있습니다. <그림 2.9.1>은 알코올의 흡착량과 분자량의 관계(예)입니다. 활성탄의 흡착효과를 요약하면 다음과 같습니다.

① 분자량이 큰 물질일수록 흡착되기 쉽습니다.

② 용해도가 낮은 물질일수록 흡착되기 쉽습니다.

③ 지방족보다 방향족 화합물이 더 흡착되기 쉽습니다.

④ 표면장력을 감소시키는 물질(계면활성제의 증가)일수록 흡착되기 쉽습니다.

⑤ 흡착량이나 흡착속도는 수온에 별 영향을 받지 않습니다.

⑥ 폐수의 pH가 낮으면 흡착량이 증가합니다.

아세트산(초산)에 산을 더해 pH2까지 내리면 식 (1)과 같이 해리 상태(CH_3COO^-)보다 분자 상태(CH_3COOH)의 비율이 높아지고 결과적으로 흡착량이 늘어납니다.

$$CH_3COO^- + H^+(\text{산 첨가}) \rightarrow CH_3COOH \tag{1}$$

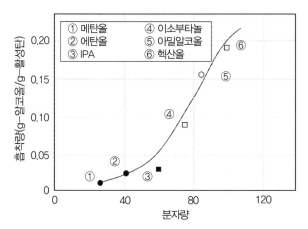

〈그림 2.9.1〉 알코올의 흡착량과 분자량의 관계

● 흡착등온선

    〈그림 2.9.2〉에 활성탄의 흡착등온선을 나타냅니다. 흡착등온선은 일정 온도 하에서 폐수에 활성탄을 더하여 평형에 이르렀을 때의 활성탄 흡착량과 폐수 중의 유기물 농도의 관계를 나타낸 것입니다. 이 관계식에는 Freundlich 식이 이용됩니다.

$$q = KC^{1/n} \tag{2}$$

    단, q: 활성탄 단위 질량당 흡착량(mg)
        C: 처리수의 농도(mg/L)

K, n: 정수

식 (2)의 양변의 로그를 취하면 식 (3)이 됩니다.

$$\log q = \log K + (1/n)\log C \tag{3}$$

식 (3)에 대해서, $\log q$와 $\log C$의 관계는 <그림 2.9.2>에 나타내면 직선을 얻을 수 있습니다.

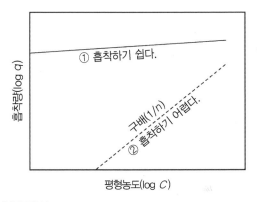

<그림 2.9.2> 흡착등온선

$1/n$은 직선의 구배로 흡착지수라고 불리며, $\log K$는 절편(截片, Intercept)입니다.

<그림 2.9.2> ①과 같이 직선의 구배($1/n$)가 거의 제자리걸음으로 작을 때는 저농도에서 고농도에 걸쳐 잘 흡착됩니다. ②의 직선은 고농도에서는 흡착량이 크지만, 저농도에서는 흡착량이 작다는 것을 나타냅니다.

일반적으로 구배($1/n$)가 0.1~0.5이면 흡착이 용이하고, 구배($1/n$)가 2

이상인 물질은 흡착성이 좋지 않은 것을 의미합니다.

즉, 직선 ①과 같이 $1/n$(구배)가 작고, K의 값(절편)이 큰 편이 좋은 활성탄이 됩니다.

● 활성탄의 염소분해

<그림 2.9.3>은 음료수의 유리염소를 활성탄으로 분해한 곡선의 한 예입니다.

수중의 유리 염소(Cl_2)는 활성탄과 접촉하면, 활성탄의 촉매 작용으로 분해해, 염화물 이온(Cl^-)으로 바뀌므로 Cl_2 제거만을 목적으로 했을 경우는 <그림 2.9.3>과 같이 활성탄의 수명은 꽤 길어집니다.

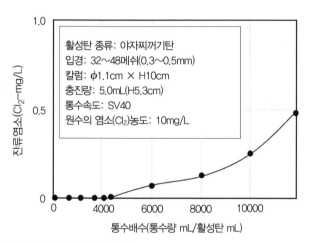

활성탄 종류: 야자찌꺼기탄
입경: 32~48메쉬(0.3~0.5mm)
칼럼: ϕ1.1cm × H10cm
충진량: 5.0mL(H5.3cm)
통수속도: SV40
원수의 염소(Cl_2)농도: 10mg/L

〈그림 2.9.3〉 활성탄의 염소 분해 곡선

<그림 2.9.3>의 실험에 의하면, 수중의 유리염소(Cl_2)가 10mg/L의 경우에서 Cl_2가 0.1mg/L으로 낮아질 때까지의 수량은 활성탄의 약 6,000배입니다.

일반 수돗물의 잔류 염소 농도는 0.4mg/L 정도이기 때문에 활성탄의 15만 용량 배도 탈염소할 수 있습니다.

● 활성탄탑의 재질과 배관(예)

활성탄 흡착 처리는 활성탄을 철제나 스테인리스 탑에 충전한 후 여기에 물을 통과시키는 '가압식 여과' 방식을 택하는 것이 일반적입니다. 산업 폐수는 대부분의 경우, 폐수 중에 황산이온(SO_4^{2-}) 또는 염화물 이온(Cl^-)이 포함되어 있습니다.

이러한 성분을 포함한 폐수를 활성탄 흡착 처리하면 식(4)와 같이, 수중에 포함되는 Na_2SO_4의 S가 황환원균에 의해 H_2S가 되고, 그 다음에 H_2S가 황산화균에 의해서 H_2SO_4가 되어 철소재를 침식하는 일이 있습니다.

$$Na_2SO_4 \rightarrow H_2S \rightarrow H_2SO_4 \tag{4}$$

그 결과 핀홀이 발생하거나 금속 표면의 심한 부식이 발생합니다. 이 부식의 정도는 모래 여과기 내면의 '녹 발생'과 같은 가벼운 정도의 것이 아니라 소재의 '두께 감소 현상'과도 비슷한 큰 손상을 줍니다. 그래서 활성탄 탑은 고무라이닝 또는 FRP 라이닝을 하는 것이 보통입니다.

<그림 2.9.4>는 활성탄 탑 주위의 배관(예)입니다.

작은 설비에서는 수동밸브로 조작하기도 하지만 큰 탑에서는 자동 개폐 밸브로 자동운전을 합니다.

활성탄 처리에서는 충전층이 폐색되는 일은 별로 없지만 활성탄 층을 풀어내는 일도 있으므로 모래 여과기와 마찬가지로 역세척할 수 있도록 배관하는 것이 좋습니다.

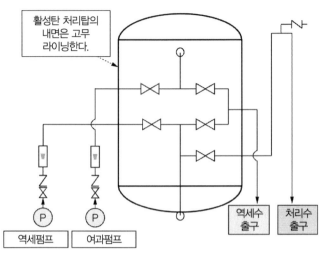

활성탄 처리탑의 내면은 고무 라이닝한다.

역세펌프 여과펌프

역세수 출구 처리수 출구

〈그림 2.9.4〉 활성탄 탑 주위의 배관(예)

오존산화

오존의 특징은 오존의 분해성 생물이 산소이므로 염소와 달리 유기물로 작용하여 유해한 트리할로메탄과 유기염소화합물을 부생(副生)할 우려가 없는 것입니다. 오존의 산화력 강도는 다음과 같이 과산화수소나 염소보다 강력합니다.

오존(O_3) > 과산화수소(H_2O_2) > 이산화염소(ClO_2) >

차아염소산($HClO$) > 염소(Cl_2) > 산소(O_2)

이 특징을 살려 수처리에서는 ①~⑥의 분야에서 넓게 실용화되고 있습니다.

<그림 2.10.1>에 잔류 오존과 pH의 관계를 나타냅니다.

① 살균, 소독, 살조류(殺藻類)
② 착색성분의 탈색
③ 탈취, 악취 제거
④ 유기물, 환원성 물질의 산화
⑤ 유해물, 유독물의 무해화
⑥ 난분해성 물질의 용이한 생물 분해성

오존은 그 어원이 그리스어의 '냄새 나는 것(Ozein)'에서 유래하며, 역사적으로는 1804년 Schobein이 이 냄새의 물질을 오존으로 명명했습니다.

<그림 2.10.1>에서 오존은 pH가 높을수록 분해가 빠르고, pH10.4에서는 분해속도가 갑자기 상승함을 알 수 있습니다.

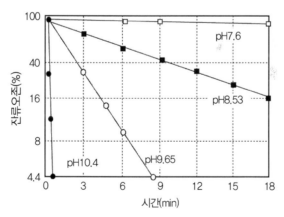

〈그림 2.10.1〉 잔류오존과 pH 관계

● 오존에 의한 상수 중 TOC 제거

정밀 세척이 필요한 전자 공업이나 반도체 산업에서는 용수의 TOC 값을 낮춰야 합니다. TOC 농도가 낮아지면 오존 처리가 유리하게 됩니다.

<그림 2.10.2>는 오존산화에 의한 상수중 TOC 제거(예)입니다.

TOC 2mg/L 이상일 경우 활성탄 처리로 대응하며, TOC 2mg/L 이하가 된 물에 오존 10mg/L 이상을 상시 작용시키면 수중의 TOC는 0.1mg/L 이하를 유지할 수 있습니다.

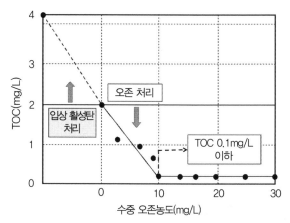

<그림 2.10.2> 오존산화에 의한 상수 중 TOC 제거(예)

● COD 제거에 필요한 오존량

하수 2차 처리수에는 많은 유기물이 혼재되어 있으며, COD 성분으로서 계측됩니다.

<그림 2.10.3>은 이 COD(Cr) 성분의 제거와 소실 오존 농도의 관계를 측정한 것입니다.

오존의 산화반응에서 오존 중 하나의 산소(O/O_3)만이 반응에 관여한다

고 하면 소실 오존량/제거 COD량의 비는 중량비로 1.0~3.0의 범위가 됩니다.

일례로 제거 COD가 20mg/L이었다고 하면 이 산화에 소비되는 오존량은 많을 경우 20mg/L × 3.0 = 60mg/L, 적을 때는 20mg/L × 1.0 = 20mg/L라는 것을 나타내며 COD 제거의 오존 필요량 산출의 기준이 됩니다. 대부분의 경우 COD값의 3배 정도의 오존량이 소실되는 것으로 추측됩니다.

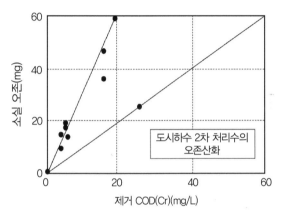

〈그림 2.10.3〉 소비 오존량과 COD 제거량[8]

● 오존산화와 활성탄 흡착의 조합

오존산화에는 수중의 유기물의 저분자화 효과가 있어, 활성탄 흡착 처리와 조합하면 COD 제거 효과가 촉진됩니다. 〈그림 2.10.4〉는 도시 하수의 각종 처리수의 활성탄에 대한 COD 흡착등온선을 Freundlich 식 그래프로 나타낸 것입니다.

---

8 소오미야 이사오(宗宮 功), 하수도협회지, Vol.10, No.109, p.9(1973).

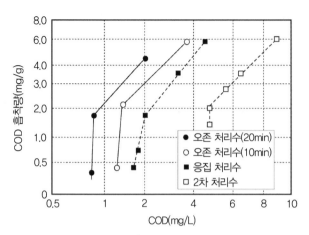

〈그림 2.10.4〉 활성탄과 COD 흡착등온선[9]

　　COD 4mg/L 정도까지 처리한 응집 처리수에 활성탄을 작용시키면 수질은 상당히 개선되어 COD 2mg/L 정도까지 처리할 수 있게 됩니다. 그런데 오존에서 COD 2mg/L 정도로 산화한 처리수에 활성탄을 작용시키면 COD 1mg/L 이하까지 처리할 수 있게 됩니다. 이는 고분자 형태의 COD 성분이 오존산화에 의해 저분자화되고 활성탄의 세공 내에 확산 흡착되기 쉬워진 것으로 보입니다. 〈그림 2.10.5〉는 하수 2차 처리수 및 그 오존 처리수의 일정량을 배양 병에 취하고 순양(馴養)된 호기성 미생물을 첨가하여 25℃에서 증식하여 증식과정을 산소호흡량의 증가 속도를 통해 추정한 것입니다.

　　오존 처리수는 하수 2차 처리수에 비해 증식량이 증가하고 있습니다. 이는 오존 처리에 의해 분해되거나 저분자화된 유기물이 미생물로 분해되기 쉬워졌기 때문으로 오존산화와 생물 처리의 조합은 유기물 제거에

9　이케하타 아키라(池畑 昭), 오존 이용 신기술, pp.97-98, 三锈書房(1986).

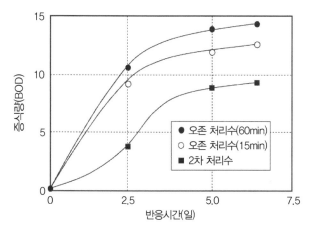

<그림 2.10.5> 오존 처리수와 하수 2차 처리수에서 활성 슬러지의 증식 경향[10]

유효한 수단임을 시사합니다.

2.11 염소살균

염소는 음료수, 수영장 물, 목욕탕 물, 하수 등의 세균 제거를 비롯해 과실·야채 제균, 섬유나 종이의 표백에도 사용되고 있습니다.[11] 염소 살균에 많이 사용되는 차아염소산나트륨은 수산화나트륨에 염소를 반응시켜

---

10 이케하타 아키라(池畑 昭), 오존 이용 신기술, pp.97-98, 三锈書房(1986).
11 차아염소산나트륨의 용도와 유효농도(예)

용도	실효 유효염소(mg/L)
물(음료수, 폐수)의 살균	약 0.8
식기류의 균 제거	약 100
채소 및 과실류의 균 제거	약 100
욕실, 욕조, 변기 등의 균 제거	약 600
얼룩 제거, 섬유, 종이 표백	600~2,000

만듭니다.[12]

$$2NaOH + Cl_2 \rightarrow NaOCl + H_2O + NaCl \qquad (1)$$

식 (1)을 통해 차아염소산나트륨 용액에는 NaOCl과 동일한 몰량의 염화나트륨(NaCl)이 함유되어 있음을 알 수 있습니다.

일반적으로 사용되는 12% 차아염소산나트륨 용액은 NaCl이 11%, 잔류 알칼리가 0.5~1.2% 정도 포함되어 있습니다.

● 차아염소산나트륨의 살균력

차아염소산나트륨(NaOCl)으로 실제 살균 효과가 있는 것은 차아염소산(HOCl)입니다. 차아염소산 이온(OCl⁻)은 차아염소산(HOCl)에 비해 산화력이 약하고 살균효과는 1/80 정도입니다. 따라서 염소 살균에서는 액 속에 있는 차아염소산(HOCl)이 살균력을 좌우합니다. <그림 2.11.1>은 pH5~10에서 차아염소산(HOCl) 및 차아염소산이온(OCl⁻)의 존재비입니다.

알칼리성 차아염소산 나트륨 용액에 산을 첨가하면 pH가 낮아져 차아염소산의 비율이 증가합니다. 따라서 알칼리측에서 pH가 낮은 쪽이 살균효과가 더 높아집니다. 그러나 너무 내리면 유독성 염소 가스가 발생하기 때문에 위험합니다.[13] 차아염소산나트륨 수용액의 pH 조정은 pH 메터를

---

12 차아염소산나트륨의 생성 방법에는 식 (1)의 반응 외에 해수를 전기 분해하는 방법도 있다. 주로 이 방법은 해변가에 있는 공장 시설에서 사용되며 배수관 등에 해양생물이 달라붙는 것을 막기 위해 사용되고 있다.
13 염소계 표백제와 산의 반응
가정용 염소계 표백제와 염산 등의 강산성 물질(화장실용 세제 등)과 혼합하면 식

이용해 농도가 낮은 산(염산, 구연산 등)을 천천히 더해 pH6 정도로 하는
것이 포인트입니다.

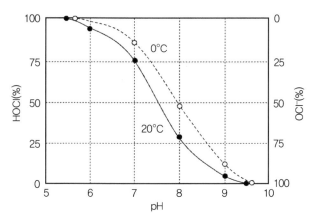

〈그림 2.11.1〉 각 pH에서 HOCl 및 OCl⁻의 존재비

<그림 2.11.2>는 pH와 염소(Cl_2), 차아염소산(HOCl), 차아염소산 이온
(OCl^-)의 존재비입니다.

일반적으로, 염소의 화학종(化學種: Cl_2, HOCl, OCl^-)의 사이에는 다음
과 같은 평형 관계가 있습니다.

$$Cl_2 + H_2O \leftrightarrow HCl + HOCl \tag{2}$$

$$HOCl \leftrightarrow H^+ + OCl^- \tag{3}$$

---

(4)과 같이 황록색의 유독한 염소가스(Cl_2)가 발생한다.
$$NaClO + 2HCl \rightarrow NaCl + H_2O + Cl_2 \tag{4}$$
위의 잘못된 사용방식으로 매년 몇몇 사망자도 발생한다. 특히 밀폐된 욕실에서의
표백제 취급에 주의하고 충분한 환기에 유념할 필요가 있다.

1이들의 존재 비율은 pH, 수온, 공존 물질에 따라 달라집니다. 특히 pH 값에 크게 의존합니다. pH8.5 이상에서는 HOC1이 감소하므로 살균 효과가 낮고, pH4.5∼6.0에서는 HOC1 비중이 95% 이상이므로 살균효과가 높습니다.

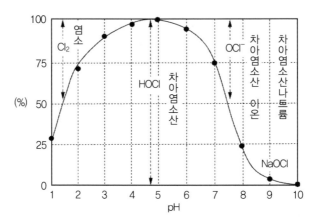

〈그림 2.11.2〉 각 pH에서와 염소(Cl_2), 차아염소산(HOC1), 차아염소산 이온(OCl^-)의 존재비

수도 수질 기준의 pH8.6 이하(pH5.8∼8.6)라는 수치는 이를 근거로 하고 있습니다.

● 유효염소농도의 경과일수 변화와 보존법

차아염소산나트륨 용액은 일반적으로 유효염소 6%와 12%의 제품이 시판되고 있습니다.

<그림 2.11.3>은 차아염소산나트륨(유효염소 12%)의 경과일수 변화(예)입니다.

차아염소산나트륨은 분해되기 쉬우나 3∼6%일 때는 상당히 안정적입

니다. 차아염소산 용액 중의 유리염소는 열이나 빛에 의해 분해되기 때문에 온도가 상승하면 농도가 저하됩니다.

차아염소산 용액은 냉암소에 보관하는 등의 배려가 필요합니다.

실제로 차아염소산나트륨을 사용할 때는 사용량, 저장기간, 희석의 정도, 사용 pH 범위 등을 고려하는 것이 중요합니다.

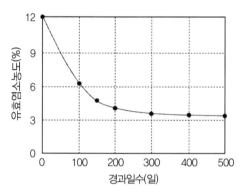

〈그림 2.11.3〉 차아염소산나트륨의 경과일수 변화(예)

● 차아염소산나트륨의 살균력과 부작용

차아염소산나트륨의 세균 사멸 농도와 세균의 관계를 <표 2.10.1>에 나타냈습니다.

음료수의 기준에서는 잔류 염소가 1mg/L 이하로 정해져 있지만 실제로는 0.1~0.4mg/L로 관리되고 있습니다. 이로 인해, 음료수의 세균학적인 위생은 유지되고 있어 우리는 안심하고 수돗물을 마실 수 있습니다. 그런데 최근 수질 오염으로 수돗물 원수에 난분해성 유기물이나 화학물질이 혼입되는 수가 있습니다.

〈표 2.10.1〉 차아염소산나트륨의 살균력

사멸농도(mg/L)	세균의 종류
0.1	티푸스균, 이질균, 콜레라균, 황색포도상구균
0.15	디프테리아균, 뇌척수막염상구균
0.2	폐렴구균
0.25	대장균, 용혈성 연쇄상구균

난분해성 물질의 한 예로 '푸민산'이나 '플루보산'이 있습니다. 이 물질은 산업 폐수, 하수 처리수, 분뇨 처리수 등 속에 COD, BOD 물질로 남아 있습니다. 이러한 유기계 물질의 대부분은 생물에 의해 분해되지만 미량 남아 있는 것은 과도한 염소와 반응하여 유해한 클로로포름을 생성합니다. 수돗물 원수의 오염은 염소의 과잉 첨가가 되어, 정수 공정에서는 의도하지 않았던 유해한 트리할로메탄이나 다른 유기염소화합물이 생성하는 것이 밝혀졌습니다. 염소 살균은 수돗물이나 오염수의 유력한 정화 수단이지만 과잉 첨가는 위와 같은 부작용을 파생시키므로 주의해야 합니다.

2.12 자외선 살균

자외선은 X선과 가시광선 사이에 위치한 파장 10~400nm의 전자파의 총칭입니다.[14]

자외선은 화학약품을 사용하지 않고 물을 살균할 수 있기 때문에 수산,

---

14 가시광선 스펙트럼의 보라색보다 바깥쪽에 위치하기 때문에 자외선이라고 불린다. 영어의 Ultraviolet도 '보라색을 넘었다'라고 하는 단어(라틴어의 Ultra는 영어의 beyond에 상당)에 유래하고 있다.

식품 등의 물 살균, 초순수, 수영장 물 및 폐수 살균 등 다양한 분야에서 사용되고 있습니다.

● 자외선의 파장과 살균효과

태양광에 포함된 자외선에는 강한 살균작용이 있습니다. 이것은 햇볕 및 바람 쐬기나 일광 소독 등의 체험을 통해 잘 알려져 있습니다. 자외선의 파장(10~400nm)은 UV-A(400~315nm), UV-B(315~280nm), UV-C(280nm 미만)로 나뉘어 있습니다.

<그림 2.12.1>은 자외선의 파장과 살균 효과를 나타냅니다. 자외선 중 살균효과가 높은 것은 파장이 짧은 UV-C(254nm)입니다.

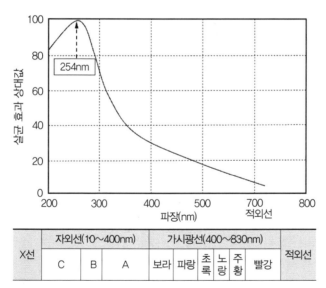

<그림 2.12.1> 자외선의 파장과 살균 효과

빛의 에너지(E)는 다음 식으로 나타납니다.

$$E = hc/\lambda \qquad\qquad\qquad (1)$$

여기서, h: 플랑크 정수(9.5323×10^{-14}kcal/mol)

c: 광속(2.998×10^8m/sec)

λ: 파장(nm)

식 (1)보다 빛은 파장이 짧을수록 에너지 레벨이 높아지게 됩니다.

● 자외선 살균 메커니즘

<그림 2.12.2>는 DNA의 상대적인 자외선 흡수 곡선입니다.

세균은 세포 내 핵에 유전자 정보를 전달하는 DNA(디옥시리보핵산)를 가지고 있습니다.

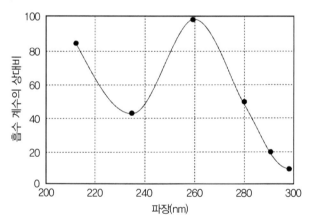

<그림 2.12.2> DNA의 상대적인 자외선 흡수 곡선

DNA는 <그림 2.12.2>와 같이 파장 260nm 부근에서 흡수 스펙트럼을 갖

고 있습니다. DNA 흡수 스펙트럼과 살균력이 강한 254nm의 파장 특성과 유사합니다.

그래서 254nm의 자외선을 세균에 조사하면 DNA를 파괴하므로 세균 활동 자체를 정지시킬 수 있습니다.[15] 이를 통해 염소 살균과 달리 화학약품을 사용하지 않는 살균이 가능합니다.

● 자외선램프의 효과

자외선램프에는 고압 수은 램프와 저압 수은 램프가 있습니다. 실제 수처리에는 저압 수은 램프가 많이 사용되고 있습니다.

<그림 2.12.3>에 저압 자외선램프의 분광 분포를 나타냅니다. 저압 수은 램프는 주로 254nm(살균선)와 185nm(오존선)의 두 파장을 발생합니다.

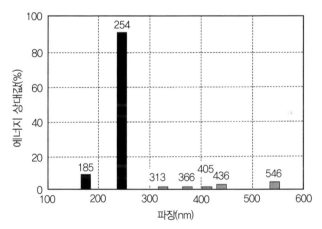

<그림 2.12.3> DNA의 상대적인 자외선 흡수 곡선

---

15 자외선(UV-C)이 DNA에 흡수되면 DNA를 구성하는 5개의 염기(Adenine, Cytosine, Guanine, Thymine, Uracil)가 화학변화를 일으켜 복제 기능을 상실한다.

자외선램프는 UV를 쉽게 통과시키는 석영관에 수납하는데, 석영의 재질에 따라 ① 오존 리스 석영 유리 램프와 ② 합성 석영 유리 램프로 나뉩니다.

① 오존 리스 석영 램프: 석영 유리 중에 티타늄 등을 혼합하여 200nm 이하의 파장을 흡수하도록 한 램프로 주로 254nm의 UV를 방사합니다.

② 합성 석영 유리 램프: 오존 리스 석영 램프에 비해 200nm 이하 파장으로 투과성이 우수하고, 램프 점등 시간에 의한 투과성 저하가 적기 때문에(저파장 측은 특히 흡수되기 쉬우므로) 효율적으로 185nm의 UV를 방사합니다. 185nm의 UV는 공기 중의 산소와 작용하여 오존(O_3)을 생성합니다. 단, 재료가 비싸기 때문에 용도가 제한됩니다.

① 오존리스 석영 램프와 ② 합성 석영 유리 램프의 차이는 석영 재질의 차이로 인해 185nm(오존선)의 파장이 투과하느냐 마느냐의 차이입니다.

● 염소 살균, 자외선 살균, 오존 살균의 비교

<표 2.12.1>에 염소 살균, 자외선 살균, 오존 살균의 비교를 나타냅니다.
염소 살균이나 오존 살균은 세포를 변질시키거나 세포막을 찢어 세균을 사멸시키는 데 반해 자외선은 물에 UV를 쏘이는 것만으로 세균의 활동을 정지시켜 수질을 바꾸지 않고 살균할 수 있습니다. 일례로 자외선을 조사하여 살균한 해수를 사용하고 있는 것이 굴 양식입니다. 해수 속에서 생육하는 굴은 사료와 함께 대량의 해수를 흡입합니다. 그 해수에 균이나 바이러스가 있으면 내뱉지 못하고 굴의 내장에 남아 있을 수 있습니다.
옛날부터 '굴에 중독되다'라고 불리는 식중독은 굴 자신이 가지는 독이

아니고, 굴에 부착해 번식한 균이나 바이러스가 일으키는 것 같다는 것을 최근의 연구로부터 알게 되었습니다. 거기서 자외선을 조사해 살균한 해수 속에서 48시간 정도 굴을 사육했는데, '깨끗한 물을 빨아들여 몸 안의 불순물을 토하게 한다'라고 하는 것을 확인할 수 있었습니다.

그러면 굴 본체를 손상시키거나 불쾌한 냄새를 남기지 않고 살균을 할 수 있어 안전한 굴을 먹을 수 있습니다.

자외선은 수중에서 이산화티타늄을 담지한 광촉매에 조사하면 더욱 강력한 살균효과를 나타냅니다. 이 방법은 용수 및 순환수의 살균 처리에 효과적이고, 욕탕수, 수영장수, 도금 세척수, 냉각수, 산업 폐수 등의 순환 이용에 실용화되고 있습니다.

〈표 2.12.1〉 염소 살균, 자외선 살균, 오존 살균의 개요 비교

항목	염소 살균	자외선 살균	오존 살균
원리	세균의 세포를 변질시켜 파괴한다.	DNA 기능을 파괴하여 활동을 정지한다.	강력한 산화력으로 세포벽을 파괴한다.
장치	고형 또는 액체염소제를 반응조에서 작용시킨다. 장치는 값이 싸다.	자외선을 조사하기만 하면 된다. 작동 부분이 적고 단순한 장치이다.	오존 발생기, 반응조, 배오존 처리 장치 등이 필요하다. 값이 비싸다.
특징	잔류 염소는 장시간 살균 효과를 유지한다.	자연광이 파괴한 DNA를 재생한다.	산화, 탈색, 탈취 효과도 있다.

2.13 산화·환원(시안 산화와 육가 크롬 환원)

본 항에서는 산화(시안 이온의 산화)와 환원(6가 크롬의 환원)에 대해 설명합니다.

● 시안의 특성

  시안은 유해하지만 저렴하고 금속과 착염을 형성하기 쉬워서 도금과
표면 처리 분야에서 오래전부터 사용되고 있었습니다.

  시안이 생물에 대해 독성을 나타내는 것은 생물의 호흡작용을 저해하
기 때문입니다. 인간이나 동물의 혈액 속의 헤모글로빈은 산소와 결합하
여 영양분을 운반하는데, 여기에 시안(HCN)이 침입하면 산소와의 결합
속도보다 훨씬 빠른 속도로 헤모글로빈 속의 철 이온과 안정적인 시안·
철 협착물(Complex)을 형성하게 되어 신체 생명 유지에 필수적인 산소, 영
양분 운반을 방해합니다. 그 결과 생물은 죽음에 이릅니다. 시안의 치사량
은 약 200mg으로 알려져 있습니다.

● 시안의 산화(알칼리 염소법)

  시안 폐수는 일반적으로 알칼리 염소법으로 처리합니다.

$$NaCN + NaOCl \rightarrow NaCNO + NaCl \qquad\qquad (1)$$
$$2NaCNO + 3NaOCl + H_2O \rightarrow 2CO_2 + N_2 + 2NaOH + 3NaCl \quad (2)$$

식 (1) × 2 + 식 (2)

$$2NaCN + 5NaOCl + H_2O \rightarrow 2CO_2 + N_2 + 2NaOH + 5NaCl \qquad (3)$$

  식 (1)과 (2)을 조합한 처리는 2단 처리법이라고 부릅니다.

  식 (1) 반응(1단 반응)은 한 예로 pH10.5, ORP 350mV에서 실시합니다.

식 (2) 반응(2단 반응)은 pH7.5 ~ 8.0, ORP 650mV 이상에서 실시합니다.

식 (3)에 따라 2몰의 CN을 산화시키려면 5몰의 NaOCl이 필요하고, 시안(CN^-) 1kg을 산화 분해하는 데 필요한 NaOCl량은 약 7.2kg입니다.

$$5NaClO/2CN = 5(23+16+36)/2(12+14) = 7.2kg - NaClO \quad (4)$$

<그림 2.13.1>은 시안 폐수 처리 플로우 시트(예)입니다. 실제 시안 폐수 안에는 구리, 아연, 니켈 등이 포함되어 있습니다.

이 경우 1단 반응과 2단 반응의 후단에 <그림 2.13.1>과 같이 환원 공정을 부가하면 철 시안 착염 처리에 대응할 수 있습니다.

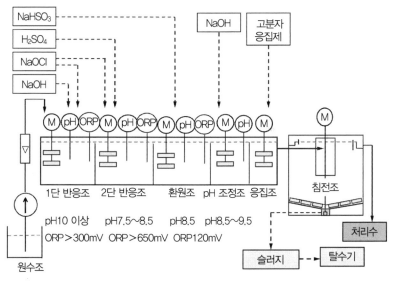

〈그림 2.13.1〉 시안 폐수 처리 플로우 시트(예)

● 6가 크롬의 특성

6가 크롬(Cr^{6+})은 전기 도금, 알루마이트(양은), 아연도금의 크로메이트(Chromate) 피막 처리, 피혁 무두질 등의 공장에서 많이 사용되고 있습니다. 6가 크롬은 Cr^{6+}라고 쓰므로 일견 양이온과 같이 보이지만, 산성 상태에서는 H_2CrO_4, 알칼리성 상태에서는 Na_2CrO_4와 같이 2가의 음이온(CrO_4^{2-})으로 용해되어 있습니다.

● 6가 크롬(CrO_4^{2-}) 환원

6가 크롬은 산성 용액 중에서는 강력한 산화력을 나타내기 때문에 환원성 물질이 조금이라도 있으면 CrO_4^{2-}은 상대를 산화한 자신은 환원되고 양이온의 3가 크롬(Cr^{3+})으로 바뀝니다.

CrO_4^{2-} 환원에는 황산제일철($FeSO_4$)이나 아황산수소나트륨($NaHSO_3$)이 사용됩니다.

환원 반응은 통상 황산 산성 상태에서 이루어집니다.

$$황산제일철: 2H_2CrO_4 + 6FeSO_4 + 6H_2SO_4$$
$$\rightarrow Cr_2(SO_4)_3 + 3Fe_2(SO_4)_3 + 8H_2O \tag{5}$$
$$아황산수소나트륨: 4H_2CrO_4 + 6NaHSO_3 + 3H_2SO_4$$
$$\rightarrow 2Cr_2(SO_4)_3 + 3Na_2SO_4 + 10H_2O \tag{6}$$

산성 상태에서 Cr^{3+}로 환원된 크롬은 양이온이므로 다른 중금속과 마찬가지로 알칼리가 첨가되면 수산화물이 됩니다.

$$Cr^{3+} + 3OH^- \rightarrow Cr(OH)_3 \tag{7}$$

실제 폐수 처리의 환원에서는 슬러지 생성의 우려가 없는 아황산수소나트륨이 사용됩니다. 실제의 6가 크롬의 환원은 pH2~3, ORP+250~300mV에서 합니다.

● 6가 크롬($CrO_4{}^{2-}$) 함유 폐수 처리

<그림 2.13.2>는 크롬산 폐수 처리 플로우 시트(예)입니다. 크롬 환원의 조건은 pH: 2~3, ORP: +250~+300mV, 반응시간: 30~60분입니다.

환원반응은 쉽게 진행됩니다. 이어서 NaOH에서 pH8.5~9.5로 조정하면 녹청색 $Cr(OH)_3$가 석출됩니다. 이때 너무 pH를 높게 하면 크롬이 재용해되므로 주의가 필요합니다. pH 조정 후 용액은 고분자 응집제를 첨가하여 응집 처리한 후 침전조로 보내어 고액 분리를 합니다.

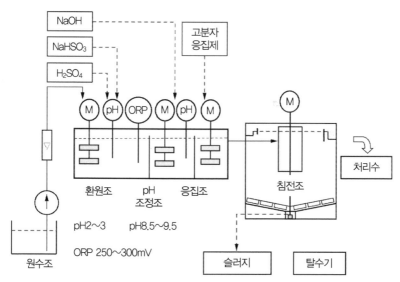

〈그림 2.13.2〉 크롬산 폐수 처리 플로우 시트

● 크롬산의 해리와 이온교환수지 흡착

크롬산은 <그림 2.13.3>과 같이 pH에 따라 해리 정도가 다릅니다. pH9 이상의 알칼리에서는 100%가 2가의 음이온(CrO_4^{2-}) 이지만 pH3 부근이 되면 1가 이온($HCrO_4^-$)이 대부분을 차지합니다.

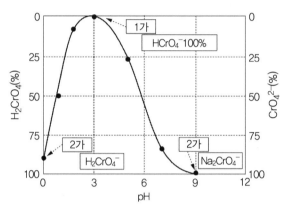

<그림 2.13.3> 크롬산의 해리

음이온의 크롬산은 음이온교환수지로 흡착 처리가 가능하나, 이때 pH 값을 3.0 부근으로 조정하면 1가의 음이온이 되므로 이온교환수지에 대한 등량 부담이 2가의 절반으로 줄어 수지의 수명이 연장됩니다.

크롬산 용액의 pH와 누출의 관계(예)를 <그림 2.13.4>에 나타냅니다.

음이온교환수지를 이용하여 크롬을 흡착 처리할 경우, 크롬산을 포함한 pH 용액의 pH를 7.0에서 3.0으로 낮추면 <그림 2.13.3>과 같이 2가의 CrO_4^{2-}가 1가의 $HCrO_4^-$가 되어 양이 1/2이 됩니다. 이를 통해 수지에 대한 부담이 반으로 감소하며, 같은 수지의 양으로 약 2배의 크롬산 함유 폐수를 처리할 수 있어 공업적으로 유리합니다.

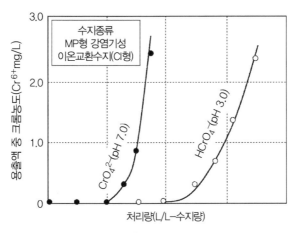

〈그림 2.13.4〉 크롬산 용액의 pH와 누출곡선

2.14 산소의 용해와 제거

물에 녹아 있는 산소를 용존산소(DO: Dissolved Oxygen)라고 부르며 mg/L 단위로 나타냅니다. 용수와 폐수 처리에서는 공기(산소)의 용해와 제거가 모두 중요한 처리 기술입니다.

산소의 용해도는 수온, 염분, 기압 등에 영향을 받아 수온이 상승함에 따라 작아집니다. 일반적으로 청정한 하천에서는 거의 포화되어 있지만 오염이 진행되어 수중의 유기물이 증가하면 호기성 미생물에 의한 유기물 분해에 의해 산소가 다량 소비되므로 산소농도가 저하됩니다.

● 수온과 산소의 용해도

〈그림 2.14.1〉에 물에 대한 산소(O_2)와 이산화탄소(CO_2) 용해도를 나타냅니다. 산소는 1기압, 20℃에서 물 1L에 약 8.8mg이 용해됩니다.

산소나 이산화탄소 등의 기체는 일반적으로 수온이 상승하면서 용해도가 떨어집니다. 비근한 사례에서는 비커 안에 물을 넣고 아래에서 가열하면 비커 내벽에 기포가 부착되는 것을 경험합니다. 이는 수온이 상승하여 산소 등의 용해도가 떨어졌기 때문에 과포화가 된 기체가 내벽에 기포가 되어 부착되었기 때문입니다.

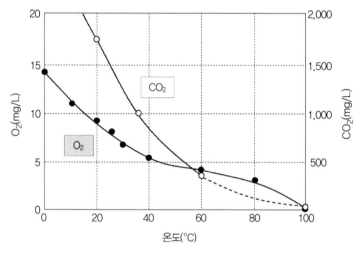

〈그림 2.14.1〉 물에 대한 산소(O_2)와 이산화탄소(CO_2) 용해도 기준

● 수중생물과 산소

수중 용존 산소량은 수생생물과 동물에게 사활이 걸린 문제입니다. 〈그림 2.14.1〉과 같이 산소의 용해량은 수온이 올라가면 저하되므로 수온이 높은 여름에는 산소가 부족합니다. 여기에 더해, 수온이 높은 수역에서는 생물의 활동이 활발해져, 산소 소비량이 증가하므로 대량의 산소가 소비됩니다. 이로 인해 산소 결핍으로 인한 물고기 떼죽음 등은 대부분 여름에 발생합니다. 이러한 현상은 물이 항상 흐르고 산소가 보급되는 하천에서

는 적으며, 물이 정체되는 호소나 후미진 만에서 발생합니다.

반면 한랭지에 사는 수생생물이나 물고기는 물속의 산소량도 많기 때문에 산소 부족에 시달리는 일은 적을 것으로 생각됩니다. 활성 슬러지 처리는 호기성 박테리아를 다량 가둔 환경에서 폐수 정화를 하기 때문에 강제적으로 산소를 보냅니다. 일례로 공기를 연속적으로 보내는 합병 정화조의 DO는 약 1mg/L 정도가 필요하게 되어 있습니다.[16]

● 산소의 용해 방법

용수·폐수 처리 분야에서 실제로 사용되고 있는 산소 용해장치(예)는 <그림 2.14.2>와 <그림 2.14.3>과 같습니다. <그림 2.14.2>는 일반적으로 널리 사용되는 산소 용해장치입니다.

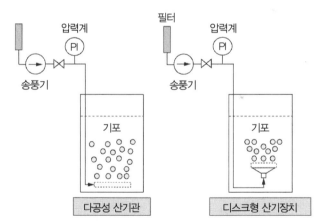

<그림 2.14.2> 일반적인 산기장치

---

16 공기를 강제로 보내지 않는 수역에서는 일반적으로 어패류가 생존하기 위한 DO는 3mg/L 이상, 호기성 미생물이 활발히 활동하기 위해서는 2mg/L 이상이 필요하다.

좌측의 다공성 산기관은 세라믹 또는 플라스틱으로, 세라믹은 오존 용해, 플라스틱은 활성 슬러지 처리 등에 사용되고 있습니다.

우측의 디스크형 산기장치도 같은 재질로 산소의 용해 효율이 높고 잘 막히지 않아 폐수 처리와 활성 슬러지 등의 분야에서 사용되고 있습니다.

<그림 2.14.3>은 가압펌프를 사용한 공기 용해장치(예)입니다.

가압펌프의 좌측에 있는 조정밸브 ①을 약간 좁히면 압력계 ①이 부압이 되므로 자연스럽게 공기를 흡입하게 됩니다.

다음으로 조정밸브 ②를 조정하여 압력계 ②를 0.2∼0.4MPa로 하여 가압공기를 만들고 수조 바닥부에서 기포를 방출합니다. 이와 같이 하면 <그림 2.14.2>의 방식보다 공기가 물에 더 많이 용해됩니다. 이 방법은 오존 용해나 소규모 산소 용해 반응장치에 사용됩니다.

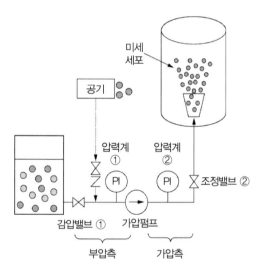

<그림 2.14.3> 가압펌프에 의한 공기 용해장치

● 산소의 화학적 제거법

보일러 공급수에 산소가 포함되어 있으면 수관이나 드럼 재료를 부식시키는 원인이 됩니다. 이 대책으로 스프레이식 탈기기 등으로 급수 중 DO를 제거하지만 공급수의 DO 7mg/L을 0.3mg/L 정도까지 저하시키는 것이 한계입니다.

거기서 한층 더 DO를 내리는 목적으로 다음 식 (1), (2)의 아황산나트륨(Na_2SO_3)이나 히드라진(Hydrazine: N_2H_4)에 의한 산소 제거를 합니다.

$$2Na_2SO_3 + O_2 \rightarrow 2Na_2SO_4 \tag{1}$$

$$N_2H_4 + O_2 \rightarrow N_2 + 2H_2O \tag{2}$$

이것에 의해 DO는 목표치까지 저감할 수 있지만 식 (1)의 반응으로는 처리 후에 염분(Na_2SO_4)이 생성하므로 스케일의 원인이 됩니다. 이에 반해 식 (2)의 방법은 분해 생성물이 N_2와 H_2O로 염분 생성의 염려가 없기 때문에 고압 보일러나 관류 보일러의 DO 제거에 사용되고 있습니다.

● 산소의 물리적 제거법

고무풍선이 며칠 만에 저절로 오그라드는 것처럼 구멍이 없는 고분자 막에서도 기체를 약간 통과시키는 것으로 알려져 있습니다. 이 현상과 마찬가지로 수중의 산소나 이산화탄소 등의 기체를 투과 분리할 수 있는 탈기막이 개발되었습니다. <그림 2.14.4>는 탈기막을 사용한 물의 탈 산소 플로우 시트(예)입니다.

탈기막 내외에 농도차를 일으키기 위해 막으로 가로막은 한쪽 공간을 진공 펌프로 부압하여 물리적으로 탈기하면서 송수 펌프로 물을 흘려보내는 간단한 방법입니다. 이 방법은 RO막 법에 의한 탈염 처리수 중의 이산화탄소나 산소를 탈기 제거하는 수단으로 실용화되어 있습니다.

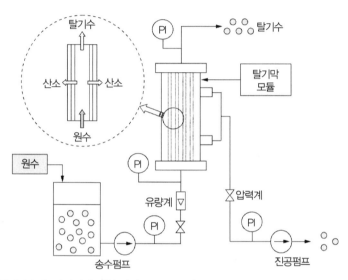

<그림 2.14.4> 탈기막에 의한 탈산소 플로우 시트

2.15　경도성분 제거

　물의 경도는 칼슘이나 마그네슘 등의 양을 탄산칼슘($CaCO_3$)으로 환산한 수치로 나타낸 것입니다. 일본이나 미국에서는 칼슘과 마그네슘의 양을 탄산칼슘량($CaCO_3$)으로 환산하여 전경도(全硬度)로 mg/L 또는 ppm으로 표시합니다. 여기에서는 주로 칼슘 제거에 대해 설명합니다. 전경도는 다음 식으로 계산합니다.

$$전경도(mg/L) = [칼슘농도(mg/L) \times 2.5]$$
$$+ [마그네슘 농도(mg/L) \times 4.0]$$

음료수의 경우 연수와 경수의 기준을 <표 2.15.1>과 같이 정하고 있습니다.

〈표 2.15.1〉 WHO에 의한 연수·경수의 기준

구분	경도(mg/L)
연수	0~60
중간 정도의 연수	60~120
경수	120~180
매우 센 경수	180 이상

● 칼슘염의 용해도와 불용화

<그림 2.15.1>은 몇 가지 칼슘염의 용해도(예)입니다.

공업용수나 산업 폐수 중에는 염화칼슘, 황산칼슘, 인산칼슘, 탄산칼슘 등의 무기계 칼슘염이 존재하며 모두 칼슘 이온으로 검출됩니다.

<그림 2.15.1>과 같이 칼슘 이온은 염화칼슘의 용해도 74.5g/L에서 탄산칼슘의 14mg/L에 이르기까지 폭넓은 범위에서 물에 녹아 있습니다. 칼슘을 제거하려면 ① 알칼리 상태에서 공기를 불어넣는 방법, ② 탄산나트륨에 의한 처리법, ③ 이온교환법 등이 있습니다. 이 중 ①과 ②의 방법은 칼슘 이온에 탄산 이온을 작용시켜 용해도가 낮은 탄산칼슘으로 석출시키려는 것으로, 고농도의 칼슘 함유수에서 칼슘을 분리하는 수단으로 사용할 수 있습니다.

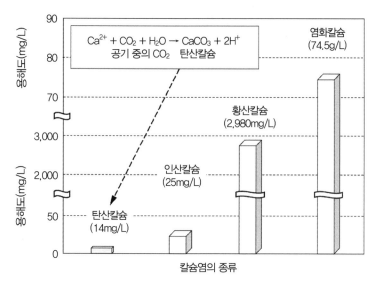

〈그림 2.15.1〉 칼슘염의 용해도(예)

<그림 2.15.2>는 칼슘을 포함한 물의 pH를 10 이상으로 유지하고, 공기 또는 탄산나트륨을 작용시켜 탄산칼슘으로 석출시키는 반응(예)입니다.

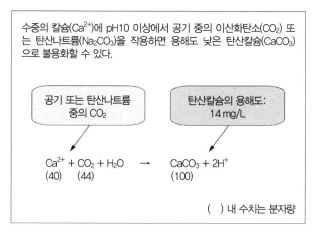

〈그림 2.15.2〉 CO_2에 의한 칼슘의 불용화

<그림 2.15.3>은 칼슘농도 160mg/L의 지하수 5L의 pH를 수산화나트륨으로 pH 11.4로 조정하고, 여기에 공기를 1.0mL/min의 유량으로 불어넣어 칼슘 농도를 측정한 실험사례입니다.

그 결과 4시간 처리에서 칼슘 농도는 8mg/L (pH10.8)로 줄어들었습니다.

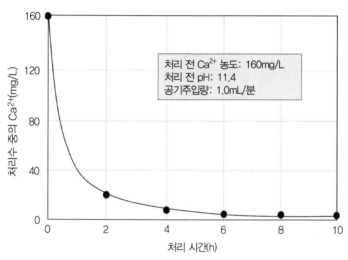

〈그림 2.15.3〉 공기주입에 의한 칼슘의 불용화

● 경수의 연수화

칼슘, 마그네슘 등의 경도 성분을 포함한 물을 보일러수나 냉각수로 사용하면 스케일을 생성하기 때문에 이들을 제거할 필요가 있습니다. 이러한 경도성분을 제거하는 방법을 연화(軟化)라고 부릅니다.

연화에는 ① 석회소다법, ② 이온교환법이 실용화되어 있습니다.

① 석회소다법: 칼슘, 마그네슘 등을 포함한 물에 탄산나트륨(Na_2CO_3), 수산화칼슘[$Ca(OH)_2$]를 더해 용해도가 낮은 $CaCO_3$, $Mg(OH)_2$로서

불용화[17]시키는 것으로, 규산, 철, 망간 등도 제거할 수 있습니다.

$$CaSO_4 + Na_2CO_3 \rightarrow CaCO_3 + Na_2SO_4 \tag{1}$$

$$CaCl_2 + Na_2CO_3 \rightarrow CaCO_3 + 2NaCl \tag{2}$$

$$MgSO_4 + Na_2CO_3 + Ca(OH)_2 \rightarrow CaCO_3 + Mg(OH)_2 + Na_2SO_4 \tag{3}$$

②의 이온교환법은 별항의 '이온교환수지에 의한 탈염'에서 설명했는데, 칼슘 농도가 낮은 경우에 적용합니다. 일례로 수돗물에 포함된 20mg/L 정도의 칼슘 이온은 H형 또는 Na형 양이온교환수지탑에 통수하면 수지에 흡착되므로 탈염 또는 연화 처리가 가능합니다.

② 이온교환수지법: Na형으로 된 양이온교환수지를 사용하여 원수 중의 Ca^{2+}, Mg^{2+}, 기타 다가(多價, Polyvalent) 이온을 Na^+와 교환하는 방법입니다.

$$R - SO_3 \cdot Na_2 + Ca^{2+} \leftrightarrow R - SO_3 \cdot Ca + 2Na \tag{4}$$

<그림 2.15.4>와 같이 강산성 양이온교환수지를 Na형으로 조정한 것을 사용합니다.

재생은 10% NaCl 용액을 SV 6～8(m^3/m^2수지/h)로 수지층을 통과합니다. 이렇게 하면 수지를 반복 사용할 수 있습니다. 이 방법은 소형 보일러나 냉각수의 수질 조절에 사용되고 있습니다. '연수'는 우리의 일상생활에

---

17 용해도(溶解度): $CaCO_3$ 14mg/L, $Mg(OH)_2$ 1.9mg/L, $MgSO_4$ 363g/L.

도움이 됩니다. 연수를 사용하면 ① 세탁물의 오염이 잘 빠지고, ② 목욕 시 피부가 매끄럽고, ③ 요리에 사용하면 딱딱한 콩이 빨리 부드러워지는 등의 효과가 있습니다.

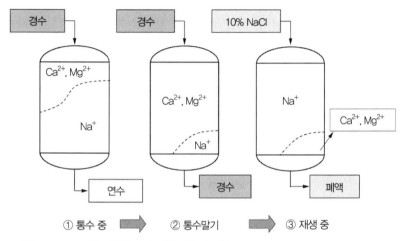

〈그림 2.15.4〉 이온교환수지에 의한 경수의 연화

2.16   실리카 제거

실리카는 표류수나 지하수에는 예외 없이 포함되어 있어 일반의 수돗물에는 SiO_2로서 $10 \sim 30mg/L$ 정도 검출됩니다. 실리카는 수질 분석(JIS-K0101)에서는 SiO_2로서 나타내지만, pH9 이하에서는 주로 $Si(OH)_4(H_2O)_2$의 형태로 존재합니다. 실리카는 바닷물 속에서는 거의 검출되지 않습니다. 이는 실리카가 수중 플랑크톤에 들어가기 때문입니다.

● 실리카의 용해도

실리카는 물의 pH값에 따라 식 (1), (2)와 같이 해리하는 것으로 알려져 있습니다.[18]

$$pH8.5 \text{ 以上: } Si(OH)_4(H_2O)_2 \leftrightarrow Si(OH)_5(H_2O)^- + H^+ \tag{1}$$

$$pH11 \text{ 以上: } Si(OH)_5(H_2O)^- \leftrightarrow Si(OH)_6^{2-} + H^+ \tag{2}$$

상수도 처리로 취급하는 물의 pH는 6 ~ 8 정도의 경우가 많기 때문에, 실리카의 대부분은 $Si(OH)_4(H_2O)_2$의 형태로 존재하고 있습니다.

<그림 2.16.1>은 실리카의 용해도와 pH의 관계입니다.

실리카는 통상, 2밀리 몰/L까지는 $Si(OH)_4(H_2O)_2$의 형태로 녹아 있습니다. pH가 8.5를 초과할 때부터 $Si(OH)_5(H_2O)^-$가 증가하므로 용해도가 상승합니다.

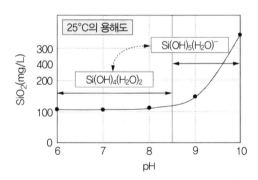

〈그림 2.16.1〉 실리카의 용해도와 pH의 관계

---

18 오카모토 쓰요시(岡本 剛), 고토 가쓰미(後藤克己), 모로즈미 다카시(諸住 高): 공업 용수와 폐수 처리, p.31, 日刊工業新聞社(1974).

<그림 2.16.2>는 실리카의 용해도와 온도의 관계입니다.

실리카 용해도는 온도에 비례하여 상승합니다. 일례로 상온(25°C)에서의 실리카 용해도 약 100mg/L입니다.

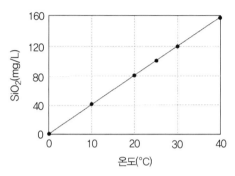

〈그림 2.16.2〉 실리카의 용해도와 온도의 관계[19]

● 응집 처리에 의한 실리카 제거

실리카는 불용성과 용해성으로 구분 됩니다. 불용성 실리카는 응집침전이나 정밀 여과(MF 여과, UF 여과 등)로 제거할 수 있습니다. 물에 용해된 이온 상태의 실리카는 일반적으로 음이온으로 존재하고 있습니다.

물에는 용해되지 않고 콜로이드 형태로 존재하는 실리카도 있습니다. 용수, 폐수 처리에서는 이온 형태와 콜로이드 형태의 혼재된 실리카를 취급하는 수도 있기 때문에 이들을 제거하는 것은 간단한 것 같으면서도 상당히 어려운 작업입니다.

콜로이드 형태 실리카는 마이너스로 대전되어 있어 불소이온(F^-)이나 인산이온(PO_4^{3-}) 등과 같이 수산화알루미늄으로 응집 처리하면 제거할

---

19 Dupont 社, Permasep Product Engineering Manual.

수 있습니다.

 이온교환수지를 사용한 수처리에서 불소 이온을 제거할 때 실리카가 공존하면 불소 흡착을 방해합니다. 이 경우에는 전처리로서 상기와 같이 알루미늄 이온을 첨가한 응집 처리로 실리카를 제거하면 불소 흡착이 잘 됩니다.

 <그림 2.16.3>은 세정제 폐수(pH6.2, SiO_2 90mg/L)에 황산알루미늄을 Al^{3+}으로 25~100mg/L 주입하고, NaOH 용액으로 pH8로 조정하여 실리카 농도를 측정한 결과(예)입니다.

 <그림 2.16.3>의 결과로부터 실리카와 같은 양(90mg/L)의 Al^{3+}를 주입하고 pH8로 조정하면 실리카는 10mg/L 이하가 된다는 것을 알 수 있습니다.

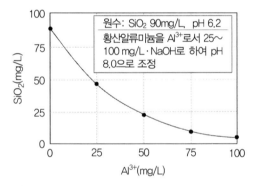

<그림 2.16.3> 황산알루미늄에 의한 실리카 제거

 <그림 2.16.4>는 실제 표면 처리 폐수(pH3.7, SiO_2 45mg/L, Cr^{3+} 6.5mg/L, Cu^{2+} 21.2mg/L, Zn^{2+} 7.5mg/L, Ni^{2+} 28.0mg/L, T-Fe 1.7mg/L)에 황산알루미늄을 Al^{3+}로서 50mg/L 주입하고, pH6~10으로 조정하여 실리카의 용해도를 조사한 것입니다.

 <그림 2.16.4>의 결과로 부터 실리카와 거의 같은 양(50mg/L)의 Al^{3+}을

주입하고 NaOH 용액으로 pH8로 조정하면 실리카는 10mg/L 정도 됩니다.

pH10에서는 실리카 농도가 2.5mg/L이 되었습니다. 이는 공존금속의 공침효과(共沈效果)에 의한 것으로 생각됩니다.

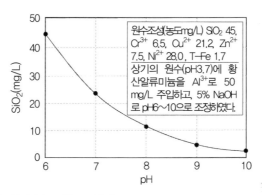

〈그림 2.16.4〉 실리카 농도와 pH 관계

<그림 2.16.5>는 RO막 처리 시 농축수 실리카의 pH 보정계수입니다.

pH7.0~7.8 사이의 보정계수는 1.0이지만 pH5.0에서는 1.25, pH9.0에서는 2.0이 되어 pH치가 상승할수록 보정계수가 높아집니다.

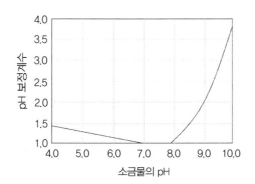

〈그림 2.16.5〉 실리카의 pH 보정계수[20]

● 이온교환수지에 의한 실리카 제거

<그림 2.16.6>은 이온교환수지에 의한 실리카 제거 결과 사례입니다.

다음 그림과 같이 원수(pH6.9, SiO_2 25mg/L, 전기전도율 150μS/cm)를 혼상탑에 SV10으로 통수하면 SiO_2 0.05mg/L 이하의 처리수가 됩니다.

하단의 그림과 같이 양 이온탑, 음 이온탑의 순서대로 SV10으로 물을 통과 시키면 SiO_2 0.05~0.1mg/L 이하의 처리수가 됩니다.

이 경우 실리카는 음이온교환수지에 흡착됩니다.

음이온교환수지에 흡착된 실리카는 7~10%의 수산화나트륨 용액으로 용리(溶離) 재생합니다. 실리카가 수지에 견고하게 흡착되었을 경우 수산화나트륨 용액의 온도를 40℃ 정도로 높여 '가온 재생'을 진행하면 재생 효율이 높아집니다.

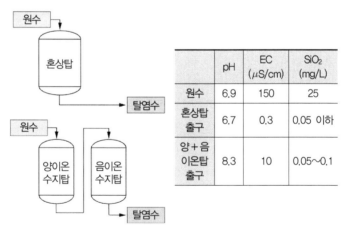

	pH	EC (μS/cm)	SiO_2 (mg/L)
원수	6.9	150	25
혼상탑 출구	6.7	0.3	0.05 이하
양+음 이온탑 출구	8.3	10	0.05~0.1

<그림 2.16.6> 이온교환수지에 의한 실리카 제거

---

20 Dupont 社, Permasep Product Engineering Manual.

● 칼슘과 실리카가 혼재한 물의 처리

용수 및 폐수 처리에서 취급하는 물에 실리카가 단독으로 포함되는 경우는 드뭅니다. 물에 따라서는 실리카와 칼슘이 혼재해 칼슘 실리케이트 수화물($xCaO \cdot SiO_2 \cdot nH_2O$) 등을 형성하고 있기도 합니다.

이 경우는 <그림 2.16.7>과 같이 1단 째의 Na_2CO_3에 의해 응집 처리 혹은 이온교환 처리로 칼슘을 제거하고, 2단 째의 RO막 처리로 실리카를 제거하는 방법이 있습니다.

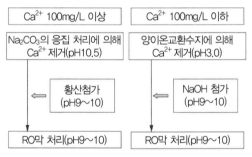

<그림 2.16.7> 응집법, 이온교환법, RO막의 조합에 의한 실리카 제거

2.17 고급산화법

고급산화법(AOP: Advanced Oxidation Process)은 자외선, 오존, 과산화수소 등을 조합하여 산화력이 강한 히드록실라디칼(OH 라디칼)을 발생시켜 수중의 오염물질을 분해하는 방법입니다.

AOP는 응집침전이나 활성 슬러지 등의 1차 처리를 하여 대부분의 오염물질을 제거한 후 잔류하는 유기물을 분해하는 데 적합합니다. 또 다이옥

신류나 환경호르몬, 농약 등의 수중에 미량 포함된 유기 물질의 분해 제거에도 효과가 있습니다.

● AOP 처리의 원리

<그림 2.17.1>은 OH 라디칼 발생 조합(예)와 유기물 분해 생성물입니다. OH 라디칼은 식 (1)~(5)과 같이 오존, 자외선, 과산화수소를 조합하여 발생시킵니다.

$$오존 + 자외선: O_3 + UV \rightarrow [O] + O_2 \tag{1}$$

$$[O] + H_2O \rightarrow 2OH \cdot \tag{2}$$

$$오존 + 과산화수소: H_2O_2 + H_2 \leftrightarrow HO_2^- + H^+ \tag{3}$$

$$HO_2^- + O_3 \rightarrow OH \cdot + O_2^- + O_2 \tag{4}$$

$$자외선 + 과산화수소: UV + H_2O_2 \rightarrow 2OH \cdot \tag{5}$$

일례로, 메틸알코올은 OH 라디칼에 의해 산화되어 알데히드(HCHO)와 포름산(HCOOH)이 됩니다. 알데히드(HCHO)는 최종적으로 CO_2와 H_2O로 분해됩니다.

$$CH_3OH + 2OH \cdot \rightarrow HCHO + 2H_2O \tag{6}$$

$$HCHO + 2OH \cdot \rightarrow HCOOH + H_2O \tag{7}$$

$$HCHO + [O] + H_2O \rightarrow HCOOH + [O] \rightarrow CO_2 + H_2 \tag{8}$$

OH 라디칼은 우리의 몸속에서도 발생하며 피로나 노화의 원인물질이 되고 있다고 알려져 있습니다.[21]

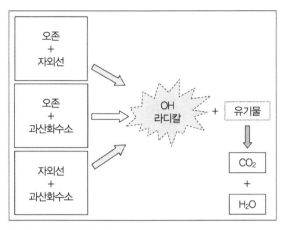

〈그림 2.17.1〉 OH 라디칼 발생 조합

● AOP 처리의 특징

OH 라디칼은 당질, 단백질, 지방질, 핵산(DNA, RNA) 등 모든 유기물질과 반응하는 장점을 가지고 있습니다. 그러나 반응성이 높은 만큼 장시간 잔류할 수 없으며 생성 후 즉시 소멸하는 단점이 있습니다.[22]

그러므로 실제 처리에서는 반응용기 안에서 끊임없이 OH 라디칼을 발생시켜 공급해야 합니다.

AOP 처리의 특징은 다음 ①~⑤로 요약할 수 있습니다.

① 난분해성 물질의 분해: 종래법의 처리로는 어려웠던 난분해성 물질의 분해, COD, BOD값의 저감을 효율적으로 실시할 수 있습니다.

---

21 OH 라디칼은 스트레스가 많고 불규칙한 생활을 계속하면 체내에서 증가하여 혈관을 손상시켜 성인병, 세포의 암화, 노화의 원인이 되는 것 같다.
22 OH 라디칼 자체의 수명은 짧지만 산화력이 강하고, 특히 지방질의 산화를 연쇄적으로 실시한다. OH 라디칼이 생성되고 존재하는 것은 100만분의 1초간으로 되어 있다.

② 효과 복합적: 산화 작용이 기본이므로 유기물 분해와 동시에 탈색, 탈취, 살균 효과도 있습니다.

③ 운전 비용 절감: 오존과 과산화수소를 사용한 AOP에서는 오존 농도를 적절히 제어함으로써 오존과 과산화수소의 소비량을 저감할 수 있습니다.

④ 안전한 처리수: 바이러스나 일반세균 등이 검출되지 않습니다. 환경 호르몬 등의 미량 오염 물질도 대폭 저감된 안전한 처리수를 얻을 수 있습니다.

⑤ 2차 부생성물이 발생하지 않음: 오존, UV, 과산화수소는 처리 후 분해되어 물, 산소가 되므로 슬러지나 처리수에 유해한 2차 생성물을 발생시키지 않습니다.

● AOP 처리 플로우 시트

AOP의 특징만 놓고 보면 만능처럼 보이지만 실제로는 그렇지 않고 처리 대상수의 성상과 처리 수단이 잘 맞아야 목적을 달성할 수 있습니다.

<표 2.17.1>에 수은램프의 특성 비교(예)를 나타냅니다. AOP가 초창기에는 고압 램프가 사용되었지만, 현재는 소비 전력이 적은 저압 램프가 많이 채용되는 경향이 있습니다.

<그림 2.17.2>에 오존, UV, 과산화수소를 조합한 AOP 플로우 시트(예)를 나타냅니다. 그림과 같이 UV 오존산화에 과산화수소를 첨가하면 산화 효과가 더욱 증진될 수 있습니다. 과산화수소의 첨가량이 많다고 해서 좋은 것은 아닙니다. 과산화수소는 OH 라디칼 생성에 필수적인 성분이지만 과잉의 존재는 산화반응을 제어하는 포착제(捕捉劑)가 되기도 합니다. 실제 처리에서는 사전에 확인 실험을 통해 첨가량을 적절히 조정해야 합니다.

항목	저압 램프	고압 램프
스펙트럼(nm)	185, 254	185~400
UV-C(%)	20~40	8~15
단위 길이당 전력(W/cm)	0.8	80
관벽 온도(℃)	60~120	600~900

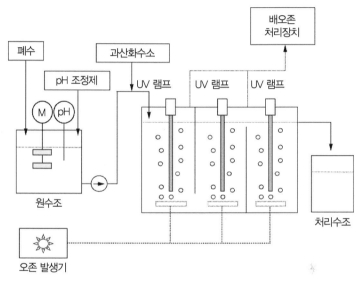

〈그림 2.17.2〉 오존, UV, 과산화수소에 의한 AOP 플로우 시트

AOP 후공정에 활성탄 처리를 부가하면 잔류한 COD 성분, 오존, 과산
화수소를 제거할 수 있어 처리가 확실해집니다.

실제 AOP에서는 ①~④와 같은 주의가 필요합니다.

① 자외선을 이용한 AOP에서는 램프 배치의 최적화

② 과산화수소가 공존하는 AOP에서는 최적의 pH값은 7.0~9.5 범위임

니다.

③ pH 제어뿐만 아니라 과산화수소의 첨가량이나 주입점을 적절하게 선택해야 합니다.

④ OH 라디칼의 비활성 소비 물질(CO_3^{2-} 등)의 조사, 대책

⑤ 현탁물은 전처리에서 확실히 제거할 필요가 있습니다.

● 히드록실라디칼 소비물질의 대책

수중의 탄산 이온은 pH값을 지원하여 식 (9), (10)과 같이 OH 라디칼을 무효소비(無效消費)합니다.

$$CO_3^{2-} + 4OH\cdot \rightarrow HCO_3^- + H_2O + O_2 + OH^- \tag{9}$$

$$HCO_3^- + OH\cdot \rightarrow CO_3^- + H_2O \tag{10}$$

위 식을 통해 식 (9)는 식 (10)보다 4배의 OH 라디칼을 소비하는 것을 알 수 있습니다.[23]

따라서 실제 처리에서는 사전에 pH 조정을 하고 CO_3^{2-}의 존재 비율이 적은 pH8.0~9.5로 하는 것이 실용상 유리합니다.

2.18 펜톤 산화

과산화수소는 알칼리성 상태에서는 불안정하고 산화력이 약하며 산성

23 와다 요로쿠 외(和田洋六ほか), 화학공학논문집, Vol.33, No.1, pp.65-71(2007).

상태에서는 안정되어 산화력을 발휘하지 않습니다. 그러나 다음 식과 같이 철 이온(Fe^{2+})을 만나면 펜톤(Fenton) 반응에 기반한 히드록실라디칼($OH\cdot$)을 생성하여 강한 산화력을 발휘하게 됩니다.

$$Fe^{2+} + H_2O_2 \rightarrow Fe^{3+} + OH^- + OH\cdot \tag{1}$$

$$Fe^{3+} + H_2O_2 \rightarrow Fe^{2+} + HO_2\cdot + H^+ \tag{2}$$

Fe^{2+}의 경우는 식 (1)을 따르고, Fe^{3+}의 경우는 식 (2) 및 (1)의 두 단계를 거쳐 히드록실라디칼($OH\cdot$)이 생성됩니다. 이 히드록실라디칼은 수용액 중 대부분의 유기물이나 환원성 물질을 산화합니다.

● 펜톤 반응에 의한 유기성 폐수 처리

<그림 2.18.1>은 유기산이나 환원제를 함유한 무전해 니켈 도금 폐수를 펜톤 산화 처리한 결과(예)입니다.[24]

COD 350mg/L의 무전해 니켈 도금 물 세정 폐수에 황산제일철을 철 이온(Fe^{2+})으로 500mg/L를 첨가하여 pH3.0으로 조정하고 35% 과산화수소를 COD(O)의 1.2배량을 첨가하여 4시간 산화 처리하였습니다.

산화 처리수는 1시간마다 채수하여 염화칼슘과 수산화칼슘 용액을 첨가하여 pH10으로 응집침전시킨 후 상징수를 No.5A 여과지로 걸러 COD를 측정하였습니다. 비교 대조적으로 펜톤 산화 처리를 하지 않고 COD 350mg/L의 물 세정수에 황산제2철을 철 이온(Fe^{3+})으로 500mg/L, 염화칼슘과 수산화칼슘 용액을 첨가하여 pH10으로 하여 응집침전시킨 후 상징

---

24 와다 요로쿠 외(和田洋六ほか), 일본화학회지, No.2, pp.130-136(1998).

수를 No.5A 여과지로 걸러 COD를 측정했습니다.

그 결과 펜톤 산화 처리한 처리수는 2시간 후 COD 30mg/L이 되고 4시간 후에는 10mg/L이 되었습니다.

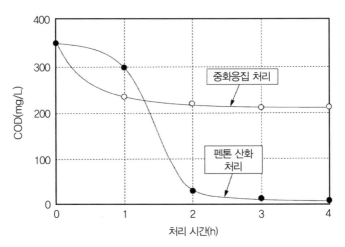

〈그림 2.18.1〉 무전해 니켈 도금 폐수의 펜톤 산화 처리(예)

1시간 후의 COD 값이 300mg/L로 그다지 변화가 없었던 것은 과산화수소가 아직 충분히 소비되지 않아 반응계 내에 잔존하고 있던 결과입니다. 과산화수소는 COD를 측정할 때 사용하는 과망간산칼륨 표준용액과 식 (3)과 같이 반응하기 때문에 겉보기 COD로 측정이 되었다고 생각됩니다.

$$5H_2O_2 + 2MnO_4{}^- + 6H^+ \rightarrow 2Mn^{2+} + 5O_2 + 8H_2O \qquad (3)$$

펜톤 반응처리의 시료에 현저한 COD 저하 효과가 나타난 것은 한 예로서 시료 중에 포함된 글리콜산(HOCH$_2$COOH) 등의 유기산이 식 (4)~(6)

과 같이 단계적으로 산화되고 글리옥실산(HOC-COOH), 옥살산(HOOC-COOH)을 거쳐 포름산(HCOOH)등의 낮은 pH에서 COD값이 낮은 유기산으로 분해되었기 때문이라고 생각됩니다.[25]

$$HOCH_2COOH + 2HO \cdot \rightarrow HOC\text{-}COOH + 2H_2O \qquad (4)$$

$$HOC\text{-}COOH + 2HO \cdot \rightarrow HOOC\text{-}COOH + H_2O \qquad (5)$$

$$HOOC\text{-}COOH + 2HO \cdot \rightarrow 2HCOOH + O_2 \qquad (6)$$

본 실험 결과로부터 유기성분을 포함한 폐수에서도 펜톤 산화 처리 후 칼슘과 수산화나트륨으로 응집 처리하면 유기 성분의 대부분은 분해할 수 있습니다.

● 펜톤 반응에 의한 오염토양 정화

<그림 2.18.2>는 히드록실라디칼에 의한 트리클로로에틸렌의 산화분해 과정입니다. 펜톤 반응에 따른 산화작용을 이용하면 유기염소화합물로 오염된 지하수 및 토양오염을 개선할 수 있습니다. 일례로 유기염소화합물, 다이옥신류, PCB 등을 물에 용출시켜 산화제로부터 생성한 히드록실 라디칼로 수중 유기물을 산화 분해할 수 있습니다.

구체적으로 산화제 조정조에서 조정한 펜톤 처리제를 주입 펌프로 직접 오염 구역에 주입합니다. 펜톤 처리제에는 철 이온이 공존하지만 수산화 제2철로 토양 속에 남아도 무해하므로 2차 공해 우려가 없습니다.

25 와다 요로쿠 외(和田洋六ほか), 화학공학 논문집, Vol.31, No.5, pp.365-371(2005).

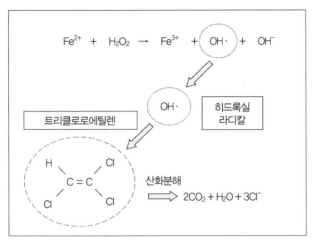

〈그림 2.18.2〉 트리클로로에틸렌의 산화분해

● 펜톤 산화에 의한 폐수 처리

〈그림 2.18.3〉은 펜톤 산화에 의한 폐수 처리 장치의 플로우 시트입니다.

No.1 산화조에 퍼 올린 원수는 황산 용액으로 pH3~4로 조정하고 황산
제일철과 과산화수소를 더합니다.

산화반응은 2~3시간이 걸리므로 No.2 산화조에서 산화 처리를 계속
합니다. pH 조정조로 이송한 처리수에 염화칼슘 용액을 더하여 수산화나
트륨 용액으로 pH9~10으로 조정합니다.

이 단계에서는 아직 과도한 과산화수소가 잔류하고 있는 경우가 있으
므로 다음 폭기조에서 공기를 주입하여 잉여 과산화수소를 제거합니다.

pH 조정으로 생성한 수산화제2철 슬러지는 응집조에서 응집 처리합니
다. 응집 처리수는 침전조로 이송하여 상징수와 침전물로 분리합니다. 침
전 슬러지의 대부분은 탈수 처리하지만 일부는 순환 슬러지로 No.1 산화
조로 반송하여 재활용합니다.

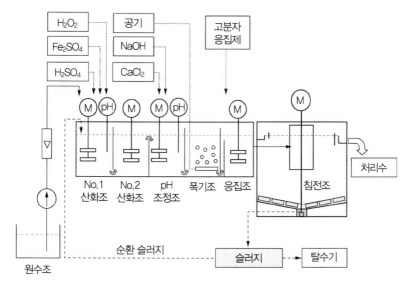

<그림 2.18.3> 펜톤 산화에 의한 폐수 처리 장치 플로우 시트

펜톤 산화 처리의 유리한 점은 ① OH 라디칼에 의한 산화효과와 ② 철 이온(Fe^{3+})에 의한 응집효과를 모두 얻을 수 있습니다.

이 특징을 응용하면 다음 폐수 처리에 실용화할 수 있습니다.

① 난분해성 유기물을 함유한 폐수의 COD 제거

② 중금속과 유기산을 함유한 폐수 처리

③ 생물 처리로는 다 분해되지 않는 물질을 포함하는 폐수의 전처리

2.19 이온교환수지법

중성 염화나트륨(NaCl) 수용액을 H형 양이온교환수지($R-SO_3H$) 탑에

통과시키면 식 (1)과 같이 Na^+와 H^+ 이온이 교환하여 산성(HCl)의 물로 변합니다.

이 산성수를 OH형 음이온교환수지(R-N·OH)탑에 통과되면 식 (2)와 같이 Cl^-와 OH^- 이온이 교환되어 순수(H_2O)가 됩니다.

$$R\text{-}SO_3H + NaCl \rightarrow R\text{-}SO_3Na + HCl \tag{1}$$

$$R\text{-}N \cdot OH + HCl \rightarrow R\text{-}N \cdot Cl + H_2O \tag{2}$$

이것이 이온교환수지에 의한 탈염의 원리입니다. 이온교환수지가 가지고 있는 교환기에는 한계가 있으므로 상기의 반응이 평형에 도달하면 반응식은 오른쪽으로 진행되지 않습니다. 이 경우 양이온교환수지에는 (H^+) 이온을, 음이온교환수지에는 (OH^-) 이온을 보급하고 나면 식 (1), (2)의 반응은 반대방향으로 진행되므로 이온교환수지는 원래 형태로 회복됩니다.

$$R\text{-}SO_3Na + HCl \rightarrow R\text{-}SO_3H + NaCl \tag{3}$$

$$R\text{-}N \cdot Cl + NaOH \rightarrow R\text{-}N \cdot OH + NaCl \tag{4}$$

이것이 이온교환수지 재생의 원리입니다.

● 수중 용해 이온 제거

천연 수중에는 Ca^{2+}, Mg^{2+}, Na^+ 등의 양이온과 Cl^-, SO_4^{2-}, HCO_3^- 등의 음이온 이외에 콜로이드 상태 실리카(SiO_2)와 이온 상태 실리카($HSiO_3^-$) 등이 혼재되어 있습니다.

이는 전기적으로 중화된 상태로 존재하고 있으며 <표 2.19.1>과 같이 나타냅니다. 이온교환수지를 칼럼에 충전하고 원수를 천천히 흐르면 이온은 <그림 2.19.1>(왼쪽)과 같은 이온교환대(A~B)를 형성하면서 흘러내립니다. 실제 장치에서는 이온교환대의 끝(C)이 칼럼 출구에 도달하면 원수 중의 이온이 누출되기 시작하므로 그 시점에서 이온교환 처리를 종료합니다.

<표 2.19.1> 수중의 용해이온

Ca^{2+} Mg^{2+}	HCO_3^-
Na^+	Cl^- SO_4^{2-}
$SiO_2(HSiO_3^-)$	

<그림 2.19.1>(왼쪽)의 (C)점이 (오른쪽)에 나타내는 관류점(貫流点) (P)에 해당합니다.

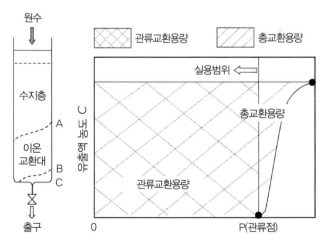

<그림 2.19.1> 이온교환 범위와 누출곡선

이온교환수지탑은 <그림 2.19.2>와 같이 양이온교환수지탑과 음이온
교환수지탑의 순서를 직렬로 연결합니다. 처리 수량이 적은 경우는 상단
의 2상 2탑식으로 합니다. 처리 수량이 많을 경우 HCO_3^- 이온을 제거하여
음이온교환수지 부하를 경감시킬 목적으로 하단과 같이 탈탄산탑을 설
치하여 2상 3탑식으로 합니다.

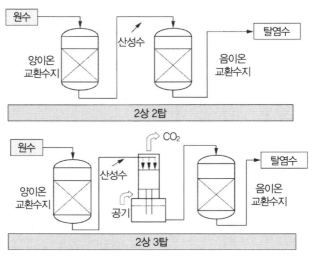

<그림 2.19.2> 이온교환탑의 배치(예)

● 이온교환수지의 재생

이온교환수지를 완전하게 재생하기 위해서는 화학 당량적으로 과잉의
재생제가 필요합니다. 따라서 공업적으로는 수지가 가진 총 교환용량의
50~80% 정도의 재생률로 재생하는 것이 일반적입니다.

<그림 2.19.3>은 재생률과 재생 레벨의 관계(예)입니다. '재생 레벨'이란
수지를 재생하는 데 사용하는 약품의 순량(純量)을 말합니다. <그림 2.19.3>

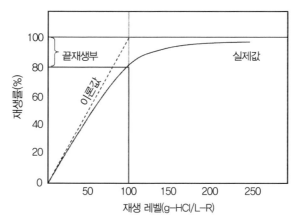

〈그림 2.19.3〉 재생률과 재생 레벨

에서는 재생 레벨 100g-HC1/L-R 때가 재생율 80%입니다.

　〈그림 2.19.4〉는 병류 재생을 모식적으로 나타낸 것입니다. 탑 상부에서 원수를 흐르면 ①의 통수 종료 시점에서는 Na^+가 누설하고 있습니다. 탑 상부에서 HC1을 흘려보내는 ②의 재생 시작 부분에서는 Ca^{2+}, Mg^{2+}, Na^+ 등이 밀려나 폐액으로 나옵니다. ③ 재생 종료 시점에서는 대부분이 H^+로

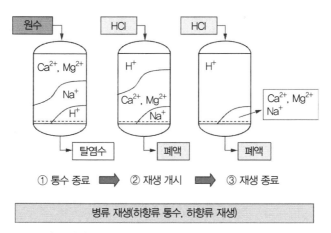

〈그림 2.19.4〉 병류 재생

대체되었지만 탑 출구 부근에는 아직 Ca^{2+}, Mg^{2+}, Na^+ 등이 잔류하고 있습니다.

병류 재생으로는 수세정 후 채수 공정에 들어가 처리수를 회수하지만, 잔류 이온이 있기 때문에 초기에는 아무래도 수질이 좋지 않습니다.

이를 개선하기 위해 <그림 2.19.5>의 향류 재생 방식이 고안되었습니다. 이곳에서는 원수를 탑 하부에서 상부를 향해 흐르게 합니다. <그림 2.19.5> ①의 통수 종료 시점에서는 이온교환 범위가 병류 재생과 역전되었습니다. ③의 재생 종료 시점에서는 탑 저부에 Ca^{2+}, Mg^{2+}, Na^+ 등이 잔류하는 점에서는 병류 재생과 같습니다. 그런데 통수는 탑 하부에서 상부를 향해 물을 흘려보내기 때문에 불순물이 적은 탈 이온수를 회수할 수 있습니다. 이것이 향류 재생의 장점으로 용수 처리의 장치로 많이 실용화되고 있습니다.

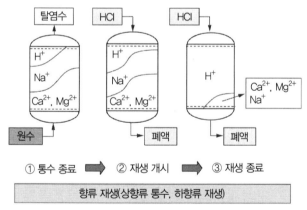

<그림 2.19.5> 향류 재생

MF막 여과

MF막 여과의 장점은 화학약품[폴리염화알루미늄(PAC), 황산알루미늄, 고분자응집제 등]을 사용하지 않고 오염수를 확실하게 정화할 수 있다는 점입니다.

<표 2.20.1>에 물질의 크기와 분리 방법의 관계(예)를 나타냅니다. 입경 $10\mu m$ 이상의 모래 입자나 금속 수산화물이면 침전이나 모래 여과로 분리할 수 있으나, $10\mu m$ 이하가 되면 대응이 어렵습니다. MF(Micro Filtration)막은 $0.05 \sim 10\mu m$ 정도의 입자를 포착, 분리할 수 있습니다. UF(Ultra Filtration)막은 $0.001 \sim 0.1\mu m$ 정도의 물질(분자량으로는 천에서 수십만 정도)을 분리할 수 있습니다. MF막과 UF막에 의한 여과에서는 $0.2 \sim 0.5MPa$의 압력으로 원수를 막면에 공급하여 수중의 현탁물질이나 용해

〈표 2.20.1〉 물질의 크기와 분리 방법

	용해물직			현탁물질			
	이온	분자	고분자	미립자		굵은 입자	
입자경(μm)	0.001	0.01	0.1	1	10	100	1000
물질명	이온 / 용해염류	바이러스		대장균 / 세균 / 급속수산화물 / 점토		모래입자	
분리 방법	RO막		UF막	MF막 / 모래여과		침전	

성분을 분리합니다.

● 전량 여과와 크로스 플로우 여과의 차이

막분리(MF막, UF막, RO막)에서는 모두 막면의 폐색을 방지할 목적으로 여과수의 출구 방향에 대해 원수를 직각 방향으로 흘리는 크로스 플로우 방식을 채택합니다.

<그림 2.20.1>에 전량 여과와 크로스 플로우 여과의 개념을 나타냅니다. 전량 여과는 실험실에서 흔히 경험하는 거름종이 여과와 같습니다. <그림 2.20.1>(좌)과 같이 현탁물질을 포함한 물을 거름종이로 여과하면 처음에는 여과수가 잘 나오지만, 현탁물(케이크)이 막면에 퇴적됨에 따라 물이 나오지 않게 되는 것을 경험합니다. 이것이 전량 여과에서의 여과시간과 투과유속(단위시간, 단위면적을 통과하는 수량: $m^3/m^2 \cdot h$)의 관계입니다.

이에 비해 <그림 2.20.1>(우)에 나타낸 크로스 플로우 여과에서는 막면 위에 쌓이려고 하는 현탁물질을 원수의 흐름으로 씻어내므로 막면의 폐색을 막을 수 있습니다.

크로스 플로우 여과를 채택하면 처음에는 투과 유속이 조금 저하되지만 일정한 시간이 경과하면 막면의 자기세척 효과가 나타나고 그 이후에는 그다지 저하되지 않습니다. 따라서 여과수가 나오는 방식도 전량 여과에 비해 극단적으로 감소하는 일은 없습니다. 이것이 크로스 플로우 여과에서의 여과 시간과 투과 유속의 관계입니다.

크로스 플로우 여과에서는 투과수 유출량에 비해 10배 이상의 유량으로 물을 순환시킵니다. 따라서 큰 펌프를 사용하기 때문에 에너지를 많이 사용하는 것으로 보이지만 막면의 폐색 방지 관점에서는 효과적인 여과 수단입니다.

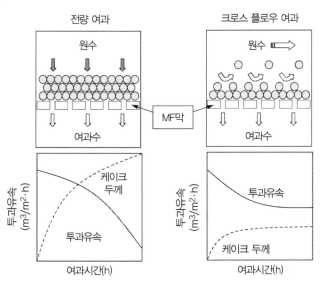

〈그림 2.20.1〉 전량 여과와 크로스 플로우 여과

● 현탁물의 비중과 유동 개시 시의 유속

<그림 2.20.2>는 철 화합물의 비중과 유동을 시작할 때의 유속을 조사한 것입니다. 폐수 처리의 경우 철, 구리, 니켈 등의 금속 수산화물을 여과합니다. MF막 여과로 이 성분이 슬러지가 되어 막면에 침착되면 투과 유속이 급속히 저하됩니다. 그래서 금속 수산화물이 침전되지 않을 만큼의 유속을 줄 수 있으면 막면의 폐색을 예방할 수 있습니다.

<그림 2.20.2>의 결과로부터 수산화철의 경우 유속이 0.2m/sec 이상이면 유동을 시작한다는 것을 알 수 있습니다. 따라서 MF막이나 UF막 모듈 내면의 유속에서는 0.3m/sec 이상 확보하면 스케일 침착을 방지할 수 있습니다.

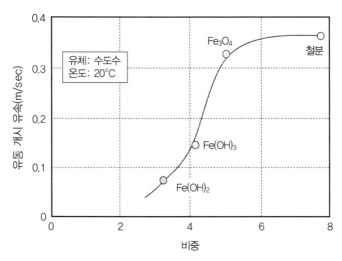

〈그림 2.20.2〉 철화합물의 비중과 유동 개시 시의 유속

● MF여과 플로우 시트(예)

<그림 2.20.3>은 간헐 역세척식 MF여과의 플로우 시트(예)입니다. 장치의 조작 순서는 ①~④입니다.

① 순환 탱크의 원수는 순환 펌프, MF막, 순환 탱크의 경로로 순환합니다.

② MF막 출구의 조절 밸브를 조정하고 여과압력 0.1~0.3MPa 정도의 압력으로 여과한 물은 역세수 탱크(용량: 막 여과면적 1m²에 대해 0.5~1.0L 정도)에 상시 저장하여 유출된 물을 이용합니다.

③ 일정 시간 여과 후 타이머를 작동시켜 역세수 탱크의 물을 가압공기 (0.1~0.2kPa)로 막의 2차 쪽에서 압송하여 막면을 세정합니다.

④ 세정 폐수는 농축수 측으로 배출하거나 순환탱크로 되돌립니다. 농축수 탱크의 물은 일정 시간마다 탱크 바닥에서 뽑아냅니다.

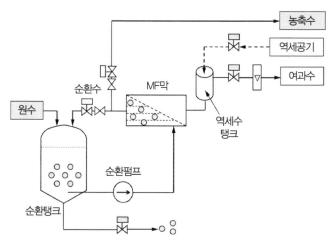

〈그림 2.20.3〉 MF 여과의 플로우 시트(예)

● MF막 장치와 UF막 장치의 조작상 차이

- MF막: 막 면의 세공은 여과 시간이 경과함에 따라 폐쇄됩니다. 따라서 간헐적인 역세척이 필수적이며 한 달에 한 번 정도의 약품 세척이 필요합니다.

- UF막: UF막 면이나 RO막 면에는 작은 구멍이 없어 구멍이 막히는 것 같은 막힘은 발생하지 않습니다.

  다만 막면의 국부농축 스케일화를 방지하기 위한 농도관리와 <그림 2.20.2>와 같은 유속관리가 중요합니다. MF막 장치와 달리 간헐적인 역세척을 하지 않지만 스케일이 생성되면 산, 알칼리제에 의한 약품 세척을 실시합니다.

2.21 UF막 여과

　한외여과막(UF막: Ultrafiltlation Membrane)은 분자량으로 천에서 수십만의 고분자 물질이나 콜로이드 상태의 물질의 투과를 저지하고 그 이하의 저분자 물질이나 이온류를 통과시키는 '분자체'의 효과를 가지고 있습니다. UF막의 세공은 MF막과 달리 너무 작아서 측정할 수 없으므로 분리 성능을 비교하는데, '분획분자량(分劃分子量)'으로 나타냅니다.

　MF막과 UF막의 분획 범위의 일부는 중복되지만 일반적으로 MF막은 눈이 거칠고, UF막이 더 세세하다고 할 수 있습니다. 분리 대상의 크기는 MF막＞UF막＞RO막의 순서가 됩니다.

● UF막의 분획분자량

　<그림 2.21.1>에 UF막의 구조와 분리할 수 있는 물질을 제시하였습니다. UF막은 스킨층과 스폰지층으로 이루어진 비대칭막으로 고분자 물질

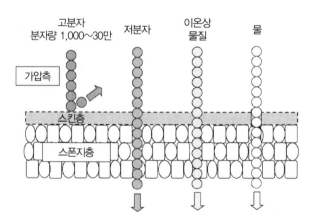

<그림 2.21.1> UF막 면의 분리 물질

의 투과는 막고 물, 이온, 저분자 물질을 투과시킵니다.

UF막을 분리할 수 있는 물질의 분획분자량을 정하려면 분자량을 미리 알 수 있는 여러 종류의 표준 표시 물질을 이용하여 분자량별 저지율을 측정하고 분자량과 저지율의 관계에서 분획곡선을 만듭니다. 이렇게 작성한 분획곡선으로부터 저지율이 90%인 분자량을 그 막의 분획분자량이라고 합니다.

● UF막의 용도

<표 2.21.1>에 UF막의 용도를 나타냅니다. UF막은 0.2~0.5MPa 정도의 압력으로 여과를 하는 점에서는 MF막과 동일하나 여과기능은 MF막과 달라 물의 정화, 유가물의 회수, 유수분리 등 다양한 분야에서 사용되고 있습니다.

〈표 2.21.1〉 UF막의 용도

항목	용도
물의 정화	MF막으로는 제거할 수 없는 물속의 탁질, 세균류, 바이러스 등의 분리, 제거
유가 물질 회수	효소의 농축. 과즙류의 여과. 염료의 정제. 의약품의 정제. 다당류의 정제 등
우유의 분리 및 농축	탈지유의 농축. 유청과 유당의 분리
유수 분리	함유 폐수의 여과
전착(電着) 도료의 회수	음이온계, 양이온계 전착 도료의 회수 여과

UF 여과는 정밀 분리가 가능하기 때문에 수처리뿐만 아니라 의료, 제약, 바이오 분야에서도 널리 이용되고 있습니다. 특히 파이로젠(Pyrogen: 주사액 등에 포함된 발열물질) 제거에는 한외여과막이 효과적입니다.[26]

● 중공사형 UF막

UF막의 형상에는 평막, 스파이럴 막, 중공사막 등이 있습니다. 용수, 폐수 처리 분야에서는 콤팩트하고 여과 면적을 크게 잡을 수 있는 중공사막이 많이 사용되고 있습니다.

<그림 2.21.2>에 중공사 UF막 내의 물의 흐름을 나타냅니다. 중공사막에는 내경 0.5~2.0mm 정도의 것이 있어 원수를 외 → 내 또는 내 → 외로 향하게 하여 흐릅니다. 어느 쪽의 흐름방향 막을 선택할지는 대상으로 하는 시료수의 성상에 따라 다릅니다. 현탁물질이 많은 경우는 중공사막 내의 유속이 균일해지는 중 → 외방향 막이 유리합니다.

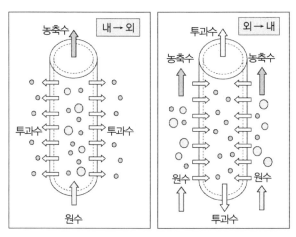

〈그림 2.21.2〉 중공사 UF막 내의 물의 흐름

현탁물질이 많은 시료를 외 → 중방향 막으로 여과하면 중공사막 사이

---

26 파이로젠(Pyrogen): 주사액, 수액, 혈액 등에 미량 혼입되어 사람의 발열 원인이 되는 물질이다. 파이로젠 중 대표적인 것으로 그램 음성균 유래의 엔도톡신이 있습니다. 사람의 혈중에 엔도톡신이 극히 미량이라도 들어가면 발열한다.

에 현탁물질이 침전되거나 부착·퇴적되어 유로가 막히는 경우가 있습니다. 장기간 정지한 채로 방치해두면 막이 붙어 있는 부분이 찢어질 수도 있으므로 주의가 필요합니다.

● 막 여과식 정수 처리

UF막은 MF막에 비해 정밀하게 여과가 가능하기 때문에 기존 식수 정화의 응집침전 및 모래 여과를 대체하는 시스템으로 응용할 수 있습니다. 이렇게 하면 세균은 물론 바이러스까지 제거할 수 있습니다. 지금도 종종 문제가 되는 음료수 중 병원성 원충(Cryptosporidium, Giardia)은 기존 법에 의한 응집침전 − 모래 여과 방식으로는 완전히 제거되지 않을 수 있습니다. 여과수에 잔류한 Cryptosporidium(기생충의 하나) 등은 차아염소산나트륨으로도 사멸시키는 것이 어렵습니다. 위의 과제를 해결하는 수단으로 최근 MF막이나 UF막을 사용한 '막 여과식 정수 처리'가 실용화되고 있습니다.

'막 여과식 정수 처리'는 Cryptosporidium이나 탁질 제거는 물론 작은 콜로이드 형태의 무기물질·고분자 유기물도 제거할 수 있습니다. 이로써 우리는 안전하고 맛있는 물을 확보할 수 있게 되었습니다.

<그림 2.21.3>에 UF막을 이용한 여과장치의 플로우 시트(예)를 제시하였습니다.

일례로 사용하는 막은 중공사막으로 분획분자량 150,000 정도입니다. 막의 재질에는 폴리설폰(Polysulfone), 폴리에틸렌(Polyethylene), 셀로로스(Cellulose) 등이 있으나 최근에는 내약품성 폴리 비닐 리덴 디 플루오 라이드(PVDF: polyvinylidene difluoride)제 막도 실용화되었습니다.

PVDF 막은 기계적인 강도와 내약품성을 갖추고 있으며 고농도의 약품을 흘려보내도 손상을 받지 않으므로 화학약품으로 세척할 수 있습니다. 일반적인 운전의 경우에는 여과수를 사용한 정기적인 자동 역세척을 실시하게 됩니다. 이를 통해 안정되고 청정한 여과수를 얻을 수 있습니다.

UF막 여과막을 사용한 정수 설비는 현재 가격이 기존법보다 비싸서 널리 보급되지는 않았지만 실제 장치는 이미 가동되고 있어 향후 발전이 기대됩니다.

UF막 장치는 산업 폐수의 여과, 하천수, 공업용수, 해수 등의 살균, 오염 제거에도 적용할 수 있습니다. UF막 장비는 향후 기술 진보에 따른 물의 고순도화, 고품질화가 요구됨에 따라 각 산업분야에서 용도가 확대되는 추세입니다. 폐수 처리 막(MF, UF) 여과의 전단에서 응집제(고분자 응집제나 PAC 등)가 사용되면 막 면이 막힐 수 있으므로 사전 조사가 필요합니다.

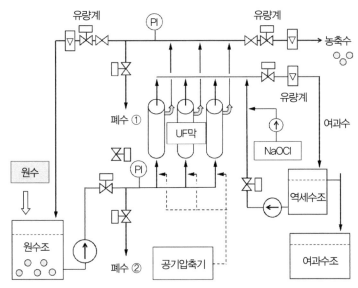

⟨그림 2.21.3⟩ UF막 여과 플로우 시트(예)

2.22 RO막 탈염

역삼투막에 의한 탈염 원리를 <그림 2.22.1> ①, ②, ③에 나타냅니다. 물은 투과시켜도 물에 녹은 이온이나 분자상 물질을 통과시키지 않는 성질의 반투막(RO막)을 사이에 두고 <그림 2.22.1> ①처럼 소금물과 담수가 접하면, ②처럼 담수는 소금물 쪽으로 이동하여 소금물을 희석하려고 합니다.

이것은 자연현상으로 삼투작용(Osmosis)이라고 부릅니다. 이 희석현상은 삼투압과 액면차의 압력이 평형을 이룰 때까지 계속됩니다.

역삼투(Reverse Osmosis)는 이와 반대로 소금물 쪽으로 삼투압 이상의 압력을 가하면 ③처럼 소금물 측에서 담수 쪽으로 물만이 이동합니다.

이것이 역삼투막법의 원리입니다.

이 방법을 사용하면 바닷물이나 산업 폐수에서 담수를 얻을 수 있습니다.

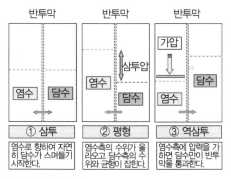

<그림 2.22.1> 역삼투 작용의 원리

● 막분리의 원리

<그림 2.22.2>는 MF막, UF막 및 RO막의 분리 모식과 분리할 수 있는 물

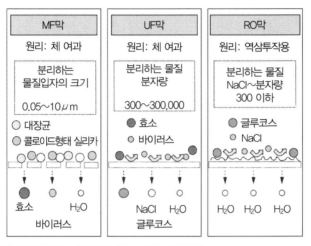

〈그림 2.22.2〉 막분리 모식과 분리할 수 있는 물질(예)

질의 예를 나타낸 것입니다.

MF막에는 세공이 열려 있어 그것보다 큰 입자를 포함한 물을 여과하면 '체 여과' 효과에 의해 분리할 수 있습니다. 일례로 0.05μm의 MF 여과막이라면 대장균이나 콜로이드 형태의 실리카는 분리할 수 있으나 효소나 바이러스는 투과되어버립니다.

UF막은 MF막보다 더 작은 물질을 체 여과 효과를 통해 분리할 수 있습니다. 일례로 분리 대상은 분자량 300~300,000 정도의 물질입니다. 효소나 바이러스는 포착할 수 있지만 분자량이 작은 글루코스나 염분은 투과합니다.

RO막에 의한 물의 분리는 막표면에 수소결합으로 흡착된 물분자가 가압작용을 통해 순차적으로 막 내부를 거쳐 2차 측으로 이동하여 물 분자만이 투과할 수 있다고 되어 있습니다.

일례로 물 분자와 같은 수소 결합을 형성하기 쉬운 메탄올이나 아세트산 등은 막면을 투과하기 쉬운 경향이 있습니다.

● 막면의 오염

실제의 수처리에는 스파이럴형의 RO막이 많이 사용됩니다. 스파이럴형 RO막 모듈은 평막을 김밥 모양으로 감고, 그 사이에 메시 스페이서를 끼워 막 상호 밀착을 방지함과 동시에 유로에 난류를 일으켜 스케일 생성의 원인이 되는 농축막이 형성되지 않도록 고안되어 있습니다.

<그림 2.22.3>은 RO막 오염의 시간 경과 변화를 나타낸 것입니다. 사용 개시 직후의 RO막에서는 표면에 필연적으로 얇은 농축막이 형성됩니다. 실제 장치에서는 이를 방지할 목적으로 유로 내 유속을 높여 탈염 처리합니다. 그러나 시간이 지남에 따라 농축 계면이 두꺼워지고, 1년 정도 경과하면 스케일이 되어 막면에 침착합니다.

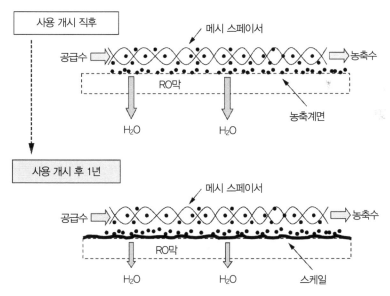

〈그림 2.22.3〉 RO막 오염의 시간 경과 변화

상기의 이유로 RO막 장치는 아무리 꼼꼼하게 운전 관리하여도 스케일 생성을 면치 못합니다. 이 대책으로 설계할 때부터 막세척을 할 수 있는 회로를 짜두는 것이 좋습니다.

● RO막 장치의 플로우 시트

<그림 2.22.4>는 RO막 장치의 플로우 시트(예)입니다. 원수 탱크의 물은 공급 펌프 → 필터 → 고압 펌프 → RO막을 거쳐 투과수가 됩니다. 한편, 고압측의 농축수는 대부분을 원수 탱크로 되돌리고, 일부를 농축수로 배출합니다. 따라서 RO막 장치를 통해서는 필연적으로 농축 폐수가 발생하게 됩니다.

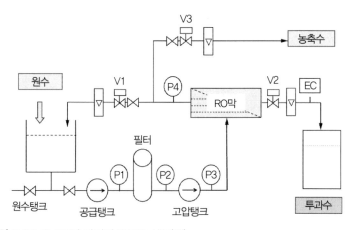

〈그림 2.22.4〉 RO막 장치의 플로우 시트(예)

RO막 장치의 운전 관리에서 중요한 과제는 투과수보다 오히려 농축수 측의 농도 관리입니다.

일례로 <그림 2.22.4>의 장치에서 막 모듈의 유로가 오염되면 압력계의

P3와 P4의 차압이 필연적으로 커집니다. 이를 방지할 목적으로 장치를 정지하는 경우에는 자동 밸브 V1와 V2를 닫고 V3를 열어 농축수를 배출하고 농축수 측의 물을 원수로 치환하는 등의 조치를 취합니다. 이렇게 하면 농축수 측의 물은 농도가 낮은 원수와 동일하므로 스케일 생성을 방지할 수 있습니다.

● RO막 베셀의 배치(예)

<그림 2.22.5>에 회수율과 RO막 베셀의 배치(예)를 나타냅니다. 베셀 1개에 충전하는 막은 최대 6개입니다. 회수율은 원수에 용해되어 있는 용질이 석출되는 농도에서 결정하는데, 표준적으로는 60~80% 정도입니다. 참고로 해수의 Ca 농도는 약 400mg/L이지만 RO막 처리에 의해 농축되어 660mg/L가 되면 스케일 생성 가능성이 높아집니다.

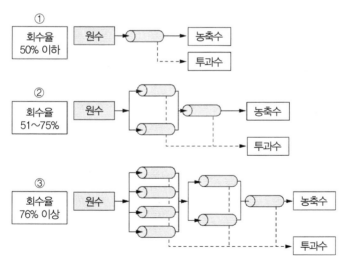

〈그림 2.22.5〉 회수율과 RO막 베셀의 배치(예)

거기서 해수 담수화 처리에서는 회수율의 기준을 $(660 - 400)/660 \times 100 = 39\%$로 설정하여 약 40%로 하고 있습니다. 따라서 이 경우의 베셀은 <그림 2.22.5>①의 1단 배치가 적절합니다.

2.23　전기투석

전기투석은 양이온교환막과 음이온교환막을 교대로 조립하여 양 끝에 전극을 부착하고 직류전압을 인가하여 수중의 이온을 전기에너지로 이동시키는 과정입니다. 이온교환막은 양이온을 선택적으로 투과시키는 양이온막과 음이온을 선택적으로 투과시키는 음이온막이 있는데, 여기에 염분을 포함한 물을 흘려보내면 양이온과 음이온을 서로 분리할 수 있습니다.

● 이온교환수지와 이온교환막의 차이

이온교환막은 입상 형태의 이온교환수지가 막 형태로 되어 있는 고분자막이라고 생각해도 좋으며 화학구조상으로는 이온교환수지와 본질적으로는 동일합니다. 그러나 형태가 다르므로 양자의 기능은 완전히 달라집니다.

<그림 2.23.1>은 이온교환수지와 이온교환막의 차이를 나타낸 것입니다. 양이온교환수지는 NaCl 중 Na^+을 흡착하고 대신 수지가 가지고 있는 H^+ 이온을 방출하므로 NaCl은 HCl이 됩니다. 양이온교환막은 양극 쪽에 있는 NaCl 중 Na^+ 이온만이 막을 통과하여 음극으로 이동하므로, 양극

에는 Cl⁻ 이온이 남습니다.

이온교환막과 이온교환수지의 기본적인 차이점은 막이 이온을 흡착하는 것이 아니라 막 양쪽 끝 전극에 전류를 흘려보내면 이온이 선택적으로 막을 투과하는 데 이온교환수지와 같은 재생 조작이 불필요해진다는 점입니다.[27]

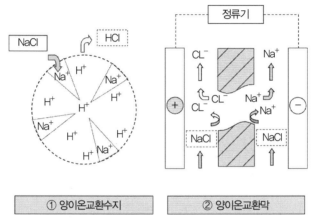

〈그림 2.23.1〉 이온교환수지와 이온교환막의 차이

● 전기투석장치의 특징

전기투석장치(ED: Electro Dialyzer)는 탈염과 농축을 동시에 진행 할 수 있습니다. 일본에서는 해수의 농축에 의한 식염 제조가 그 발단이 되었지만, 서양에서는 지하수, 하천수 등의 탈염에 의한 음료수 제조가 주된 용도로 개발되었습니다.[28]

---

27 이온교환막은 '이온 선택 투과'라는 기능을 통해 농축, 탈염이 가능하다. 이온교환수지법은 수지 재생이 필수적인 공정이지만 이온교환막법은 재생이 필요하지 않아 유지관리 면에서는 번거롭지 않다.

ED를 사용한 공정은 산업의 다방면에서 실용화되고 있지만, 그 응용 분야는 더욱 확대되고 있습니다. 이온교환막은 비닐 시트처럼 막 형태로 성형한 기재에 이온교환기를 도입한 것으로 양이온교환막(카티온 막)과 음이온교환막(음이온 막)의 2종류가 있습니다.

<그림 2.23.2>는 전기투석장치의 기본 플로우 시트(예)입니다. 양이온 막과 음이온막을 번갈아가며 전기 투석조를 만들고, 소금물을 공급하면서 직류전압을 통하게 되면 전위차로 인해 양이온은 음극 쪽으로, 음이온은 양극 쪽으로 이동하기 때문에 이온 농축실과 탈염실이 번갈아 생기게 됩니다. 운전 방법은 회분식과 연속식이 있습니다.

● 연속 전기탈염장치

<그림 2.23.3>은 연속식 전기 탈염 장치(CEDI: Continuous Electrodialyzer)의 개략도입니다. 급수는 탈염실과 농축실로 유입됩니다. 이온교환수지를 충진한 탈염실에 들어간 물은 탈염수(순수)가 됩니다. 한편 농축실로 유입된 물은 농축수로 배출됩니다.

탈염은 다음 과정을 거쳐 진행됩니다.

① 수중의 염분(Na^+, Cl^-)은 먼저 이온교환수지로 포착됩니다. 이렇게 되면 처리수는 탈염수가 됩니다. Na^+와 Cl^-은 일단 수지에 잡히지

---

28 일본에서는 바닷물의 농축에 의한 식염 제조가 그 발단이 되었지만, 서양에서는 지하수, 하천수 등의 탈염에 의한 음료수 제조가 주된 용도로 개발되었다.
ED를 사용한 공정은 탈염 이외의 산업(비타민류의 정제, 아미노산 용액의 정제, 항생물질 등 약액의 정제, 저염 간장의 제조, 유기산의 정제, 도금계 폐수의 처리, 황산과 황산 니켈의 분리, 알루미늄 에칭 폐산에서 산의 회수 등)에서도 많이 실용화되고 있어 그 응용 분야는 더욱 확대되고 있다.

만 이온교환막을 통해 Na^+는 음극 측에, Cl^-은 양극 측에 전기적인 힘으로 당겨서 농축수로 외부로 배출됩니다. 지금까지의 원리는 이온교환수지를 매체로 한 전기 투석과 동일합니다.

② 급수구에서 먼 탈염실 하류에서는 수중의 이온 농도가 저하되므로 전류 유지에 필요한 이온 양이 부족합니다. 이를 보충하려고 양이온교환막, 음이온교환막과 물의 접촉 계면에서 물 분자의 전기 분해가 발생합니다.

③ 이온 상태가 아닌 이산화탄소나 실리카는 전기분해로 인해 발생한 OH^-와 반응하여 다음과 같이 이온화되며, 그 이후에는 C^-와 같은 원리로 제거됩니다.[29]

$$\text{물의 전기분해: } H_2O \rightarrow H^+ + OH^- \tag{1}$$
$$\text{CO}_2\text{의 이온화: } CO_2 + OH^- \rightarrow HCO_3^- \tag{2}$$
$$\text{SiO}_2\text{의 이온화: } SiO_2 + OH^- \rightarrow HSiO_3^- \tag{3}$$

④ 앞의 탈이온 과정을 거쳐도 수중에는 아직 미량의 이온류가 남게 됩니다. 탈염실 하류에 있는 수지는 물의 분해에 의해 생성된 H^+와 OH^-로 인해 상당한 부분이 재생이 되고 있습니다. 따라서 잔존하는 이온류는 이온교환수지에 의해 포착할 수 있습니다. 그리고 이온을 포착한 수지는 다시 H^+와 OH^-의 작용에 의해 재생됩니다. 이 장치는 평막을 여러 장 겹친 플레이트형과 막을 스파이럴 모양으로 성형한 것이 있습니다.

---

29 상기의 반응에서는 해리 조건의 차이로 이산화탄소가 먼저 이온화된다. 따라서 실리카를 제거하기 위해서는 이산화탄소를 먼저 제거하는 것이 포인트이다.

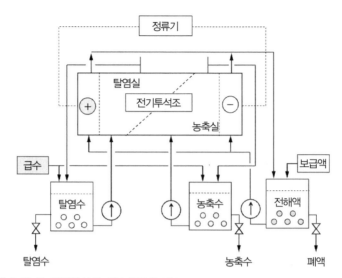

〈그림 2.23.2〉 전기투석의 기본 플로우 시트

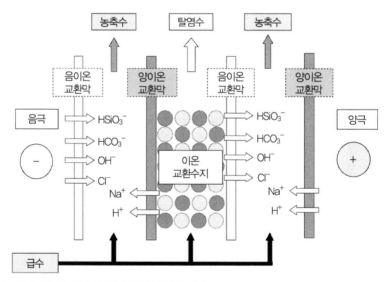

〈그림 2.23.3〉 연속식 전기 탈염 장치의 개략도

● 연속 전기탈염장치 실용화의 포인트

CEDI는 전기적인 처리만으로 탈이온 처리가 가능하여 이상에 가까운 탈염 장치입니다. CEDI에는 ① 평막을 겹친 것과 ② 평막을 스파이럴 상태로 감은 것이 있습니다.

실제 실용화를 위해서는 전처리 과정 중 경도 성분, 실리카, 탄산 이온 등을 미리 제거해두지 않으면 충분한 기능을 발휘하지 않습니다. 따라서 MF막 처리 → RO막 처리 → 탈탄산 처리 → 이온교환 처리 등의 전처리를 한 후 최종 마무리 단계에서 적용하는 것이 효과적인 사용 방법입니다.

2.24 감압증류법

우리가 살고 있는 지구 표면(해발 0m)의 기압은 약 1기압(l,013hPa)입니다.

<그림 2.24.1>은 지구상의 물순환을 나타낸 모식도입니다. 지표의 수분과 바닷물은 태양열 복사로 데워져 증발하고, 수증기를 거쳐 비가 되어 지표로 쏟아진다는 대대적인 증류 처리를 반복하여 순환하고 있습니다.

지표의 물을 데우면 100℃에서 끓지만, 등산을 하면 1,000m 부근의 높이에서 물을 끓이면 97℃에서 끓고, 후지산 정상에서는 약 90℃에서 끓어오릅니다. 이것은 후지산 정상에서는 기압이 약 0.65기압(658hPa)까지 떨어지기 때문입니다. 해발고도는 1,000m 높아짐에 따라 기압은 약 100hPa 낮아지고, 물의 끓는점은 대략 2.7℃ 저하됩니다.

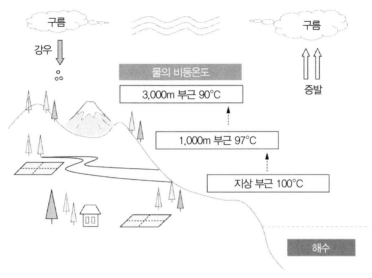

<그림 2.24.1> 지구상의 물순환 모식도

● 감압 증류

<그림 2.24.2>에 물과 유기용제의 증기압과 온도의 관계(예)를 나타냅
니다. 우리가 일상 생활하는 환경의 기압 아래에서 물을 데우면 100℃에서
끓어 증발을 시작합니다. 물 1kg을 100℃까지 가온시키는 데 약 100kcal/kg
의 열에너지(현열)가 필요합니다. 거기다 더 가열하여 물 1kg를 증발시키
기 위해서는 약 540kcal/kg의 에너지(잠열)가 필요합니다.[30]

---

30 현열과 잠열
 · 현열: 10℃의 물을 80℃까지 열을 가할 경우 '물'이라는 액체 상태는 변함없이 온
   도만 올라간다. 이 가온에 필요한 열량이 '현열'로 약 70kcal/kg이다.
 · 잠열: 물이 '물', '액체', '증기'로 변화할 때 그 상태 변화에 소비되는 열량이다.
   한 예로 100℃에서 끓기 시작한 주전자의 물은 온도가 그대로 증발한다. 이때 필
   요한 열량이 '잠열'로 약 540kcal/kg이나 필요하다.

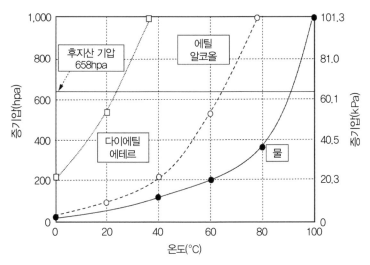

〈그림 2.24.2〉 물과 유기용제의 증기압과 온도의 관계(예)

  물을 상압하에서 증발시키려면 열에너지를 많이 소모하기 때문에 비경제적입니다. 그래서 물을 넣은 증류용기의 압력을 줄여 (감압) 증기압을 낮춘 후 가열하면 100℃보다 낮은 온도에서 끓기 시작합니다. 이것이 감압 증류 원리로 높은 산에서는 낮은 온도에서 물이 끓는 것과 같은 현상입니다. 일례로 증기압을 300hpa(30kPa)로 낮추면 75℃에서 끓기 때문에 열에너지(전기, 가스, 중유 등)를 절약할 수 있습니다. 감압증류법은 ① 해수 담수화, ② 산업 폐수 정화 등에 실용화되어 있습니다. 실제 산업 폐수 처리에서는 암모니아, 유기용제, 악취성분 등이 유출액 쪽으로 이동할 수 있으므로 이러한 대책이 필요합니다.

● 바닷물과 산업 폐수의 감압 증류

  바닷물에는 염분이 3.5% 이상 함유되어 있습니다. 이를 감압 증류하면 음료에 적합한 담수를 얻을 수 있습니다. 이와 마찬가지로 산업 폐수도 적절한 전처리를 한 후 감압 증류하면 음료수까지는 아니지만 불순물이 적은 증류수가 됩니다. 이 방법은 난분해성의 폐수 처리나 폐수 중의 유가물 회수 처리에도 응용할 수 있습니다.

<그림 2.24.3>은 감압 증류방식에 의한 산업 폐수 처리 장치 플로우 시트(예)입니다. 실제 증발관이나 배관류는 금속으로 구성되어 있으므로 다음과 같은 제약이 있습니다.

① pH는 중성~알칼리(pH6~10)로 합니다.
② 농축 과정에서 결정화하기 쉬운 칼슘이나 실리카 성분은 전처리로 제거해둡니다.
③ 발포가 발생하기 쉬운 성분은 미리 분리해둡니다.

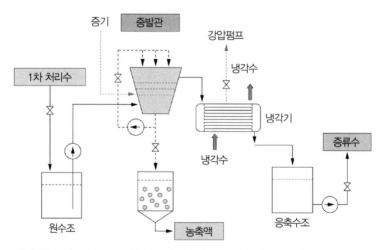

<그림 2.24.3> 감압증류방식에 의한 산업 폐수 처리 장치 플로우 시트(예)

폐수 중에 경도 성분(칼슘 등)이 많이 함유되어 있는 경우에는 1차 처리 시 탄산나트륨(Na_2CO_3)을 첨가하여 용해도가 낮은 $CaCO_3$로 분리시키면 pH를 조정할 수 있어 편리합니다(2.15 경도 성분 제거를 참조해주십시오).

$$CaSO_4 + Na_2CO_3 \rightarrow CaCO_3 + Na_2SO_4 \tag{1}$$

$$CaCl_2 + Na_2CO_3 \rightarrow CaCO_3 + 2NaCl \tag{2}$$

<표 2.24.1>은 실제 난분해성 산업 폐수를 1차 처리한 후 <그림 2.24.3>의 감압 증류장치를 사용하여 처리한 결과 사례입니다. 실제 장치에서는 증발 캔 부분을 여러 개 연결하여 증류 단수를 늘리고 있습니다. 폐수 시료는 여러 표면 처리 공정에서 발생한 것이므로 중금속 이온, 유기산, 환원제, 계면활성제 등이 다량 포함되어 있습니다. 이를 염화제2철 등의 무기 응집제와 수산화칼슘으로 중화 응집하여 전량을 여과 탈수합니다. 그대로는 증류에서 문제가 되는 칼슘 성분이 많이 용해(500mg/L)되므로 상기 식 (1), (2)의 반응에 의거하여 칼슘 성분을 제거합니다. 이에 따라 칼슘은 50mg/L 이하가 되므로 감압 증류하여도 지장이 없습니다.

감압 증류 처리한 처리수의 수질은 COD, BOD 성분이 70~100mg/L 정도이나 그 외 중금속은 1mg/L 이하이므로 하수도로 방류할 수 있습니다. 게다가 이 처리수라면 활성탄 처리와 막 처리를 부가하면 증류 장치의 냉각수로 재활용할 수 있습니다.

<표 2.24.1> 난분해성 산업 폐수의 감압 증류 처리 결과(예)

항목	처리 전	처리 후
pH	9.5	7.6
COD(mg/L)	5,200	100
BOD(mg/L)	4,000	75
철(Fe mg/L)	15	<1
동(Cu mg/L)	5	<1
니켈(Ni mg/L)	7	<1
아연(Zn mg/L)	3	<1
크롬(Cr mg/L)	2	<1
N-헥산 추출물질(mg/L)	25	2
전기 전도율(μS/cm)	6,500	90

오존과 활성탄 처리로 맛있는 물을 만듭니다

일본의 수돗물 수원은 원래부터 오염이 되어 있지 않습니다. 그러나 산업 폐수 및 생활 폐수 중 난분해성 유기물이 증가하면서 기존의 정수공정(응집 처리 + 모래 여과 + 염소살균)만으로는 정화가 불가능해 안전하고 맛있는 수돗물 확보가 어려워졌습니다.

난분해성 유기물은 곰팡이 냄새 물질(지오스민, 2 - 메틸이소보르네올 2- MIB: methylisoborneol), 착색물질(후민산, 플루보산), 농약류, 화학물질 등입니다. 이 물질들은 물에 용해되어 있으므로 응집제를 넣어도 응집되지 않습니다.

모래 여과 장치로 여과해도 분리할 수 없습니다. 무색 투명 설탕물은 응집 처리하고 모래로 걸러도 설탕물과 다르지 않은 것과 마찬가지입니다.

오존은 산화력이 강하기 때문에 산화, 살균, 탈취, 탈색 등의 효과가 있으며 대부분의 유기물을 분해합니다. 오존의 분해 생성물은 산소이므로 염소와 달리 유해한 염소화합물을 생성시키지 않습니다. 오존은 분해하면 다음 그림과 같이 무해한 산소로 바뀝니다.

오존산화장치 후단에 활성탄 흡착장치를 배치하면 이 산소가 활성탄층에 서식하고 있는 미생물들의 활동을 활발하게 하여 예상 이상의 정화작용을 하게 됩니다. 이렇게 오존산화와 생물활성탄 처리의 조합은 난분해성 유기물을 제거하는 데 적합합니다. 현재 수원의 오염이 진행된 정수장에서는 오존산화와 활성탄 처리를 통해 안전하고 클로르칼크(Chlorkalk) 냄새가 없는 맛있는 물을 공급하기 위한 개선을 진행하고 있습니다.

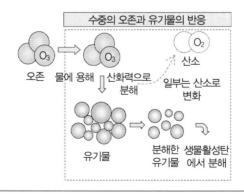

수중의 오존과 유기물의 반응

제3장
생물학적 처리법

제**3**장

생물학적 처리법

3.1 유량 조정조

수 처리 장치의 대부분은 연속식으로 운전됩니다. 이유는 많은 물을 효율적으로 처리할 수 있기 때문입니다. 그러나 농도, 유량 관리를 적절히 실시하지 않으면 순식간에 처리 효율이 낮아지기도 합니다. 그 이유는 다음 ①, ②와 같습니다.

① 폐수의 농도, 온도는 항상 일정하지 않습니다.
② 폐수 배출량은 변동되는 경우가 많습니다.

중소 규모의 생산 공장(식품, 도금 공장 등)에서는 소량 다품종의 상품을 취급하므로, 시간에 따라 상기 ①의 수치가 빈번히 바뀝니다. 그래서 폐수의 유량을 일정하게 유지하고 농도를 균일하게 할 목적으로 유량 조정조를 설치합니다.

● 스크린과 유량 조정조의 배치

<그림 3.1.1>은 스크린과 유량 조정조의 배치(예)입니다. 더러운 물을 처리 시설에 투입할 때 마른 잎 등 큰 부유물이 혼입되면 파이프 막힘의 원인이 되므로 부유물을 스크린으로 제거합니다. 유량 조정조의 오염수는 24시간 균등하게 흐르도록 조정합니다.

유량측정은 이물질이 잘 막히지 않는 <그림 3.1.1>과 같은 계량조를 사용하면 편리합니다.

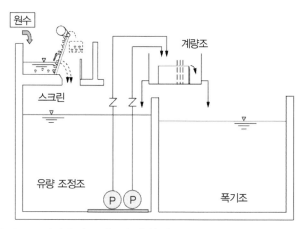

<그림 3.1.1> 스크린과 유량 조정조의 배치(예)

● 유량 조정조의 역할

활성 슬러지법에서 오염수 정화의 주역은 말할 것도 없이 생물입니다. 생물의 집합체인 활성 슬러지는 인간의 움직임과 매우 비슷하여 급격한 변화를 싫어합니다.

따라서 활성 슬러지 처리에서는 유량 조정조를 설치하여 폐수를 일정한 유량, 균일한 BOD 농도로 조정하여 연속적으로 폭기조에 보내도록 하는 것이 포인트입니다. 공장 폐수는 하루 24시간 항상 같은 유량으로 발생하는 것은 아닙니다. BOD 농도와 염분 농도는 아침, 점심, 저녁, 야간별로 항상 변화하고 있습니다.

예를 들어 <그림 3.1.2>의 공장은 아침 8시부터 18시까지가 조업시간이며, 이 시간에는 거의 일정한 폐수량을 나타냅니다. 이 유량이나 농도의 변동을 균일하게 조정할 목적으로 설치하는 것이 유량 조정조입니다.

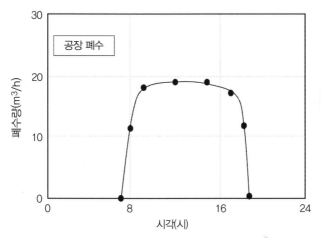

<그림 3.1.2> 공장 오염수의 배출 시간대(예)

유량 조정조의 용량은 식 (1)로 산출합니다.

$$V = (Q/T - KQ/24) \times T \qquad (1)$$

V: 유량 조정조 필요 용량(m³/일)

T: 배출 시간(hr)

Q: 계획 폐수량(m³/일)

K: 유량 조정비(일평균 폐수량의 1/24의 1.5배로 조정하는 경우 1.5)

일례로 배수량 100m³/일, 배출시간 10시간으로 하면(K=1.0으로 한다), 유량 조정조의 필요 용량은 (100/10 − 100/24)×10 = 58m³이 됩니다.

● 유량 조정조 공기교반

유량 조정조의 물은 항상 같은 농도는 아니므로 부패 방지를 겸하여 항상 교반해야 합니다. 공기는 조정조 1m³당 0.5~1.0m³/hr의 유량으로 보냅니다.

일례로 최대 수심 3.0m이고 100m³의 유량 조정조의 경우에는 100m³/hr (1.7m³/분), 압력 3,000mmAq 이상의 블로어를 선정합니다.

이 경우 예산부족을 이유로 1대의 블로어로 유량 조정조와 폭기조 양쪽에 공기를 보내서는 안 됩니다. 이유는 다음과 같습니다.

유량 조정조는 수면이 항상 변동하지만 폭기조의 수위는 항상 일정합니다. 만약 유량 조정조의 수심이 얕을 때 같은 블로어로 공기를 보내면 대부분의 공기는 수심이 얕은 유량 조정조 쪽으로 흘러가 버립니다. 그 결과 폭기조에 공기가 공급되지 않아서 혐기 상태가 되어 생물 처리가 곤란해집니다.

● 유량 조정조와 처리조의 수위가 다를 경우 펌프대수의 결정 방법

연속 처리를 도입할 때 또 하나 유의할 점이 있습니다. 그것은 유량 조정조와 처리조의 수위가 서로 다른 경우의 펌프 대수입니다.

① 조정조보다 처리조의 수위가 낮을 경우(<그림 3.1.3>)

　유입수량이 갑자기 증가하여 2대의 펌프(P1, P2)를 가동해도 부족한 경우에는 조정조의 물이 오버플로로 월류되도록 그림과 같이 유량 조정조 상부에 개구부를 설치합니다. 이를 통해 오수의 외부 유출을 일단 피할 수 있습니다.

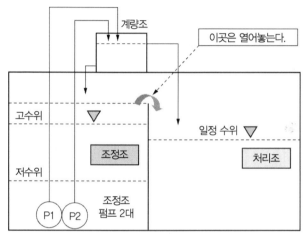

<그림 3.1.3> 조정조보다 처리조 수위가 낮은 경우

② 조정조보다 처리조의 수위가 높은 경우(<그림 3.1.4>)

　2대의 펌프(P1, P2)를 가동해도 부족한 경우에는 3대째 예비 펌프 (P3)가 작동하도록 준비해둡니다. 그러나 실제 현장에서는 생산 공정 담당자와 폐수 처리 관리 담당자의 연락 실수 등으로 인해 예상외로 폐수량이 늘어나 유량 조정조에서 폐수가 넘쳐 나올 수 있습니다. 이 경우는 계산치를 고집하지 않고 더 큰 조정조(1 일분 이상의 용량) 설치를 권장합니다. 이런 이유로 실제로는 <그림 3.1.3>의 방식을 우

선하여 설계하기를 권장합니다.

복수의 수중 펌프의 출구 배관은 1개로 하지 않고 그림에 나타난 바와 같이 그대로 계량조에 보내는 편이 이물질에 의한 배관의 막힘을 방지할 수 있으므로 유지 관리가 용이합니다.

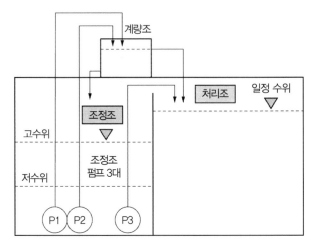

〈그림 3.1.4〉 조정조보다 처리조 수위가 높은 경우

3.2 활성 슬러지법

활성 슬러지법은 폭기조 안에 유기물(BOD 성분)을 흡착 또는 분해하는 활성 슬러지를 넣고 여기에 공기(산소)를 공급하여 오염수를 정화하는 방법입니다.

〈그림 3.2.1〉에 활성 슬러지법의 기본 계통도를 나타냅니다. 활성 슬러지법의 기본이 되는 설비는 다음 ①, ②, ③입니다.

① 유량 조정조: 활성 슬러지법 처리는 24시간 연속 처리를 원칙으로 합니다. 그러나 실제 폐수는 유량이나 농도가 변동합니다. 그래서 폐수의 유량과 농도의 균일화를 위하여 유량 조정조를 설치합니다.

② 폭기조: 폐수와 활성 슬러지를 혼합하여 공기(산소)를 불어넣고 박테리아에 의해 유기물의 흡착이나 생물분해를 실시합니다.

③ 침전조: 물보다 약간 비중이 큰 활성 슬러지인 플록을 침전시킵니다. 상등수는 방류하고 침전된 플록의 일부는 잉여 슬러지로 뽑아내고, 나머지는 반송 슬러지로 폭기조로 반송합니다.

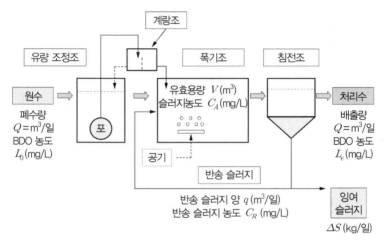

〈그림 3.2.1〉 활성 슬러지법의 기본 계통도

● 활성 슬러지법에서 사용되는 용어

① SS(Suspended Solid, 현탁물질): 수중에 부유하고 있는 불용해 성분의 총칭. 건조중량(mg/L)으로 표시합니다.

② ML(Mixed Liquor, 혼합액): 폭기조 내의 원수와 활성 슬러지의 혼합수

③ MLSS(Mixed Liquor Suspended Solid, 혼합액 내 부유물질): 주로 미생물의 양을 'mg/L'로 표시합니다. MLSS 안에는 무기물 등의 SS도 포함됩니다.

④ MLVSS(Mixed Liquor Volatile Suspended Solid, MLSS 양을 가열하여 그 감량으로 나타냅니다): 통상 MLSS의 75~85%를 차지합니다. MLSS보다 생물량에 가까운 수치를 의미합니다. 단위는 'mg/L'로 표시합니다.

⑤ SV_{30}(Sludge Volume, 슬러지 용량): 1L의 ML(Mixed Liquor)을 메스실린더에서 30분간 침강시켜 침전물의 용량(mL)을 읽고 다음 식으로 계산합니다. 슬러지 침강의 용이성을 나타냅니다.

$$SV_{30}(\%) = 침강\ 슬러지\ 용량(mL)/1{,}000mL \times 100$$

산업 폐수에서는 보통 20~30% 정도입니다.

⑥ SVI(Sludge Volume Index, 슬러지 용량지표): SVI는 활성 슬러지를 30분간 정치했을 때 1g의 활성 슬러지가 차지하는 용량을 'mL'로 나타냅니다.

$$SVI = SV(\%) \times 10{,}000/MLSS(mg/L)$$

정상적인 활성 슬러지의 SVI는 50~150입니다만 300(mL/g) 이상은 벌킹(bulking)의 가능성이 있습니다.

⑦ BOD-슬러지부하(<표 3.2.1>참조): 폭기조 중의 MLSS 1kg당 1일에 유

입되는 kg-BOD수로 단위는(kg-BOD/kg-MLSS · 일)입니다.

$$BOD\text{-}슬러지\ 부하(kg\text{-}BOD/kg\text{-}MLSS \cdot 일) = Q \times L_0 / V \times C_A$$

표준 활성 슬러지법에서는 BOD-슬러지 부하를 0.2~0.4(kg-BOD/kg-MLSS · 일) 정도로 합니다.

⑧ BOD-용적부하(<표 3.2.1> 참조): 폭기조 1m³당 1일에 유입되는 kg-BOD량으로 단위는(kg-BOD/m³ · 일)로 나타냅니다.

$$BOD\text{-}용적부하(kg\text{-}BOD/m^3 \cdot 일) = Q \times L_0 \times 10^{-3} / V$$

표준 활성 슬러지법에서는 BOD-용적 부하를 0.3~0.8kg-BOD/m³ · 일 정도로 취합니다.

● 활성 슬러지법의 처리 방식

<표 3.2.1>에 주요 활성 슬러지법의 운전조건을 나타냅니다.
<그림 3.2.2>에 활성 슬러지법의 플로우 시트(예)를 나타냅니다.

① 표준 활성 슬러지법, 장시간 폭기법: 폭기조 입구에서는 산소 소비량이 크고 출구는 작기 때문에 폭기량을 조절해야 합니다. BOD-슬러지 부하에 따라 반송 슬러지 양 조정 등 세심한 유지 관리가 요구됩니다. 표준 활성 슬러지법과 장시간 폭기법의 흐름은 동일합니다.
장시간 폭기법은 폭기 시간을 18~24시간으로 길게 잡아, 활성 슬러지가 자기 소화에 의해 감량화하는 것입니다.

폭기조의 폐수 체류 시간이 길기 때문에 폐수량에 비해 폭기조 용량이 커집니다. 따라서 중소규모의 정화조나 생물 처리 설비에 적합합니다.

② 분주법(分注法): 폭기조 전면에 원수를 분할 주입하는 방법입니다. 고농도의 폐수나 유해물을 포함한 폐수가 유입되어도 폭기조 전체에 분산 주입되므로 슬러지에 대한 악영향을 방지할 수 있습니다.

③ 슬러지 재폭기법: 보통 침전조에 가라앉은 슬러지는 산소 결핍 상태로 되어 있습니다. 이것을 그대로 폭기조로 반송하여 공기를 보내어도 활력을 회복하기까지 시간이 걸립니다. 그래서 슬러지 재폭기조에서 유입 오수와 고농도의 활성 슬러지에 폭기하고 흡착물질을 미리 분해하여 안정화한 후 폭기조에 유입시킵니다.

④ 산화구법: 회전 브러시 등의 기계 폭기장치로 폭기와 유동을 동시에 실시합니다. 구조가 간단하여 유지관리가 용이하나 큰 설치면적이 필요합니다.

〈표 3.2.1〉 주요 활성 슬러지법의 운전조건[1]

항목	BOD		MLSS 농도 (mg/L)	체류 시간 (hr)	BOD 제거율 (%)
	BOD-용적부하 (kg-BOD/m³·일)	BOD-슬러지부하 (kg-BOD/kg-MLSS·일)			
표준활성 슬러지법	0.3~0.8	0.2~0.4	1,500~2,000	6~8	95
분주 폭기법	0.4~1.4	0.2~0.4	2,000~3,000	4~6	95
슬러지 재폭기법	0.8~1.4	0.2~0.4	2,000~8,000	5 이하	90
장시간 폭기법	0.15~0.25	0.03~0.05	3,000~5,000	18~24	75~90
산화구법	0.1~0.2	0.03~0.05	3,000~4,000	24~48	95

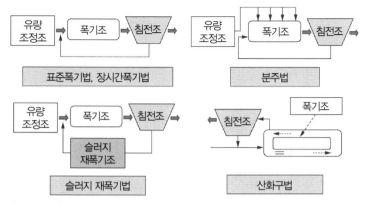

<그림 3.2.2> 활성 슬러지법의 플로우 시트(예)

● 폭기조의 용량계산에서 사용하는 슬러지부하와 용적부하의 의미

　폭기조 용량을 계산하는데, 다음 식 (1) BOD-슬러지부하와 (2) BOD-용적부하를 이용합니다.

$$슬러지부하(\text{kg-BOD/kg-MLSS} \cdot 일) = Q \times L_0 / V \times C_A \qquad (1)$$

$$용적부하(\text{kg-BOD/m}^3 \cdot 일) = Q \times L_0 \times 10^{-3} / V \qquad (2)$$

　식 (1)에서는 <그림 3.2.1>의 C_A [폭기조 내의 슬러지농도(kg/m^3)]가 조건으로 사용되고 있습니다. 이에 반해 식 (2)에서는 C_A 가 사용되지 않습니다. 따라서 폭기조 용량 계산에서는 MLSS 농도를 고려한 ① BOD-슬러지부하에 의한 방식이 합리적이라고 할 수 있습니다.

1　일본하수도협회(1984)에서 일부 발췌.
　장시간폭기법은 표준 활성 슬러지법과 같은 흐름이지만 BOD-슬러지부하, BOD-용적부하가 적고 폭기 시간이 길기 때문에 잉여 슬러지 발생량이 줄어든다.

장시간 폭기법과 슬러지 재폭기법

활성 슬러지법은 유기물을 생물화학적으로 흡착 또는 산화시켜 슬러지로 변환시키는 방법입니다. 활성 슬러지법은 이 흡착, 산화, 고액 분리라는 생물화학적 작용과 물리작용이 잘 맞아야 비로소 양호한 처리가 가능합니다. 활성 슬러지법은 화학약품을 사용하지 않고 유기성 폐수 처리가 가능하기 때문에 에너지 절약, 자원 절약의 폐수 처리 방법으로서 장점이 있지만 단점도 있습니다.

주된 단점은 다음 ①, ②입니다.

① 잉여 슬러지 발생량이 많습니다.
② 슬러지 관리를 포함한 유지관리가 어렵습니다.

장시간 폭기법이나 슬러지 재폭기법은 이러한 불편에 대응하기 위해서 개발된 방법입니다.

● 장시간 폭기법

<그림 3.3.1>은 표준 활성 슬러지법, 장시간 폭기법, 슬러지 재폭기법의 플로우 시트입니다. 장시간 폭기법의 플로우 시트는 표준 활성 슬러지법과 동일하지만 운전 방법이 다릅니다. 표준 활성 슬러지법은 폭기조의 BOD-슬러지부하를 $0.2 \sim 0.4\text{kg-BOD/kg-MLSS} \cdot$ 일로 설정하고 폭기 시간이 $6 \sim 8$시간이므로 폭기조의 용량은 비교적 작습니다. MLSS 농도 설정 범위가 $1,500 \sim 2,000\text{mg/L}$로 좁기 때문에 반송 슬러지 양 관리를 엄밀하게

해야 할 필요가 있습니다.

따라서 슬러지 관리나 폭기 공기량 조절 등을 행하기 위한 전담의 관리 기술자가 필요합니다.

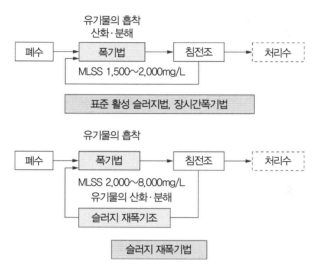

〈그림 3.3.1〉 표준 활성 슬러지법, 장시간 폭기법, 슬러지 재폭기법의 플로우 시트

<그림 3.3.2>는 장시간 폭기법의 운전 개요입니다.

장시간 폭기법은 발생 슬러지 양을 억제하기 위해 다음 ①~④의 수단을 취합니다.

① 표준 활성 슬러지법에 비하여 MLSS량을 늘리고 BOD-슬러지 부하를 1/10 정도로 줄입니다.

② 침전조로부터의 반송 슬러지를 유입수량의 100% 이상으로 하고, 폭기조 내의 MLSS 농도를 표준법보다 2~3배 많게 합니다.

③ 폭기시간을 표준법보다 2~4배 길게 합니다.

④ 폭기조의 MLSS 농도가 높아지므로 폭기 공기량을 많게 합니다.

장시간 폭기법에서는 송기량과 폭기조 용량이 표준 활성 슬러지법보다 2∼3배 커집니다. 그래도 슬러지 발생량이 적기 때문에 소규모 설비의 경우는 슬러지 처리 설비가 불필요하거나 작아지게 되어 건설비가 저렴하다는 장점이 있습니다. 그러나 처리 규모가 커지면 송풍기도 대형이 되기 때문에 전력비가 증대합니다. 이 때문에 분뇨정화조 구조 기준에 따르면 장시간 폭기법의 처리 대상 인원은 200∼5,000명이며, 5,001명 이상은 표준 활성 슬러지법으로 합니다.

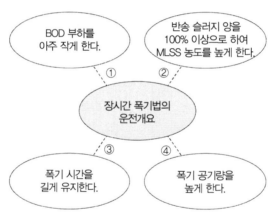

<그림 3.3.2> 장시간 폭기법의 운전개요

● 슬러지 재폭기법

슬러지 재폭기법은 다음 ①, ②의 조합을 기본으로 합니다.

① 유기물의 흡착은 폭기조에서 이루어집니다.

② 산화와 분해는 슬러지 재폭기조에서 이루어집니다.

<그림 3.3.3>은 슬러지 재폭기법의 운전 개요입니다.

활성 슬러지는 유기성 오탁수와 혼합하는 초기 단계에서는 흡착, 그 다음에 산화·분해의 2단계의 반응을 거쳐 BOD 성분을 제거합니다.

그래서 폭기조에서는 흡착작용으로 유기물을 제거합니다. 이어서 침전조로부터의 반송 슬러지에 '슬러지 재폭기조'에서 공기를 넣어 슬러지에 흡착된 물질을 미리 산화분해하여 안정화시킨 후 폭기조로 유입시킵니다. 이것을 받아 폭기조에서는 MLSS 농도를 2,000∼8,000mg/L로 높게 설정하여 슬러지의 흡착량을 높이고 있으므로 전체적으로 효율적인 처리가 가능합니다.

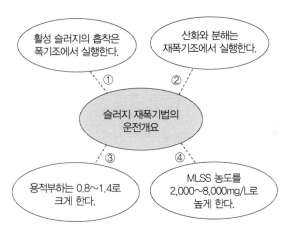

〈그림 3.3.3〉 슬러지 재폭기법의 운전 개요

● 유기물의 분해와 미생물의 증식

<그림 3.3.4>는 폭기조에서의 유기물 분해와 미생물 증식의 관계입니다.

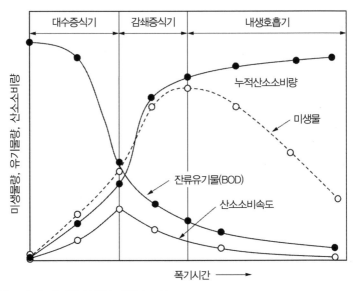

대수증식기   감쇄증식기   내생호흡기

누적산소소비량

미생물

잔류유기물(BOD)

산소소비속도

폭기시간 ⟶

〈그림 3.3.4〉 유기물 분해와 미생물 증식

    폭기조에 오염수와 활성 슬러지를 혼합하여 연속적으로 흘려 넣으면 유기물 농도는 폭기 시간이 경과함에 따라 초기에는 급속히 저하하고 그 이후에는 천천히 감소합니다. 슬러지(미생물)량은 초기에는 급증하다가 중간에 감소로 돌아섭니다.

    산소 소비속도는 BOD 값이 급격히 저하되는 시기에 가장 빨라지고 BOD 농도가 감쇄기로 넘어갈 때부터 느려집니다.

    장시간 폭기법은 이 점을 고려하여 폭기시간을 길게 하고, 많은 유기물을 분해하여 처리수를 안정화시키는 것과 동시에 잉여 슬러지 발생량을 억제하기 위해서 고안되었습니다.

    슬러지 재폭기법은 산소 결핍상태에 있는 농축 슬러지를 모아 집중적으로 공기를 공급함으로써 유기물의 산화분해를 실시하는 방법입니다.

3.4　생물막법

　생물막법은 여러 재질의 표면에 생물막을 생성·부착시켜 폐수 중의 유기물을 분해하는 방법을 총칭합니다. 그중에서도 접촉 폭기법, 회전 원판법, 유동상법 등이 많이 사용되고 있습니다. 생물막법의 특징은 이하의 ①~⑤와 같습니다.

　① 미생물이 여재에 부착되어 있기 때문에 슬러지 반송은 불필요하며, 유지관리가 용이합니다. 또 활성 슬러지 침전조에서 볼 수 있는 벌킹 현상이 없습니다.

　② 슬러지가 부유하고 있지 않기 때문에 수량이 갑자기 증가해도 슬러지 유출은 없고, 처리 수질이 안정적입니다.

　③ 잉여 슬러지의 발생이 적습니다.

　④ 호기성 생물막 아래에 혐기성 생물막이 형성되어 BOD 외에 질소 제거도 기대 할 수 있습니다.

　⑤ 여재에 부착되어 있는 미생물의 양이 정해져 있으므로 자연히 관리가 가능한 오염 농도도 결정됩니다.

● 접촉 폭기법

　<그림 3.4.1>에 접촉 폭기법의 폭기 방식(예)를 나타냅니다.

　접촉 폭기법을 BOD 농도가 높은 물에 적용하면 생물막의 갑잡스러운 성장으로 여재가 막혀 처리 효과가 감소합니다. 따라서 접촉 폭기법은 BOD 농도 200mg/L 이하의 폐수 처리에 적합합니다.

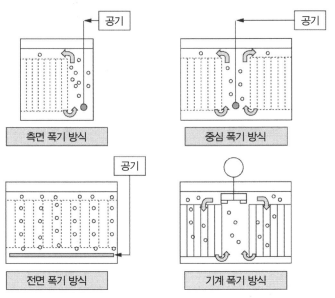

〈그림 3.4.1〉 접촉 폭기법의 폭기 방식

전면 폭기법은 공기 공급이 골고루 된다는 장점이 있는 반면, 폭기를 너무 강하게 하면 생물막이 박리될 수 있어 폭기강도 조절에 주의가 필요합니다.

<그림 3.4.2>는 접촉 폭기조의 형상과 여재 충진 방법의 한(예)입니다.

일반적으로 충전 여재는 0.5m³ 크기의 것을 2개 모아 1m³로 하고, 이를 폭기조의 크기에 맞추어 쌓습니다. 개선 전의 그림(상단)에서는 높이 3m, 폭 4m로 쌓아 올려 한쪽 면 폭기를 하나, 이것으로 왼측 반쪽(사선부)의 여재내의 물은 순환되지 않습니다. 그 결과 여재가 막혀 목표 수질까지 정화되지 않게 되는 등의 성능 저하가 발생합니다. 이에 비해 개선 후의 그림(하단)에서는 폭 4m를 2m × 2로 분할해 중심에서 폭기를 하고 있습니다.

이를 통해 물의 선회가 좋아지므로 폐색이나 수질저하 문제는 해소됩니다. 이러한 점에서 여재의 폭과 높이의 비는 $W : H = 1 : 1 \sim 3$이 권장됩니다.

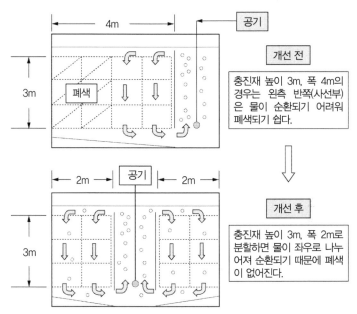

〈그림 3.4.2〉 접촉 폭기조의 형상과 여재 충진 방법

<그림 3.4.3>은 여재와 공기 역세장치의 설치(예)입니다. 역세장치는 충진재 아래 10cm 지점에 충진재 지지대를 이용하여 설치합니다. 역세는 기포가 여재 전면에 분산되도록 폐쇄 루프로 하고, 블로어의 공기를 이용하여 폭기를 일시 정지하고 간헐적으로 실시합니다.

폭기조의 바닥부는 경사를 만들어 박리된 잉여 슬러지가 쌓이기 쉬운 구조로 합니다. 쌓인 슬러지는 적절히 펌프로 배출합니다.

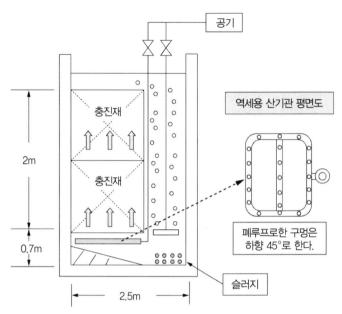

<그림 3.4.3> 여재와 공기역세 장치

● 회전원판법

    <그림 3.4.4>는 회전원판 장치의 개략도입니다. 회전원판법은 플라스틱제 원판을 오수에 40% 정도 담그고, 이를 저속으로 회전하면 원판 표면에 미생물이 막처럼 생성, 부착합니다. 원판상의 생물막은 대기로부터 산소를 흡수해, 오수에서는 오염 유기물을 흡수하고, 호기성 산화에 의해 물을 정화합니다. 회전원판법의 특징은 다음 ①~④와 같습니다.

    ① 원판의 회전에 의해서 산소 보급과 오염 물질 분해를 수행하므로 초기 투자는 필요하지만 에너지 절약으로 운영비가 저렴합니다.
    ② 반송 슬러지가 불필요하며, 슬러지의 발생량도 적기 때문에 유지 관리가 용이합니다.

③ 호기성 생물막 하층에 혐기성 생물막이 형성되어 질소 제거를 기대
   할 수 있습니다.
④ 블로어가 필요 없기 때문에 저소음입니다.

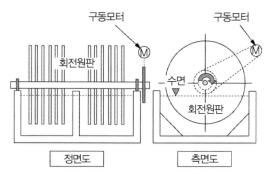

〈그림 3.4.4〉 회전원판 장치의 개략도

● 유동상법(流動床法)

<그림 3.4.5>는 유동상법의 개략도입니다. 폭기조 안에 유동성이 있는
다공질 플라스틱 담체를 넣어 이 표면에 미생물막을 형성시키면 높은 처
리 효율을 얻을 수 있습니다.

일례로 5mm 정도 크기의 폴리비닐 알코올 정(Polyvinyl Alcohol Grain)은 겉
보기 비중이 1.02 정도이므로 폭기에 의해 부유하여 유동상을 형성합니다.

이 방식을 사용하면 BOD 용적 부하를 평소의 10배나 크게 취할 수 있습
니다.

유동상법의 특징은 다음 ①~③과 같습니다.

① 반송 슬러지는 불필요하며, 슬러지의 발생량이 적습니다.
② 여재의 충진을 조밀하게 하면 폐색되므로 충전 비율은 10~20%로

합니다.

③ BOD 부하를 크게 잡을 수 있으므로 폭기조가 콤팩트하여 처리 효율
이 높습니다.

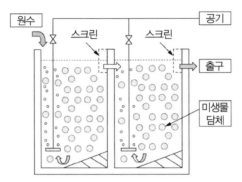

<그림 3.4.5> 유동상법의 개략도

3.5 질소 제거

물속의 질소 제거 방법을 <표 3.5.1>에 요약합니다. 이 중 모든 질소 성분
에 대응 가능한 것은 생물학적 탈질소법입니다.

생물학적 탈질소는 1단계의 산화 처리와 2단계의 혐기 처리의 조합으
로 이루어집니다. 1단계의 산화 처리에서는 폭기조에서의 공기 유입으로
암모니아(NH_4^+)를 산화해 NO_2를 거쳐 질산이온(NO_3^-)으로 됩니다. 2단
계 혐기 처리에서는 공기 공급을 멈추어 수중의 산소를 없앱니다. 산소 결
핍 상태가 되면 혐기성 균이 질산이온(NO_3^-)인 산소를 소비하므로 결과
적으로 질산이온은 질소가 되어 제거됩니다. 생물학적 탈질소법은 모든

질소성분에 대응할 수 있는 장점이 있는 반면 생물에 의한 반응으로 처리에 시간이 걸리는 단점이 있습니다.

<표 3.5.1> 질소의 제거 방법

방법	개요	특징
① 암모니아 스트리핑법(Ammonia Stripping Method)	① pH를 11 이상으로 올려 NH_3를 대기 방출 ② NH_3를 촉매반응탑을 통해 산화분해	① 처리 시스템이 단순 ② NH_3에 의한 2차 공해 발생에 주의
② 불연속점 염소 처리법	암모니아에 염소를 작용시켜 산화 분해	① 수도의 NH_3 제거에 사용 ② 후공정에 따라서는 잔류 염소 제거 필요
③ 생물학적 처리 방법	질산성 질소(NO_3-N)를 혐기성균의 작용으로 질소가스로 변환	① 모든 질소에 대응 가능 ② NH_3는 NO_3에 산화한 후 탈질소 처리
④ 이온교환법	① 이온교환수지 ② 제올라이트 등으로 암모니아를 흡착	① 제거율이 높음 ② 재생 폐액이 나옴 ③ 묽은(希薄) 용액에 유리

● 탈질소 반응에서 세균의 역할

탈질소 반응에서는 수중의 암모니아(NH_4^+)를 <그림 3.5.1>의 ① 호기성균, ② 질화균, ③ 탈질소균이 각각의 역할에 따라 순차적으로 변화시켜 최종적으로 질소를 제거합니다.

① 호기성균(종속 영양균): 생육에 필요한 탄소원으로서 유기 화합물을 흡수하여 자화(資化)하는 생물입니다. 우리 사람을 비롯한 동물, 세균의 대부분은 종속 영양 생물에 해당합니다.
② 질화균(독립영양균): 생육에 필요한 탄소원으로 무기화합물(이산화

탄소)과 빛에너지를 이용하는 생물입니다. 식물은 일반적으로 독립 영양 생물입니다.

③ 탈질소균: 보통 물속에 용존산소가 있는 환경에서는 이 산소(O_2)를 사용하여 살지만 산소가 부족하면 질산에 결합되어 있는 산소를 뽑아내어 생활합니다. 그 결과로 질산의 결합산소 일부가 탈취당하기 때문에 질소가 되고, 탈질소 작용이 완결됩니다.

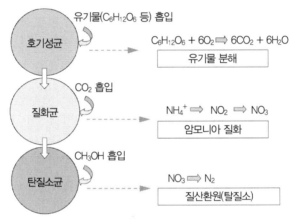

〈그림 3.5.1〉 탈질소 반응의 순서

● 생물학적 탈질소 처리의 반응

생물학적 질소 제거는 다음의 (1), (2)의 반응을 거쳐 이루어집니다.

(1) 물속의 호기성 균은 유기물(Glucose: $C_6H_{12}O_6$) 등을 우선적으로 흡입하여 증식합니다. 이때 암모니아가 공존하는 경우는 암모니아의 산화는 나중으로 됩니다. BOD값이 어느 정도(30mg/L)까지 내려오면 질화균에 의한 암모니아의 산화가 시작됩니다. 물속의 암모니아

(NH_4^+)는 NO_2를 거쳐 질산이온(NO_3^-)으로 바뀝니다.

$$NH_4^+ + 1/2\ O_2 \rightarrow NO_2 + H_2O + 2H^+ \tag{1}$$

$$NO_2 + 1/2\ O_2 \rightarrow NO_3^- \tag{2}$$

일례로, <그림 3.5.2>와 같이 폐수 중에 암모니아와 BOD 성분이 공존하면 호기성균이 유기물을 흡수하면서 산소를 먼저 소비하여 BOD 값을 30mg/L 정도까지 낮춥니다. 그리고 BOD 30mg/L 이하가 되면 이번에는 질화균에 의한 암모니아 질산화가 가속되어 BOD 10mg/L 이하에서 90% 이상이 질화(NO_3^-)됩니다. 질화균은 유기물이 있으면 별로 증식하지 않지만, 유기물 농도가 낮아지면 수중의 탄산가스(CO_2)를 흡수(資化)하여 증식을 시작합니다.

(2) 질화균의 작용으로 생성한 NO_3^-는 혐기성 조건하에서 탈질소균에 의해 질소(N_2)로 환원되어 대기 중에 확산됩니다. 이 탈질소 반응은 환원반응으로 탈질소균의 증식원으로 유기 탄소원(영양원)이 필요합니다. 유기 탄소원으로는 일반적으로 메탄올이 이용됩니다. 메탄올을 사용한 경우의 탈질소 반응 예를 식 (3)에 나타냅니다.

$$5CH_3OH + 6NO_3^- + 6H^+ \rightarrow 5CO_2 + 3N_2 + 13H_2O \tag{3}$$

식 (3)에서 탈질소의 질소(N)와 메탄올의 비를 계산하면 $5CH_3OH/6N = 160/84 = 1.90$으로 약 2배의 메탄올이 필요합니다.

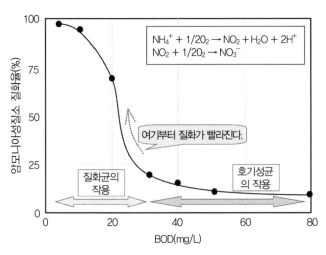

〈그림 3.5.2〉 BOD값의 저하와 암모니아 질화율의 관계

● 탈질소 처리 플로우 시트

 <그림 3.5.3>에 생물학적 탈질소 처리의 플로우 시트를 두가지(예)를 나타냅니다.

① 호기 · 혐기법(<그림 3.5.3> 상단)

　폭기조에서는 BOD 성분이나 유기물을 산화 분해하면서 암모니아를 질산성 질소까지 산화합니다.

　탈질소조에서는 탈질소균이 대기하고 있다가 질산성 질소의 산소를 빼앗아 질소(N_2)로 변환합니다. 이로써 탈질소 처리가 종료됩니다.

② 호기 · 혐기 · 재폭기법(<그림 3.5.3> 하단)

　폭기조에서 BOD 성분이나 유기물을 산화분해하여 암모니아를 질산성 질소에까지 산화한 후 탈질소조에서 질산성 질소를 질소로 변환하는 것까지는 상단의 흐름과 동일합니다.

재폭기조가 부설된 것은 탈질소조에서 다소 과잉으로 가해진 유기물(메탄올 등)을 다시 한번 폭기하여 제거되도록 하여 처리 효율을 향상시키려는 것입니다.

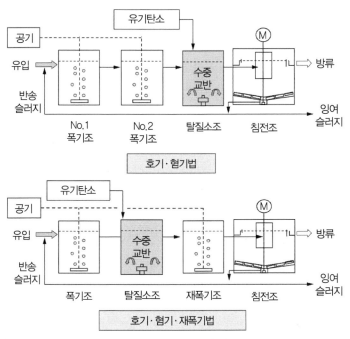

〈그림 3.5.3〉 생물학적 탈질소 처리의 플로우 시트(예)

3.6 인 제거

식물 플랑크톤은 유기물이 없어도 태양광 아래에서 질소, 인이 존재하면 탄산 동화작용을 통해 새로운 유기물을 광합성합니다. 생물세포의 조성은 $C_{60}H_{87}O_{29}N_{12}P$ 등으로부터 알 수 있듯이, 세포 안에는 인이 약 1% 포함되어 있습니다. 따라서 부영양화 방지에는 COD나 BOD 등의 유기물을 제거하는 것만으로는 효과가 없습니다. 이처럼 수중에 인의 존재는 질소와 함께 부영양화의 원인이 되므로 제거할 필요가 있습니다.

인 처리는 크게 ① 응집침전법, ② 생물 처리법, ③ 정석법으로 분류됩니다.

여기서는 ② 생물 처리법에 대해 설명하고자 하지만, 산업 폐수 처리에서 일반적으로 많이 채택되고 있는 것은 ① 응집침전법입니다. 응집침전법은 슬러지 발생량이 많은 방법이지만, 장치의 규모가 작고, 비교적 저렴하다는 이유 등으로 자주 채용되고 있습니다.

공공수역에 배출되는 인의 형태는 다음 ①~③로 분류됩니다.

① 오르토인산(Orthophosphoric Acid): PO_4^{3-}, HPO_4^{2-}, $H_2PO_4^{-}$
② 폴리인산(Polyphosphate): 트리폴리인산(Tripolyphosphate), 헥사메타인산(Hexametaphosphate)
③ 유기인(有機燐): 유기화합물과 결합한 인

상기 중 공공수역에서 ③의 유기인은 미생물의 작용으로 인해 대부분이 무기성 인으로 분해되고 있습니다.

● 생물 처리법의 원리

생물학적 탈인은 활성 슬러지가 가지는 독특한 인 대사반응을 이용한 것입니다.

활성 슬러지는 <그림 3.6.1>과 같이 호기적 조건하에서는 인을 과도하게 섭취하고 혐기적 조건 하에서는 인을 방출한다고 1965년에 G. V. Levin, J. Shapino 등에 의해 지적되었습니다. 이러한 지식을 토대로 하여 이 현상을 활성 슬러지법에 적용하여 미생물에 인을 과잉 섭취시켜 인을 제거하려는 기술이 1967~1979년에 G.V. Levin 등에 의해서 프로세스화되었습니다. 이것이 생물학적 탈인법의 원리가 되는 것입니다.

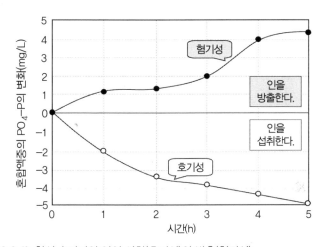

〈그림 3.6.1〉 활성 슬러지의 인의 섭취(호기성)와 방출(혐기성)

<그림 3.6.2>는 활성 슬러지 처리의 혐기, 호기시의 인 및 COD 농도의 변화입니다.

그림의 혐기 공정에서는 원수 중의 CODcr이 혐기성균의 작용에 의해 100mg/L에서 20mg/L 정도까지 저하됩니다.

이와 대조적으로 슬러지에서 인이 방출되며 혐기조 내의 인 농도는 6mg/L에서 20mg/L로 상승합니다. 혐기 공정을 마친 처리수는 계속해서 호기조로 넘어가고, 갑자기 호기 조건에 노출되면 수중의 인은 급속히 슬러지 내에 흡수되어 20mg/L이 있었던 것이 1mg/L 이하가 됩니다.

통상 표준 활성 슬러지 처리의 잉여 슬러지 중에는 약 2.3%의 인이 포함되지만, 이 방법을 채용하면 슬러지 중의 인은 5~6%로 증가합니다. 이러한 것들을 통해서도 인 제거 효과가 있었다는 것을 알 수 있습니다.

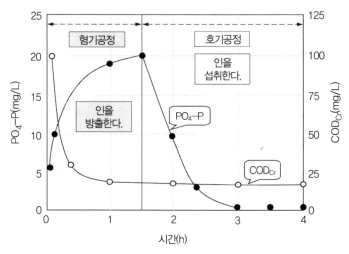

〈그림 3.6.2〉 인 및 COD의 경시 변화

● 탈인장치의 플로우 시트

<그림 3.6.3>은 생물학적 탈인 처리의 플로우 시트(예)입니다.

혐기조에서 1.5~3.0시간에 걸쳐 반송 슬러지 중에 포함된 인을 슬러지에서 방출시킵니다. 이어서 호기조에서 3.0~5.0시간에 걸쳐 슬러지를 호기 상태로 유지하면 인이 급속히 슬러지 속에 흡수됩니다. 이로써 원수 중의 T-P는 3~6mg/L부터 1mg/L 이하까지 처리할 수 있습니다.

<그림 3.6.4>는 생물학적 탈인·탈질소 처리 플로우 시트(예)입니다.

No.1과 No.2 혐기조에서는 유기물이나 오염 성분이 분해됨과 동시에 인이 방출됩니다. 이어서 No.1과 No.2 호기조에서는 유기물이 더욱 분해되면서 인이 슬러지 속으로 섭취됩니다. 동시에 암모니아 성분(NH_3^+)은

질산성 질소(NO_3^-)에 산화됩니다.

이곳에서 질산성 질소로 변환한 처리수를 No.2 혐기조에 반송하면 탈질소균의 작용으로 질소가스(N_2)로 방출됩니다. 이로써 인 제거와 탈 질소 처리가 함께 이루어집니다.

이 방법으로 처리하면 T-P는 3~6mg/L에서 1mg/L 이하가 되고, T-N은 20~30mg/L에서 10~20mg/L이 됩니다.

이와 같이, 혐기 처리와 호기 처리를 조합하면 화학 약품을 사용하지 않고 인과 질소의 제거도 할 수 있기 때문에 자원 절약의 방법으로서 실용화되고 있습니다.

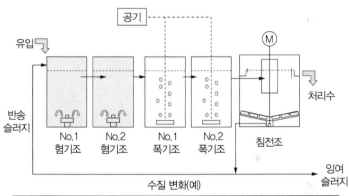

	원수	혐기조	호기조	침전조	처리수
체류시간(h)		1.5~3.0	3.0~5.0	3.0~4.0	
BOD(mg/L)	100~120	20~30	<10	<10	<10
T-P(mg/L)	3~6	<1	<1	<1	<1

〈그림 3.6.3〉 생물학적 탈인 처리의 플로우 시트

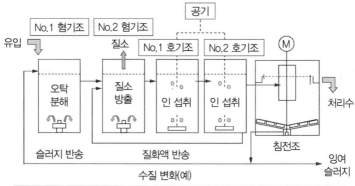

수질 변화(예)

	원수	혐기조	호기조	침전조	처리수
체류시간(h)		2.0~4.0	3.0~5.0	3.0~4.0	
BOD(mg/L)	100~120	20~30	<10	<10	<10
T-P(mg/L)	3~6	<1	<1	<1	<1
T-N(mg/L)	20~30				10~20

〈그림 3.6.4〉 생물학적 탈인·탈질소 처리 플로우 시트

3.7 막분리 활성 슬러지법

활성 슬러지법은 처리수와 슬러지를 분리하기 위한 침전조가 필요합니다. 이 방법은 원리가 단순하고 건설비가 싸서 오래전부터 사용되어 지금까지도 널리 보급되고 있습니다. 그러나 침전조를 위한 설치공간이 필요하고, 활성 슬러지의 성상에 따라 분리효율이 좌우되므로 유지관리가 어렵다는 등의 문제점이 있었습니다. 이러한 불편을 개선하는 수단으로 MF 막을 이용하여 슬러지를 분리하는 막분리 활성 슬러지법(MBR: Membrane Bioreactor법)이 개발되었습니다.

● 표준 활성 슬러지법과 막식 활성 슬러지법의 비교

<그림 3.7.1>은 표준 활성 슬러지법과 막식 활성 슬러지법의 개요를 비교한 것입니다.

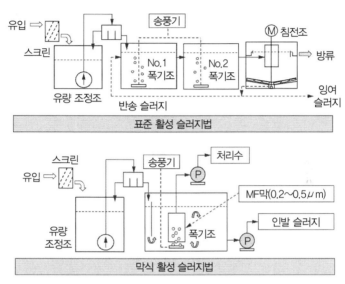

〈그림 3.7.1〉 표준 활성 슬러지법과 막식 활성 슬러지법

　　그림의 상단은 표준 활성 슬러지법 플로우 시트입니다. 하단의 막분리 활성 슬러지법은 기본적으로 스크린, 유량 조정조, 폭기조, MF막으로만 구성되어 있습니다. MF막의 세공은 0.2 ~ 0.4μm로 작기 때문에 고액 분리 성능은 기존의 활성 슬러지법보다 좋습니다.

　　처리수 중에는 부유물을 비롯한 대장균 등이 거의 포함되지 않아 소독 없이도 고품질의 처리수를 얻을 수 있습니다. 활성 슬러지(MLSS)의 농도는 표준 활성 슬러지법의 MLSS 2,000 ~ 8,000mg/L에 대해 MBR의 MLSS는 8,000 ~ 15,000mg/L로 고부하 운전이 가능하여 BOD-용적부하를 높일 수 있습니다.

막분리 활성 슬러지법의 특징은 ① 슬러지 관리가 용이, ② 폭기조 내 슬러지의 고농도 유지, ③ 침전조가 불필요해지므로 시설이 콤팩트해지는 등의 장점이 있습니다. 그러나 ① 막의 고비용, ② 정기적인 막 세척(약액 세척)과 교환 필요, ③ 폭기조의 슬러지 거동이 안정되기 어렵고 발포하기 쉽다는 등의 단점도 있습니다.

발포가 심할 때는 슬러지 농도의 관리를 엄밀히 실시해, 오염수를 서서히 투입해 길들이는 것이 개선의 포인트입니다.

● 막의 구조

<그림 3.7.2>는 MF막 모듈의 형태입니다. 막 본체의 구조는 평막, 관상막(管狀膜), 중공사막 등이 있으며, 설치 형식으로는 침지형, 조외 설치형이 있습니다.

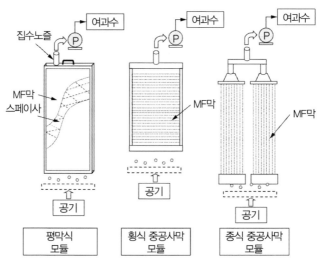

〈그림 3.7.2〉 MF막 모듈의 형태

<그림 3.7.3>은 평막 모듈의 구조 예입니다. 평막은 ABS 수지로 성형한 여과판에 스페이서를 끼우고 염소화 폴리에틸렌을 소재로 한 정밀 여과막 (세공경 0.4μm)을 2장 융착하여 1장의 평막 카트리지(0.49 × 1.0m, 0.8m^2) 로 합니다.

　　막 모듈은 평막을 수십 장 겹쳐 상부 집수 노즐관에서 펌프로 물을 흡인 여과하여 회수합니다. 동시에 막면의 폐색 방지와 폭기를 겸해 유닛 하부 에서 공기를 보냅니다.

　　평막은 ① 막의 강도가 있다. ② 막에 물리적·화학적 내구성이 있어 고 농도의 차아염소산 소다 등의 산화제를 막 세정에 사용할 수 있다는 등의 이점이 있습니다.

　　단점은 다른 막과 마찬가지로 ① 비용이 아직 비싸다. ② 정기적인 막 세 척 및 교체 필요하다. ③ 폭기조의 수질이 안정되지 않아 발포하기 쉽다는 점을 들 수 있습니다.

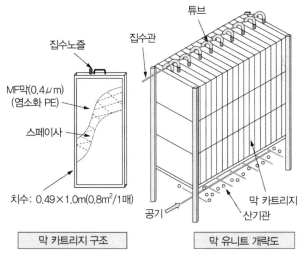

〈그림 3.7.3〉 평막 모듈의 구조

● 막식 활성 슬러지법 플로우 시트

<그림 3.7.4>는 막식 활성 슬러지법 플로우 시트(예)입니다. 막 카트리지에는 $0.2 \sim 0.5 \mu m$의 MF막이 사용됩니다. 슬러지 분리를 위한 침강시간이 필요 없으며, 폭기조의 MLSS 농도를 평소의 3배(15,000mg/L) 정도로 유지할 수 있으므로 폭기조 용적을 1/3로 축소할 수도 있습니다. 어떤 막을 채용한 경우에도 막 모듈은 여러 개 준비해 세척한 것을 예비로 보관해 두고 언제든지 교체할 수 있도록 해두는 것이 중요합니다.

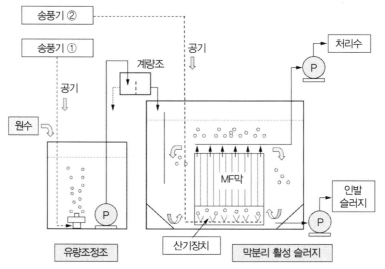

〈그림 3.7.4〉 막식 활성 슬러지법 플로우 시트

<표 3.7.1>은 막분리 활성 슬러지 처리의 원수와 처리수의 수질 비교(예)입니다. MF막 여과이므로 현탁물의 분리가 확실하고 항상 5mg/L 이하를 유지할 수 있습니다.

〈표 3.7.1〉 막분리 활성 슬러지 처리의 원수와 처리수의 수질비교(예)

측정항목	원수	처리수
BOD$_5$(mg/L)	300	<15
COD(mg/L)	200	<20
T-N(mg/L)	20	<5
T-P(mg/L)	7	<1
SS(mg/L)	200	<5

첫 번째 목욕은 몸에 좋지 않습니다

첫 번째 목욕은 몸에 좋지 않다고 합니다. 실제로 스스로 첫 번째 목욕을 하고 보면 확실히 피부가 따끔따끔한 자극을 느낍니다. 이것은 수돗물속의 잔류 염소 때문입니다. 일본의 수도법에서는 위생상 필요한 조치로서 '급수전의 물이 유리잔류염소를 0.1ppm 이상 유지하도록 염소 소독할 것'(상한 없음)으로 고정되어 있습니다. 이것에 의해 미생물학적으로는 안전하고 위생적인 음료수를 얻을 수 있습니다.

사람이 첫 번째 목욕을 하면 염소가 피부 표면에 달라붙어, 피부를 산화(노화)시킵니다. 게다가 염소는 단백질을 파괴하는 성질도 가지고 있기 때문에 피부와 머리카락에는 강적으로, 건성 피부와 아토피의 원인이라고도 합니다.

첫 번째 목욕한 사람은 염소의 약 2/3를, 두 번째로 한 사람이 나머지 1/3을 맡는다고 합니다. 세 번째 이후에 목욕을 하는 경우는 염소 걱정은 그다지 없다고 되어 있습니다. 이러한 염소(Cl_2)는 사람의 피부 표면의 유기물을 산화하여 스스로는 염화물 이온(Cl^-)이 되므로 자극성이 없어집니다.

그러면 염소분을 포함하지 않는 목욕탕에 들어가려면 어떻게 하느냐인데, 그러기 위해서는 목욕탕에 들어가기 전에 염소를 환원해주는 비타민 C를 포함한 유기물(레몬, 유자, 귤껍질 등)을 욕조에 넣어 '첫 번째 목욕의 역할'을 맡게 합니다. 이른바 '물이 둥글어진다'는 것은 바로 이것입니다. 물론 시판되고 있는 입욕제를 넣어도 전혀 상관없습니다.

예로부터 내려오는 '유자탕'의 습관도 과잉의 염소 제거에 기여했습니다.

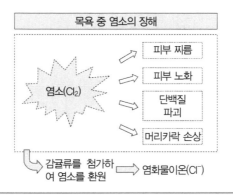

목욕 중 염소의 장해

염소(Cl_2) → 피부 찌름

→ 피부 노화

→ 단백질 파괴

→ 머리카락 손상

감귤류를 첨가하여 염소를 환원 → 염화물이온(Cl^-)

제4장
업종별 폐수의 특성과 처리

제**4**장

업종별 폐수의 특성과 처리

4.1 금속 표면 처리업

금속 표면 처리는 금속 재료 표면에 화성피막 처리, 도장 등의 처리를 하여 금속의 내식성을 향상시키고 새로운 성질과 기능을 부여하여 소재의 부가가치를 올리려는 기법의 총칭입니다. 표면 처리로 단독 재료로는 원치 않는 내식성, 내열성, 외관성, 특수한 기능을 얻을 수 있습니다. 표면 처리 기술에는 표면 청소화, 연마, 에칭, 전착, 화성피막 처리, 증착, 용융 피복, 확산 침투, 라이닝, 코팅 등이 있습니다.

표면 처리에 따라 산·알칼리 폐수, 중금속 함유 폐수 등이 배출됩니다. 폐수는 농도가 높은 폐액과 농도가 낮은 수세(水洗) 폐수로 대별됩니다.

업종	금속 표면 처리업
제품명	기계부품, 건축재료, 자동차부품, 전기제품, 전자부품 등
원재료와 처리제	원재료: 철강제품, 알루미늄 등 처리제: 계면활성제, 알칼리, 산, 유기산, 용융 금속 등
오탁물질	현탁물질, 중금속 이온, N-헥산 추출물질, COD 등

처리 공정

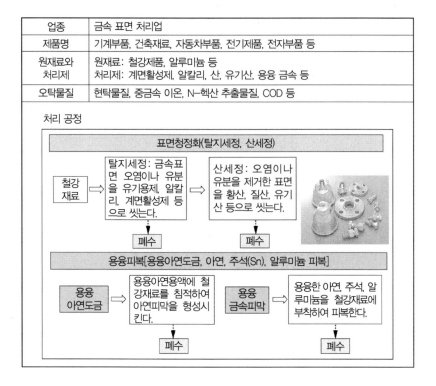

● 폐수의 종류

모든 표면 처리의 전처리로서 탈지(脫脂), 산세정이 이루어집니다.

표면의 오염물 제거, 탈지에는 알칼리, 유기용제, 계면활성제 등이 사용됩니다.

산 세척은 '잡티 제거', '표면 활성화'의 목적으로 행해집니다. 이러한 전처리에 따라 소재에서 용출된 금속 이온이나 잉여 처리제를 포함한 폐수가 나옵니다.

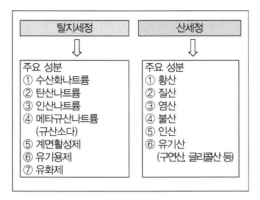

탈지세정	산세정
⬇	⬇
주요 성분 ① 수산화나트륨 ② 탄산나트륨 ③ 인산나트륨 ④ 메타규산나트륨 　(규산소다) ⑤ 계면활성제 ⑥ 유기용제 ⑦ 유화제	주요 성분 ① 황산 ② 질산 ③ 염산 ④ 불산 ⑤ 인산 ⑥ 유기산 　(구연산, 글리콜산 등)

● 수량(水量)

금속 표면 처리에서는 많은 공정의 사전 처리로 탈지, 산세척이 이루어지므로 산·알칼리계 폐수가 절반 이상 비율을 차지합니다. 금속 표면 처리 폐수는 도금과 마찬가지로 처리 공정에 따라 수질이 크게 다르므로 미리 분별해두는 것이 중요합니다. 특히 크롬, 불소, 인산염, 질산, 유분, N-헥산 추출 물질 등을 포함한 폐수는 미리 잘 확인해두는 것이 중요합니다.

폐수량은 생산 규모에 따라 다르지만 산, 알칼리계 이외의 폐수에는 주의가 필요합니다. 이유는 폐수의 종류에 따라 처리 방법이 다르기 때문입니다. 금속 표면 처리 공장에서는 절수를 목적으로 재활용화가 활발히 도입되고 있습니다.

● 주요 처리 방법

금속 표면 처리 폐수의 처리는 기본적으로는 pH 조정과 응집 처리로 대응할 수 있습니다. 처리 공정에 따라서는 3가 크롬 화성 처리제, 인산염, 질산, 불산, 난분해성 계면활성제, 이형제(離型劑), 탐상제, 유화유 등을 포함한 폐수가 나오므로 이에 대응한 처리 방법을 부가할 필요가 있습니다. 다음에 ① 중금속 함유 폐수(철계) 처리, ② 중금속 함유 폐수(아연계) 처리의 포인트 나타내고 있습니다.

실제 폐수에서는 금속 이온의 종류가 단일인 것은 드물고, 여러 금속 이온이 포함되어 있습니다. 한편 각각의 금속 이온에는 수산화물을 형성하기에 적합한 pH값이 있어 모두 같을 수는 없습니다. 따라서 실제 폐수를 처리할 경우에는 다음 페이지에 게재된 플로우 시트를 참고하여 예비실험을 하는 것이 좋습니다.

■ 처리 플로우 시트 ①

<그림 4.1.1>에 중금속 함유 폐수(철계) 처리 플로우 시트(예)를 나타냅니다.

실제 표면 처리 폐수 중에는 철, 아연, 3가 크롬, 니켈 등의 금속 이온 외에 유기산, 인산염, 계면활성제 등도 포함되어 있습니다. 중금속 이온은 기본적으로 pH를 알칼리로 하면 금속 수산화물로 불용화하기 때문에 침전 분리할 수 있습니다. 그런데 폐수에 수산화나트륨 등의 알칼리를 첨가하여 pH값을 올려도 실제로 금속 수산화물이 잘 생기지 않을 수 있습니다.

이는 금속 이온이 폐수 중인 킬레이트제(Chelate Agent)와 착체(錯體)를 형성하여 안정되어 있기 때문인 것으로 보입니다. 이 경우, 언뜻 보면 낭비 같지만 다음과 같이 pH를 일단 2 이하로 내리고 금속 이온을 유리시켜 칼슘 이온과 수산화나트륨을 이용하여 단계적으로 pH 조정해주면 처리가 잘 진행됩니다.

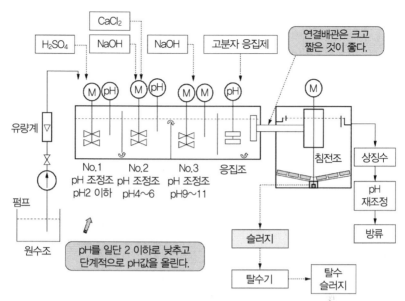

〈그림 4.1.1〉 중금속 함유 폐수(철계) 처리 플로우 시트

■ **처리 플로우 시트 ②**

<그림 4.1.2>는 중금속 함유 폐수(아연계) 처리 플로우 시트(예)입니다.

용융 피복(용융 아연도금 및 아연, 주석, 알루미늄 피복) 처리 폐수에는 전처리 공정으로부터의 산, 알칼리, 계면활성제, 유분, N-헥산 추출 물질 등이 포함되어 있습니다. 주성분인 아연 이외에 기타 금속 이온이 함유되어 있는 경우는 아연 이온이 침전하기 적절한 pH9 부근으로 조정해도 모든 금속 이온이 분리되는 것은 아닙니다. 그래서 pH9로 조정한 후 무기응집제인 PAC(폴리염화알루미늄)를 가하면 응집 pH의 범위가 넓어져 주성분인 아연 이외의 금속이온도 응집하기 쉬워집니다.

PAC를 더해도 금속 이온 농도가 낮으면 잘 응집되지 않습니다. 이 경우 다음과 같이 슬러지의 일부를 반송해주면 응집하기 쉽습니다.

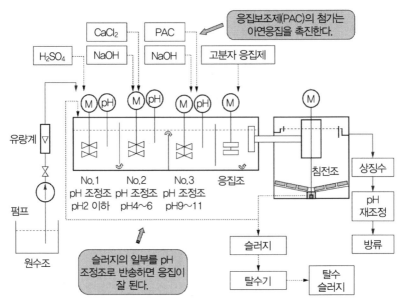

<그림 4.1.2> 중금속 함유 폐수(아연계) 처리 플로우 시트

4.2 전기 도금업

전기도금은 금속이나 플라스틱 표면에 동, 니켈, 크롬, 금 등의 얇은 피막을 형성시키는 기술입니다. 전기도금은 ① 제품의 미관을 더하고, ② 녹의 발생을 방지하고, ③ 소재의 강도를 높이고, ④ 내마모성을 증가, ⑤ 전기도전성을 부여하는 등 소재에 대한 다양한 기능을 주기 위하여 사용됩니다. 일본의 도금은 나라(奈良)의 대불상으로부터 시작되어 반도체의 제조에 이르는 현대까지 폭넓게 사용되고 있습니다.

도금공정에서는 상수, 순수, 초순수 등이 사용되며 각각의 공정에서 산·알칼리 폐수, 시안 폐수, 크롬 폐수, 중금속 함유 폐수 등이 나옵니다.

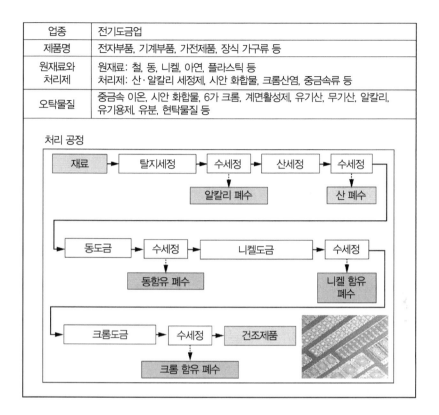

업종	전기도금업
제품명	전자부품, 기계부품, 가전제품, 장식 가구류 등
원재료와 처리제	원재료: 철, 동, 니켈, 아연, 플라스틱 등 처리제: 산·알칼리 세정제, 시안 화합물, 크롬산염, 중금속류 등
오탁물질	중금속 이온, 시안 화합물, 6가 크롬, 계면활성제, 유기산, 무기산, 알칼리, 유기용제, 유분, 현탁물질 등

처리 공정

재료 → 탈지세정 → 수세정 → 산세정 → 수세정

수세정 → 알칼리 폐수

수세정 → 산 폐수

→ 동도금 → 수세정 → 니켈도금 → 수세정

수세정 → 동함유 폐수

수세정 → 니켈 함유 폐수

→ 크롬도금 → 수세정 → 건조제품

수세정 → 크롬 함유 폐수

● 폐수의 종류

폐수는 오른쪽 그림과 같이 크게 ① 산·알칼리계, ② 시안계, ③ 크롬계의 3종류로 나눌 수 있습니다. 농도가 옅은 수세정 폐수는 폐수 처리 설비에서 처리하지만 고농도 폐액은 별도로 산업 폐기물로 처분합니다.

산·알칼리계	시안계	크롬계
주요 성분 ① 황산 ② 질산 ③ 염산 ④ 불산 ⑤ 인산 ⑥ 유기산	주요 성분 ① 시안화나트륨 ② 시안화제1동 ③ 시안화아연 ④ 주석산칼륨 (타르타르산칼륨) ⑤ 티오시안산칼륨 ⑥ 탄산나트륨	주요 성분 ① 무수크롬산 ② 질산 ③ 황산 ④ 불화수소산 ⑤ 인산 ⑥ 작산

● 수량(水量)

도금으로는 어떤 종류의 도금도 전처리로 탈지, 산세척이 이루어지므로 산·알칼리계 폐수가 수량 전체의 절반 이상을 차지합니다. 도금 폐수는 처리 공정에 따라 수질이 전혀 다르므로 상단에 제시한 '폐수의 종류'별로 구분을 명확히 하는 것이 처리의 결정적인 방법이 됩니다. 고농도 폐액이 소량일 경우 소량씩 일상 폐수에 혼입시켜 처리하면 산업 폐기물 처분 비용을 줄일 수 있습니다.

● 주요 처리 방법

시안 폐수는 알칼리 염소법으로 분해 후 pH 조정을 통해 금속분을 불용화시킵니다.

$$\text{1단 반응: } NaCN + NaOCl \rightarrow NaCNO + NaCl \qquad (1)$$

$$\text{2단 반응: } 2NaCNO + 3NaOCl + H_2O$$
$$\rightarrow 2CO_2 + N_2 + 2NaOH + 3NaCl \qquad (2)$$

식 (1) × 2 + 식 (2)

$$2NaCN + 5NaOCl + H_2O \rightarrow 2CO_2 + N_2 + 2NaOH + 5NaCl \qquad (3)$$

식 (1)과 (2)를 조합한 처리는 2단 처리법으로 불립니다.

6가 크롬 폐수는 환원 중화법으로 처리합니다. 크롬 폐수 중 CrO_4^{2-}의 환원에는 슬러지 부가 발생의 우려가 없는 아황산수소나트륨이 사용됩니다.

$$4H_2CrO_4 + 6NaHSO_3 + 3H_2SO_4$$

$$\rightarrow 2Cr_2(SO_4)_3 + 3Na_2SO_4 + 10H_2O \qquad (4)$$

3가로 환원한 6가 크롬은 알칼리를 첨가하여 pH9 정도로 조정하면 수산화크롬[Cr(OH)₃]으로 불용화할 수 있습니다.

■ **처리 플로우 시트 ①**

<그림 4.2.1>에 시안계와 산·알칼리계 폐수 처리 플로우 시트(예)를 나타냅니다. 시안 폐수 안에는 구리 이온과 아연 이온 등이 포함되어 있습니다.

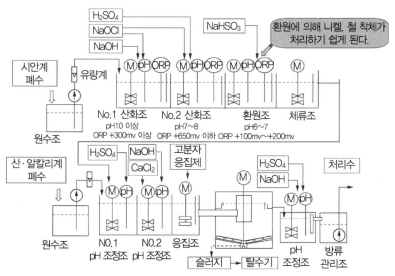

〈그림 4.2.1〉 시안계와 산·알칼리계 폐수 처리 플로우 시트

시안 폐수는 그림 상단에 나타난 알칼리 염소법으로 처리합니다. 그림의 No.2 산화조에서는 산을 가해서 pH를 7~8로 하는데, 이로 인해 ORP

값은 자연스럽게 올라갑니다.

폐수 중에 니켈과 철분이 조금이라도 포함되어 있으면, 시안은 이들 이온과 안정된 착체를 형성하기 때문에 알칼리 염소법으로는 분해가 불가능합니다.

철시안 착체에는 펠로시안 $[Fe(CN)_6]^{4-}$과 펠리시안 $[Fe(CN)_6]^{3-}$가 있으며 산화·환원 상태에 따라 자유롭게 모양을 바꿉니다. 그래서 No.2 산화조 후단에 그림과 같은 환원조를 마련하여 염소분을 환원 제거해주면 니켈과 철 시안 착체 처리에 대응할 수 있습니다.

■ 처리 플로우 시트 ②

<그림 4.2.2>는 크롬계 폐수와 산·알칼리계 폐수 처리 플로우 시트(예)입니다. 크롬 환원 조건은 pH: 2~3, ORP: +250~+300mV, 반응 시간: 30~60분입니다. 환원 반응은 비교적 용이하게 진행됩니다.

환원된 처리수는 체류조를 거쳐 산·알칼리계 폐수의 처리 라인에 합류시킵니다. 산·알칼리계 처리에서는 너무 pH를 높이면 크롬이 용해되므로 주의가 필요합니다. 또 환원제를 너무 많이 넣으면 산·알칼리계의 응집 처리가 잘 되지 않게 되므로 주의해야 합니다.

pH 조정 후 액은 고분자 응집제를 첨가하여 응집 처리한 후 침전조로 이송하여 고액분리를 합니다. 실제 폐수 처리 시 크롬이나 중금속 이온 농도가 낮으면 응집이 잘 되지 않을 수 있습니다. 이 경우는 그림과 같이 슬러지의 일부를 No.1 pH 조정조에 반송하여 금속 이온 농도를 늘려주면 처리가 잘 진행됩니다.

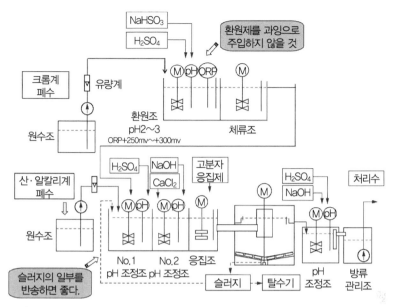

〈그림 4.2.2〉 크롬계 폐수와 산·알칼리계 폐수 처리 플로우 시트

<table>
<tr><td>**4.3**</td><td>**무전해도금·화성피막 처리업**</td></tr>
</table>

무전해도금은 전기를 사용하지 않고 도금액에 포함된 환원제의 산화에 의해 방출되는 전자에 의해 피도금물에 금속 니켈이나 동 피막을 석출시키는 방법입니다. 무전해 도금은 말 그대로 통전이 필요 없기 때문에 플라스틱이나 세라믹과 같은 부도체에도 도금할 수 있습니다. 또한 소재의 형상이나 종류에 관계없이 균일한 두께의 피막을 얻을 수 있다는 장점이 있습니다.

화성 피막 처리는 기존 6가 크롬을 사용했지만 2006년 7월 시행된 RoHS 지침에서는 Cd, Pb, Hg, Cr^{6+}, 브롬계 난연제(PPB: Poly Brominated Biphenyls,

PBDE: Poly Brominated Diphenyl Ethers) 등 6개 물질이 전기, 전자기기에 사용이 금지되었습니다. 현재 RoHS 지침에 대응하여 독성이 적은 '3가 크롬 화성 처리'가 주류를 이루고 있습니다.

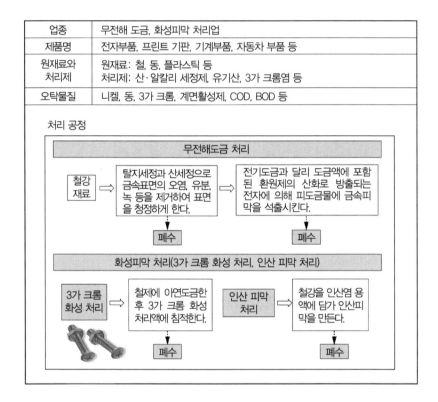

업종	무전해 도금, 화성피막 처리업
제품명	전자부품, 프린트 기판, 기계부품, 자동차 부품 등
원재료와 처리제	원재료: 철, 동, 플라스틱 등 처리제: 산·알칼리 세정제, 유기산, 3가 크롬염 등
오탁물질	니켈, 동, 3가 크롬, 계면활성제, COD, BOD 등

● 폐수의 종류

폐수는 다음 그림과 같이 ① 탈지·산 세정 폐수, ② 무전해 도금·화성 피막 처리 폐수로 나눌 수 있습니다. ① 탈지·산 세정 폐수는 산, 알칼리계 폐수로 pH 조정, 응집 처리합니다. ② 무전해 도금·3가 크롬 화성 피막 처리 폐수는 조성과 성질이 다르므로 각각에 대응한 처리 방법이 적용됩니다.

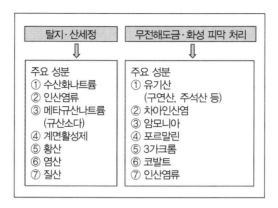

탈지·산세정	무전해도금·화성 피막 처리
주요 성분 ① 수산화나트륨 ② 인산염류 ③ 메타규산나트륨 (규산소다) ④ 계면활성제 ⑤ 황산 ⑥ 염산 ⑦ 질산	주요 성분 ① 유기산 (구연산, 주석산 등) ② 차아인산염 ③ 암모니아 ④ 포르말린 ⑤ 3가크롬 ⑥ 코발트 ⑦ 인산염류

● 수량(水量)

무전해도금, 3가 크롬 화성 처리의 전처리에서는 탈지, 산세정이 이루어집니다. 이러한 폐수는 산·알칼리계 폐수로써 전체의 절반 이상을 차지합니다.

무전해 도금 폐수와 3가 크롬 화성 처리 폐수 중 수세정 폐수는 농도가 높지 않아 다음 페이지에 나타난 방법으로 처리할 수 있지만 고농도 폐액의 경우는 처리할 수 없습니다. 고농도 폐액은 소량씩 일상 폐수에 섞어 처리하거나 폐수량이 많을 경우 산업 폐기물로 처분합니다.

● 주요 처리 방법

① 무전해 니켈 도금 폐수: 유기산(구연산, 주석산 등)과 차아인산나트륨 등의 환원제를 포함하고 있으므로 산화 처리 후 염화칼슘 등을 첨가하여 유기산과 니켈이온을 불용화시킵니다.

② 3가 크롬 화성 처리 폐수: 유기산(글리콜산, 사과산(Malic Acid) 등), 3가 크롬염, 인산, 코발트 이온 등을 함유하고 있으므로 전처리를 하여 이 물질들을 분리합니다. 전처리에서는 ① 황화물 처리법, ② 폴

리황산철 등의 철이온(Fe^{3+}) 첨가에 의한 응집 처리법이 적합합니다. 처리수는 산·알칼리계 폐수에 합류시켜 pH 조정한 후 응집 처리 합니다.

- ■ 처리 플로우 시트 ①

<그림 4.3.1>은 무전해 니켈 도금계 폐수와 산·알칼리계 폐수 처리 플로우 시트(예)입니다. 무전해 니켈 도금에서는 다음 환원제가 사용됩니다.

환원제의 종류: ① 차아인산염($NaH_2PO_2 \cdot H_2O$), ② DMAB(디메틸아미노볼란($(CH_2)_2NHBH_3$)), ③ 황산히드라진($NH_2NH_2 \cdot H_2SO_4$), ④ 염산히드라진($NH_2NH_2 \cdot HCl$) 등

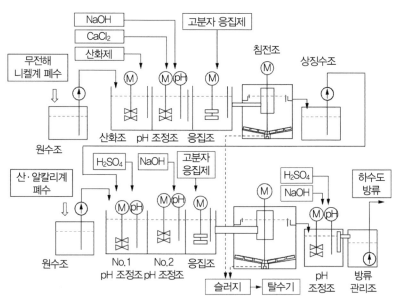

〈그림 4.3.1〉 무전해 니켈 도금계 폐수 처리 플로우 시트

상기 환원제 외에 니켈이온을 용해하여 안정시키기 위해 유기산(구연산, 사과산, 젖산)과 비스무트(Bi: Bismuth), 팔라듐 등의 첨가제가 포함되어 있습니다. 이들을 포함한 폐수는 먼저 산화제를 첨가하여 환원제를 처리합니다. 칼슘을 첨가하여 유기산을 불용화시킵니다. 이에 따라 금속이온도 석출합니다. 이대로도 처리는 충분하지만, 처리수를 산·알칼리계 폐수에 합류시켜 2단 처리를 하면 보다 완전한 처리가 가능합니다.

■ 처리 플로우 시트 ②

<그림 4.3.2>는 3가 크롬 화성 처리 폐수와 산·알칼리계 폐수 처리 플로우 시트(예)입니다. 3가 크롬 화성 처리제에는 코발트가 포함되어 있습니다. 코발트가 종래법에 의한 6가 크롬 환원 처리에서 사용하는 잉여 환원제($NaHSO_3$), $Cr(OH)_3$ 슬러지와 공존하면 기껏 3가로 환원한 크롬(III)을 6

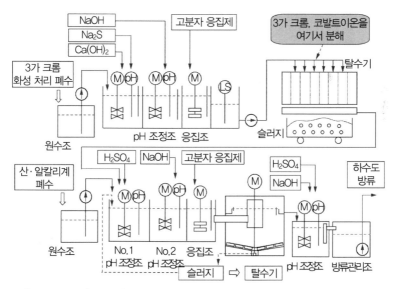

⟨그림 4.3.2⟩ 3가 크롬 화성 처리 폐수 처리 플로우 시트

가 크롬으로 되돌려버리는 것으로 확인되었습니다. 거기서 다음 플로우 시트의 상단에 나타내는 것처럼 황화나트륨(Na_2S)을 이용해 코발트, 3가 크롬, 아연을 먼저 분리합니다.

수량이 적으면 전량 여과탈수, 수량이 많을 경우 침전분리하여 처리수는 하단의 산·알칼리계 폐수 처리 설비에 합류시켜야 처리가 잘 진행됩니다.

중금속 이온 농도가 낮으면(50mg/L 이하) 응집이 잘 되지 않습니다. 이 경우 다음 그림과 같이 침전 슬러지의 일부를 반송해주면 응집하기 쉽습니다.

4.4 전기·전자부품 제조업

컴퓨터나 전자기기는 복잡한 전기회로를 작은 한 장의 반도체에 조립합니다. 이것이 집적회로라고 불리는 것으로 현재의 컴퓨터와 디지털 기기를 지탱하는 주요 부품 중 하나입니다.

반도체나 액정을 비롯한 각종 전자부품의 세척에는 순수보다 훨씬 순도가 높은 초순수라고 불리는 물을 사용하고 있습니다. 반도체는 웨이퍼라고 불리는 얇은(약 0.5mm) 실리콘 기판 위에 미세한 소자(素子)나 배선 등의 상(像)을 광학 사진 기술로 수십에서 수백 개를 복사하여 그 상을 보호 마스크로 하여 반도체 기판을 녹이거나 덧칠을 반복하며 다수의 동일 회로를 동시에 1개의 웨이퍼 위에 만듭니다.

이들 공정에서는 다음 그림에 나타내는 몇 가지 폐수가 나옵니다.

업종	전기·전자부품 제조업
제품명	집적회로, 프린트 기판 등
원재료와 처리제	원재료: 실리콘, 동, 금, 플라스틱 등 처리제: 산, 알칼리, 갈륨비소, 광경화수지 등
오탁물질	불산, 질산, 과산화수소, 중금속, 실리콘 등

처리 공정

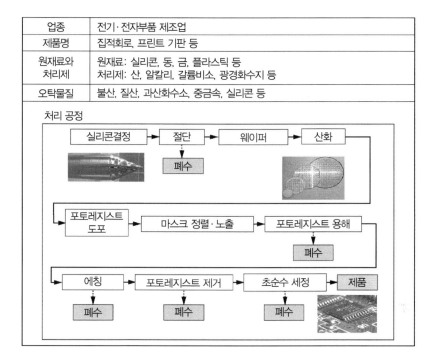

● 폐수의 종류

폐수는 다음 그림과 같이 크게 ① 저농도 폐수, ② 고농도 폐수로 나눌 수 있습니다.

① 저농도 폐수에는 불소, 과산화수소, 실리카, 포토레지스트 유래(由來) 유기물이 포함됩니다. 포토레지스트 수지의 일반적인 사용 방법은 수지를 실리콘 표면에 박막상으로 도포하고 빛이나 전자선을 부분적으로 조사하여 용해성을 변화시킨 후, 현상(現像)으로서 불필요한 부분을 제거합니다. 제거된 수지 성분은 COD가 극단적으로 높아 일반 응집침전법으로는 분리가 잘 되지 않으므로 분리수거하여 산

업 폐수 처리하는 것이 좋습니다. 저농도 폐수 pH는 산성(3~5)인 경우가 많으며 과산화수소 성분을 포함하고 있는 것이 특징입니다.

② 고농도 폐수에는 황산, 질산, 과산화수소, 실리콘 분말 등이 포함됩니다.

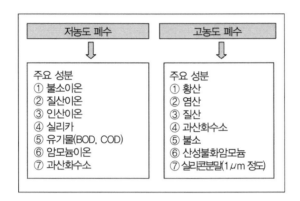

● 수량(水量)

반도체 제품은 그 품질과 성능을 확보할 목적으로, 매우 깨끗한 환경에서 제조할 것이 요구됩니다. 특히 전 공정의 웨이퍼 가공 프로세스에서는 순도가 높은 대량의 초순수가 필요합니다. 웨이퍼 가공에서는 실리카를 포함한 현탁수가 나옵니다. 이 폐수는 탁하지만 용해성 화학물질은 적기 때문에 막 여과 기술을 사용하여 정화하고 대부분은 재사용되고 있습니다.

한 예로 대규모 집적회로(LSI) 300mm 웨이퍼 1장당 초순수 사용량은 약 5~7m³ 정도입니다. 현재, 물 재활용률은 대략 60% 정도까지 진행되고 있습니다.

● 주요 처리 방법

반도체 에칭 공정에서는 불산, 과산화수소 등의 약품을 사용합니다.

과산화수소 함유 폐수는 기존에 아황산수소나트륨 등의 환원제를 이용하여 환원 처리하였으나, 최근에는 과산화수소 분해효소(카타라아제)를 이용하여 분해합니다. 과산화수소 분해 후 폐수의 수질에 따라 ① 무기계 폐수 처리 또는 ② 무기계 폐수 처리 + 유기계 폐수 처리 등으로 나누어 처리합니다.

■ 처리 플로우 시트 ①

<그림 4.4.1>에 전자부품 제조 폐수(무기계) 처리 플로우 시트(예)를 나타냅니다. 반도체 프로세스에서 대량으로 사용되는 불산을 포함한 폐수는 과산화수소를 과산화수소 분해효소(카타라아제, Katalase)로 분해한 후 염화칼슘이나 수산화칼슘 등을 사용하여 중화·응집 처리합니다.

카탈라아제는 촉매적으로 반응하므로 첨가량은 일반적으로 과산화수소 농도의 1/100 이하입니다. 카탈라아제 사용범위는 pH3~10, 온도~70℃로 보존 안정성은 50℃에서 6개월 보존해도 성능이 변화하자 않습니다.

응집침전에서 부산물로 발생하는 불화칼슘 슬러지는 시멘트 제조회사에서 시멘트 원료의 일부로 사용하고 있습니다. 응집 처리한 처리수는 모래 여과, 활성탄 처리하고 일부는 재사용됩니다.

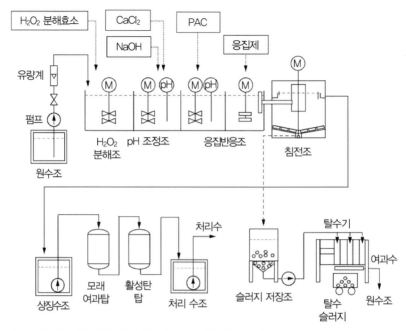

〈그림 4.4.1〉 전자부품 제조 폐수(무기계) 처리 플로우 시트

- **처리 플로우 시트 ②**

<그림 4.4.2>는 전자부품 제조 폐수(유기계) 처리 플로우 시트(예)입니다. 폐수는 과산화수소를 카탈라아제로 분해한 후 염화칼슘이나 수산화칼슘 등을 사용하여 중화·응집 처리합니다. 원수의 불소 농도가 60mg/L 이하이면 다음 그림의 처리를 함으로써 불소 농도는 규제값의 8mg/L 이하가 됩니다.

불소 농도가 100mg/L 이상이면 다음 그림의 처리에서는 규제치 이하가 되지 않습니다. 그래서 ① 칼슘에 의한 응집침전 후 ② 다시 PAC나 황산알루미늄 등의 알루미늄 염을 소량 가하여 응집침전 처리합니다. 이것에 의해 불소 처리 효과가 향상됩니다. 유기용제(COD, BOD 성분) 등의 유기물

을 포함한 경우는 응집 처리수를 생물 처리(활성 슬러지)로 분해합니다. 또한 폐수 중에 질산, 암모니아 등의 성분이 혼재되어 있는 경우에는 활성 슬러지 처리의 후단에 탈질소 공정을 부가합니다.

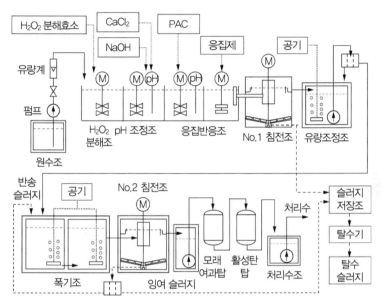

〈그림 4.4.2〉 전자부품 제조 폐수(유기계) 처리 플로우 시트

알루마이트 처리업

알루마이트는 알루미늄을 양극 산화해 5∼100μm의 내식성 피막을 입힌 제품으로 일본 고유의 제품명입니다. 알루마이트 처리는 다음 3개 공정으로 이루어집니다.

① 전해: 알루미늄을 양극으로 하여 황산이나 옥살산 용액 등 속에서 전기분해로 산화시켜 표면에 $5 \sim 100 \mu \mathrm{m}$의 다공질막($r$-$\mathrm{A1_2O_3}$)을 생성시킵니다.

② 염색: 다공질막에 염료를 흡착시켜 색칠합니다.

③ 봉공(封孔): 표면에 생성한 미세한 구멍을 $4 \sim 5$기압의 수증기로 $30 \sim 40$분 처리하면 구멍이 막혀서(봉공) 베이마이트(boehmite: $r\mathrm{Al_2O_3 \cdot H_2O}$)로 되어 내식성이 향상됩니다.

알루마이트 제품에는 냄비, 주전자, 건축 자재, 차량과 항공기 내장품, 명찰, 화장판 등이 있습니다.

업종	알루마이트 처리업
제품명	주전자, 냄비, 건재, 건축자재, 명패 등
원재료와 처리제	원재료: 알루미늄 처리제: 황산, 수산화나트륨, 초산니켈 등
오탁물질	산·알칼리, 크롬, 봉산 등

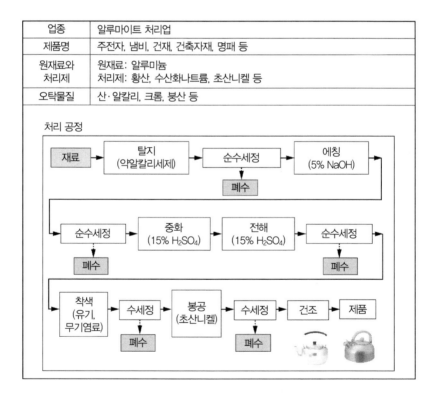

	증기법	순수자비 (煮沸)법	초산니켈법	중크롬산법	규산 나트륨법
처리탕 (浴)	가압증기	순수	초산 니켈 5~6g/L 봉산 8~80g/L	중크롬산칼륨 15g/L	
pH	–	–	5~6	6.5~7.5	–
온도(°C)	0.2~0.5MPa	90~100	70~90	90~95	90~100
시간(min)	15~30	15~30	15~20	2~10	20~30
특징	내식성 대(大)	대형제품에 적합	유기염료 정착성 대(大)	피막 황색화	내알칼리성 양호

● 폐수의 종류

알루마이트 처리는 첫 단계로 탈지 세척을 실시하고, 이어서 산성 용액 (15% 황산이나 5% 옥살산 등) 안에서 전기 분해를 하므로 산·알칼리계의 폐수가 나옵니다. 다음 착색 공정에서는 유기·무기계의 착색 폐수가 나옵니다. 봉공 구멍의 처리법을 위 표에 나타냅니다. 봉공에서는 위의 표에 나타낸 약품 이외에도 아세트산 코발트, 암모니아, 트리에탄올 아민 등이 사용되므로 이들을 포함한 폐수가 나옵니다.

● 수량(水量)

알루마이트 처리에서는 어떤 종류의 가공에서도 탈지, 에칭 처리가 이루어지므로 산·알칼리계 폐수가 수량 전체의 절반 이상을 차지합니다. 알루마이트 처리는 대부분 무기계 산·알칼리계 폐수이지만 염색공정에 따라 유기계 약품을 사용할 수도 있기 때문에 폐수의 구분을 명확하게 하는 것이 중요합니다.

고농도 폐액을 처리할 경우 소량씩 일상 폐수에 혼입시켜 처리하면 산업 폐기물 처분비를 줄일 수 있습니다.

● 주요 처리 방법

알루마이트 처리 폐수는 알루미늄을 포함한 산·알칼리계 성분이므로 pH 조정과 응집 처리로 대응할 수 있습니다. 처리 공정에 따라서는 인산염, 질산, 불산, 산성 불화 암모늄, 난분해성 착색제 등을 포함한 폐수가 나오므로 이에 대응한 처리 방법을 추가해야 합니다. 불소 성분이 포함되어 있는 경우는 응집 처리로 염화칼슘, 수산화칼슘, 황산알루미늄 등을 첨가합니다. 질소성분이 포함되어 있을 경우 탈질소 공정을 추가합니다.

■ 처리 플로우 시트 ①

<그림 4.5.1>에 알루마이트 처리 폐수 처리 플로우 시트(예)를 나타냅니다. 알루마이트 처리 폐수의 수질은 산성인 경우가 많지만 처리 약품에 따라서는 알칼리성일 때도 있습니다. 이러한 폐수는 황산 등의 산을 가해서 일단 pH2 이하로 낮춘 후 단계적으로 pH값을 올려나가면 처리가 잘 진행됩니다.

폐수에 따라서는 불소 성분을 포함하고 있을 수 있습니다. 이 경우는 염화칼슘과 수산화칼슘 또는 수산화칼슘을 첨가하여 pH6.5~8.5 정도로 조정하면 불소와 알루미늄 성분 모두를 분리할 수 있습니다. 이어서 고분자 응집제를 첨가하여 큰 플록을 생성시킨 후 침전조로 이송하여 침전분리합니다. 침전조의 상징수는 pH를 재조정한 후 방류합니다. 알루미늄 주성분인 슬러지[$Al(OH)_3$]는 탈수기(필터 프레스)로 여과 탈수합니다.

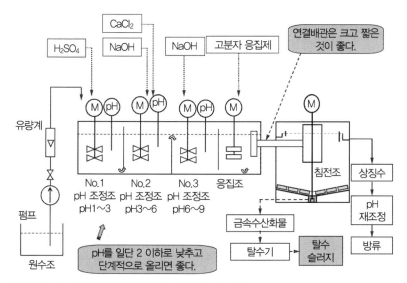

〈그림 4.5.1〉 알루마이트 처리 폐수 처리 플로우 시트

■ **처리 플로우 시트 ②**

    <그림 4.5.2>에 질소, 염색제를 포함한 알루마이트 처리 폐수 처리 플로우 시트 (예)를 나타냅니다. <그림 4.5.2> 상단에서는 전처리를 하여 알루미늄이나 불소를 제거합니다.

    폐수에 따라서는 암모니아, 트리에탄올 아민 등의 질소 성분을 포함하고 있거나 좀처럼 분해되기 어려운 유기계 염료가 혼재할 수 있습니다. 이 경우는 그림 하단에서 호기성 접촉산화 처리(접촉재 충진)를 한 후 혐기성 상태에서 탈질소 처리(유동상 담체 충진)를 실시합니다. 여기에서는 미생물을 부착한 접촉재를 사용하고 있으나 이렇게 하면 슬러지를 반송할 필요가 없기 때문에 유지관리가 용이합니다. 생물 처리수는 pH 조정과 응집 처리를 한 후 모래 여과를 시행하고 활성탄 처리를 합니다. 이를 통해 처리수의 일부는 바닥 세척이나 기기류 세척에 재사용할 수 있습니다.

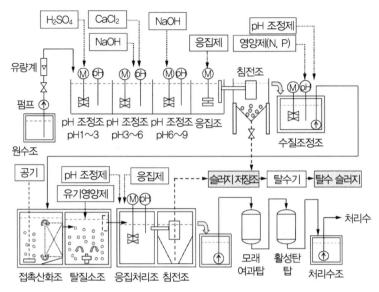

〈그림 4.5.2〉 질소, 염색제를 포함한 알루마이트 처리 폐수 처리 플로우 시트

4.6 철강업

철강업은 다양한 생산 공정에서 많은 물을 사용합니다. 폐수는 대부분의 공정에서 순환 이용되고 있으며 순환율은 약 90%에 이르고 있습니다.

폐수의 종류는 ① 야드 폐수, ② 냉각 폐수, ③ 집진 폐수, ④ 코크스로(爐) 폐수, ⑤ 산 세척 폐수, ⑥ 도금 폐수 등입니다. 폐수로 가장 많은 것은 냉각수(약 90%)이며, 그중 간접 냉각에 이용되는 것은 재순환 이용됩니다.

제품을 직접 접하는 냉각수나 세척에 사용한 폐수에는 현탁물질, 산화철, 산·알칼리, 시안 등의 유해물이 포함되므로 폐수 처리한 후 일부는 재사용합니다.

업종	철강업
제품명	철강, 냉연 얇은 강판, 양철강판, 아연강판 등
원재료와 처리제	원재료: 철광석, 석탄, 석회, 고로가스 등 처리제: 코크스, 산·알칼리, 도금 처리제 등
오탁물질	현탁물질, 중금속 이온, 산화철, 시안, 산·알칼리류, 암모니아, 황화물 등

처리공정

공정	pH	COD (mg/L)	BOD (mg/L)	SS (mg/L)	페놀 (mg/L)	시안 (mg/L)
야드 폐수	6~8			100~10,000		
코크스로 폐수	8~10	1,000~2,000	600~1,500	100~300	100~200	5~10
고로가스 폐수	6~8			2,000~3,000		
열연 폐수				300~600		
냉연 폐수				250~500		
산세정 폐수	1~2			200~400		

● 폐수의 종류

　주요 처리 공정과 폐수의 성분(예)를 앞 장 표에 제시하였습니다. 이들 중 코크스로(爐) 폐수에는 COD, BOD, SS, 페놀, 시안 등 많은 성분이 포함됩니다.

　그 외의 폐수는 pH와 SS에 관한 항목이 주된 것입니다. 산 세정 폐수는 pH값이 낮고 철분이 많으므로 pH 조정과 응집침전 처리가 필요합니다.

● 수량(水量)

　철강 생산에 사용되는 물의 대부분은 냉각에 사용되며, 한 번 사용한 물의 대부분은 순환 이용되고 있습니다. 일례로 제강 1톤당 공업용수 사용량은 약 $100m^3$이고 이와 비슷한 양의 바닷물이 사용됩니다. 코크스로에서는 원료 1톤당 $10\sim80m^3$의 물이 사용됩니다.

　제품에 직접 접촉하지 않는 공업용수, 상수의 90% 정도는 회수하여 순환 이용됩니다.

● 주요 처리 방법

　철강업은 원료의 수송, 광대한 용지를 필요로 하는 관계로 임해 공업지대에 위치하고 있습니다. 또한 물을 다량으로 사용하는 산업이기 때문에 폐수 방류처는 해역이 대부분입니다.

　폐수 성분에서 주의할 항목은 ① 수온, ② 유지분, ③ 현탁물질(원료 분진, 산화철 스케일 등), ④ 산·알칼리, ⑤ COD·BOD 물질 등입니다.

　처리 방법은 폐수 중의 오염물질에 의해 선택합니다. ① 고온 폐수는 쿨링 타워에 의한 냉각, ② 현탁물질을 포함한 폐수는 응집침전, ③ 유지(油脂) 함유 폐수는 중력식 유수 분리(API, CPI 등)나 가압부상 처리, ④ 코크스로 폐수는 중화 응집과 생물 처리의 조합, ⑤ 도금 폐수는 pH 조정과 응집 처리 등이 적용됩니다.

■ **처리 흐름 시트 ①**

<그림 4.6.1>에 유분을 포함한 냉연 폐수 처리 플로우 시트(예)를 나타냅니다. 실제 폐수에는 유분, N-헥산 추출 물질, 현탁물 등이 포함되어 있습니다. 이 성분들을 포함한 폐수는 스크린에서 대형 이물질을 제거한 후 황산알루미늄 등의 알루미늄계 응집제를 더해 pH7.5~8.5 정도로 조정하여 수산화알루미늄 표면에 유분, 현탁물질을 흡착시킵니다. 다음으로 고분자 응집제를 첨가하여 큰 플록을 생성시킨 후 횡류식 가압부상조로 이송하여 플록을 부상시킵니다. 가압부상 처리수는 모래 여과기로 여과한

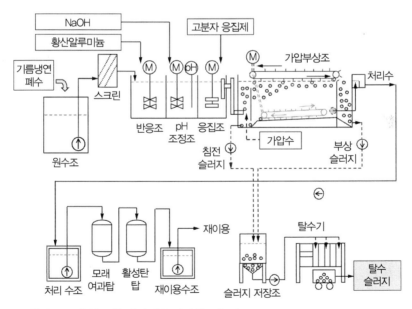

〈그림 4.6.1〉 유분 포함 냉연 폐수 처리 플로우 시트

후 활성탄탑으로 통수하고 다시 N-헥산 추출물질이나 COD 성분을 제거하여 더욱 깨끗한 처리수로 만듭니다.

이 처리수는 생산 공정의 냉각수나 기기류의 세정에 재이용할 수 있습니다. 가압부상 슬러지와 침전 슬러지는 탈수기(필터프레스)로 여과 탈수합니다.

- **처리 흐름 시트 ②**

<그림 4.6.2>는 코크스로 폐수 처리 플로우 시트(예)를 나타냅니다.

코크스로 폐수는 약 알칼리성으로 유기물(BOD, COD) 농도가 높아 페놀이나 소량의 시안을 함유하고 있습니다. 폐수는 스크린으로 대형 이물질을 제거한 후 유량 조정조에서 공기 폭기를 통해 교반한 후 염화제2철,

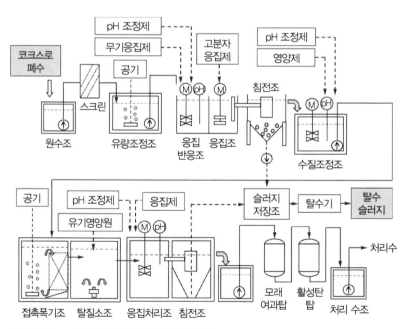

〈그림 4.6.2〉 코크스로 폐수 처리 플로우 시트

폴리황산철 등의 철계 응집제를 첨가하여 응집침전 처리를 합니다. 처리수는 pH 6.5~7.5로 조정한 후 무기영양제(요소, 인산염 등)를 첨가하여 생물 산화 처리를 합니다. 그 다음에 유기계 영양제(메탄올 등)를 더해 혐기성 하에서 탈질소 처리합니다.

생물 처리한 처리수는 모래 여과기로 여과한 후 활성탄탑에 통수하여 잔류하는 COD, BOD 성분을 제거하여 더욱 깨끗한 처리수로 합니다. 응집침전 슬러지는 슬러지 저장탱크에 모아서 탈수기로 여과 탈수합니다.

4.7 유약, 기와제조업

유약은 프리트(Frit)라 불리는 유리질 분말에 점토, 첨가제, 물 등을 첨가하여 볼밀로 분쇄한 것입니다. 프리트의 원료는 규석이나 붕사 등으로 이 밖에 나토륨, 칼륨, 칼슘 등 수십 가지 성분을 포함하고 있습니다. 프리트는 유약의 용융 온도의 조정, 표면의 광택 및 내구성 부여의 목적으로 사용됩니다.

유약 분쇄 시에는 프리트 속의 붕소나 불소 등의 성분이 물에 녹아 나오므로 설비의 세정 폐수에는 이들 성분이 포함됩니다. 유약은 바탕에 발라 소성하면 성분이 녹으며 표면이 유리화됩니다. 유약 기와는 성형·건조한 바탕(素地)에 유약을 발라 소성한 것으로 적갈색, 청록색 등 다양한 색을 낼 수 있습니다.

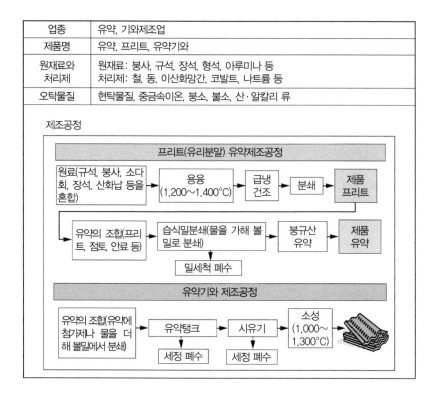

업종	유약, 기와제조업
제품명	유약, 프리트, 유약기와
원재료와 처리제	원재료: 붕사, 규석, 장석, 형석, 아루미나 등 처리제: 철, 동, 이산화망간, 코발트, 나트륨 등
오탁물질	현탁물질, 중금속이온, 붕소, 불소, 산·알칼리 류

● 폐수의 종류

오른쪽 표에 나타난 유약 제조 폐수에는 현탁물 외에 중금속, 붕소, 불소, 안료 등이 포함되어 있습니다. 유약의 조제 및 분쇄는 제품의 내용이 달라지면 습식 볼밀의 내부를 세정하므로 이때 대량의 세정 폐수가 나옵니다. 이 폐수에는 프리트(유리가루)에서 용출된 붕소, 불소 등의 성분이 포함되어 있습니다. 기와 제조

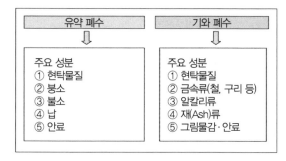

공정의 폐수에도 유약에 포함된 현탁물이나 금속 성분 등이 포함됩니다.

● 수량(水量)

유약, 기와 제조업의 폐수는 부정기적으로 배출됩니다. 일례로 유약 조합의 습식밀 분쇄공정에서 작업 종료 시 한꺼번에 모은 폐수가 나옵니다. 또한 유약기와 제조공정에서는 유약탱크 교체, 세척작업 및 시유기(施釉機) 세척 시 일정량의 폐수가 나옵니다. 현재 유약, 기와 제조업계에서는 폐수량을 줄이고 처리수의 재이용화 연구를 진행하고 있습니다. 탱크나 기계의 세정효과를 낮추지 않고 폐수량을 줄이는 하나의 수단으로 온수나 순수를 이용한 샤워 수세척 방법이 검토되고 있습니다. 이처럼 유약, 기와 제조업의 폐수는 간헐적이고 시간대에 따라 변동이 크기 때문에 일정한 경향을 파악할 수 없습니다. 따라서 폐수 저장탱크의 크기는 적어도 1일분을 모아 두는 용량이 필요합니다. 이것에 의해 폐수 농도의 균일화로 처리가 고르게 됩니다.

● 주요 처리 방법

유약 제조 폐수의 붕소 농도는 1,000~1,500mg/L, 불소 농도는 200~300mg/L로 높은 값을 나타냅니다. 붕소 처리는 응집침전법, 이온교환법 등이 생각할 수 있지만 폐수 기준을 달성하는 경제적인 처리 기술을 확립할 때까지는 과제가 남습니다. 불소 처리는 응집침전법, 이온교환법이 있는데, 원수의 불소 농도에 대응하여 처리 방법을 검토할 필요가 있습니다.

■ 처리 플로우 시트 ①

<그림 4.7.1>은 유약 제조 공장 폐수 처리 플로우 시트(예)를 제시하였습니다. 유약 제조에 사용한 습식 볼밀의 세정 폐수에는 현탁물 외에 중금속 이온, 붕소, 불소 등이 함유되어 있습니다. 유약 폐수 중 현탁물질은 물에 쉽게 가라앉으므로 침전분리가 되는 구조의 원수조에 저장하여 큰 입자를 침강 분리합니다.

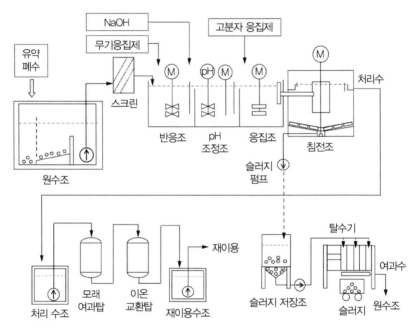

<그림 4.7.1> 유약 제조 공장 폐수 처리 플로우 시트

원수조에 저장된 폐수는 스크린으로 여과하고 반응조에서 황산알루미늄, 폴리황산철 등 무기계 응집제를 넣어 응집시킵니다. 이어서 pH7.5〜8.5 정도로 조정 후 고분자 응집제를 첨가하여 응집침전 처리합니다. 여기까지 처리하면 현탁물, 중금속 이온, 붕소, 불소의 대부분은 제거할 수 있

지만 붕소는 아직 조금 잔류합니다. 다음으로 처리수는 모래 여과한 다음 붕소 흡착용 이온교환수지탑으로 통수합니다. 이온교환수지의 재생은 위탁 재생방식의 적용이 실용적입니다. 이 처리수는 습식 밀이나 작업장 바닥 세척 등에 재사용할 수 있습니다.

■ 처리 플로우 시트 ②

<그림 4.7.2>는 기와 제조 공장 폐수 처리 플로우 시트(예)를 나타낸 것입니다. 기와 제조 폐수는 유약 폐수와 마찬가지로 침전분리를 겸한 큰 원수조에 저류합니다.

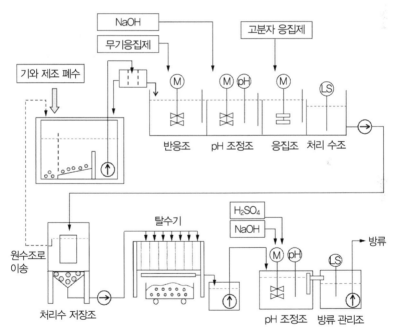

〈그림 4.7.2〉 기와 제조 공장 폐수 처리 플로우 시트

원수조에 침강된 슬러지는 정기적으로 빼내어 청소합니다. 원수조의 물은 일정 유량으로 반응조에 보내 황산알루미늄, 폴리황산철 등 무기계 응집제와 반응시킵니다. 이어서 pH7.5~8.5 정도로 조정 후 고분자 응집제를 첨가하여 응집 처리합니다. 응집 처리수는 일단 처리수 저류조에 모아두고 나서 여기에서는 탈수기(필터 프레스)를 이용해 전량을 여과 탈수합니다.

여과 탈수된 물은 pH 수치를 재조정한 후 수질을 확인한 후 하수도나 공공수역에 방류합니다. <그림 4.7.2>의 플로우 시트에서는 침전조가 없습니다. 설치 공간이 협소하여 설비 배치가 어려운 현장에 적합한 처리 시스템입니다.

4.8 석유정제업

정유소 폐수의 오염원은 원유나 제품의 수송 및 정제의 두 단계로 크게 나눕니다. 정제 공정에서 주요 수질 오염원은 다음 그림과 같이 ① 석유정제, ② 원유저장 탱크·탱커 밸러스트, ③ 증기발생 보일러 등입니다. 이 외에 ④ 냉각 폐수, ⑤ 사무실 폐수 등이 있습니다. 다음의 표도 참조해주십시오. 냉각수에는 공업용수와 바닷물이 사용됩니다.

공업 용수는 염분이 적기 때문에 냉각탑에서 순환 사용되는 경우가 많고, 해수는 염분이 많기 때문에 일과성으로 배출하는 열교환기 등에 사용됩니다. 사무실 폐수는 세면장, 화장실, 식당 등에서 나옵니다. 사무실 폐수는 현탁물, BOD, SS, 대장균 등을 포함하고 있으므로 활성 슬러지 처리로 정화합니다.

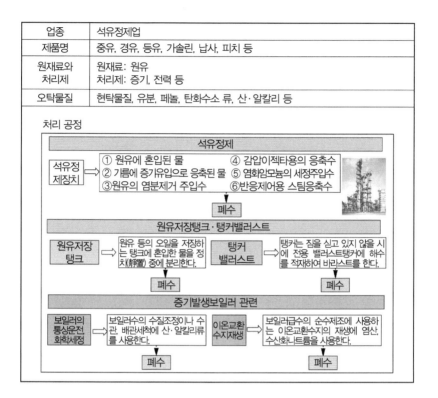

업종	석유정제업
제품명	중유, 경유, 등유, 가솔린, 납사, 피치 등
원재료와 처리제	원재료: 원유 처리제: 증기, 전력 등
오탁물질	현탁물질, 유분, 페놀, 탄화수소 류, 산·알칼리 등

처리 공정

석유정제

석유정제장치 →
① 원유에 혼입된 물
② 기름에 증기유입으로 응축된 물
③ 원유의 염분제거 주입수
④ 감압이젝타용의 응축수
⑤ 염화암모늄의 세정주입수
⑥ 반응제어용 스팀응축수

→ 폐수

원유저장탱크·탱커밸러스트

원유저장탱크 → 원유 등의 오일을 저장하는 탱크에 혼입한 물을 정치(靜置) 중에 분리한다.
→ 폐수

탱커밸러스트 → 탱커는 짐을 싣고 있지 않을 시에 전용 밸러스트탱커에 해수를 적재하여 바라스트를 한다.
→ 폐수

증기발생보일러 관련

보일러의 통상운전 화학세정 → 보일러수의 수질조정이나 수관, 배관세척에 산·알칼리류를 사용한다.
→ 폐수

이온교환수지재생 → 보일러급수의 순수제조에 사용하는 이온교환수지의 재생에 염산, 수산화나트륨을 사용한다.
→ 폐수

● 폐수의 종류

정유소에서는 원유 상압증류시설, 탈염시설, 탈황시설, 휘발유·등유·경유 세정시설, 윤활유 세척시설 등이 특정 시설에 해당됩니다.

이러한 설비로부터 배출되는 주된 오염수는 기름 폐수이며, 이 외에 암모니아, 페놀, 황화수소, 탄화수소 등을 포함할 수 있습니다. 유분은 자연에 방치하면 물에 뜨기 때문에 분리가 비교적 쉽지만, 그 외의 물질은 가압부상, 생물 처리, 모래 여과, 활성탄 흡착 처리 등을 부가해야만 처리할 수 있습니다.

석유 정제장치	탱커·밸러스트 폐수	보일러 관련 폐수	사무실 폐수
⇩	⇩	⇩	⇩
주요 성분 ① 유분 ② 암모니아 ③ 페놀 ④ 황화수소 ⑤ 탄화수소류	주요 성분 ① 유분 ② 암모니아 ③ 페놀 ④ 황화수소 ⑤ N-헥산 　추출물질	주요 성분 ① 염산 ② 수산화나 　트륨 ③ 현탁물질 ④ 인산염류	주요 성분 ① BOD ② COD ③ 현탁물질 ④ 대장균 ⑤ 계면활성제

● **수량(水量)**

정유소에서 나오는 폐수는 프로세스 폐수와 냉각 폐수가 대부분을 차지합니다. 냉각수 중 공업용수는 순환 사용하므로 배수량이 적고, 바닷물은 염분이 많아 순환 이용할 수 없기 때문에 일과성 냉각 방식으로 그대로 바다에 방류합니다. 도쿄만, 이세만 및 세토 내해에 위치한 폐수량 400m³/일 이상의 정유소에서는 폐쇄된 지역의 부영양화 방지 차원에서 COD 부하량의 연속 측정을 의무적으로 하도록 합니다.

또 이러한 내만(內灣)에 위치하는 정유소나 석유화학 공장에서는 폐수 중의 질소 및 인 함유량도 파악해 관리하고 있습니다.

● **주요 처리 방법**

유분을 포함한 폐수는 오일 세퍼레이터(API, CPI, PPI 방식 등)로 유수 분리됩니다. 폐수 성분에 따라서는 이것만으로는 부족하기 때문에 ① 가압부상, ② 활성 슬러지, ③ 모래 여과, ④ 활성탄 흡착 처리 등의 2차 처리를 합니다. 2차 처리한 물은 보안 완충지(Guard Basin)를 경유하여 배출됩니다. 보안 완충지는 만일의 사고나 설비 고장 등으로 대량의 기름이 유출되었을 때 조기에 장외 유출을 방지하는 완충지로서의 기능을 갖춘 인공 저장지를 말합니다.

■ 처리 플로우 시트 ①

<그림 4.8.1>에 API(American Petroleum Institute) 오일 세퍼레이터를 사용한 정유 폐수 처리 플로우 시트(예)를 제시합니다. API 오일 세퍼레이터는 표준으로 150μm까지의 기름 방울을 제거할 수 있습니다. 폐수에 유화유, N-헥산 추출 물질, 현탁물 등이 포함되어 있는 경우는, 다시 한번 가압 부상 처리를 실시합니다.

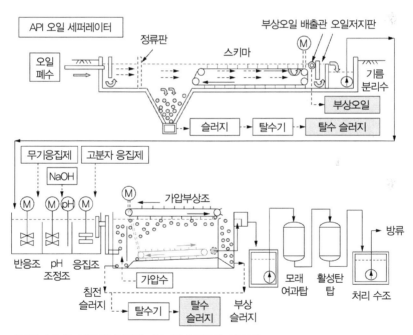

〈그림 4.8.1〉 석유 정제 공장 폐수 처리 플로우 시트(1)

가압부상 처리는 황산알루미늄 등의 알루미늄계 응집제를 첨가하여 pH7.5~8.5 정도로 조정하고, 수산화알루미늄 플록 표면에 유분, 현탁물질 등을 흡착시킵니다. 이어서 고분자 응집제를 첨가하여 횡류식 가압부상조로 이송시켜 플록을 부상분리합니다. API 오일 세퍼레이터와 횡류식 가압부상 처리의 조합은 수량이 많은 처리 설비에 적합합니다. 가압부상 처리한 물은 모래 여과탑과 활성탄탑을 통하여 더욱 깨끗한 처리수로 만듭니다.

■ 처리 플로우 시트 ②

<그림 4.8.2>는 CPI(Coagulated Plate Intercepter) 오일 세퍼레이터를 사용한 정유 폐수 처리 플로우 시트(예)를 나타낸 것입니다. 이 장치는 그림과 같이 물의 흐름에 물결형(波型)의 경사판(20~40mm 간격)을 설치합니다. 이것으로 $60\mu m$까지의 기름방울을 제거할 수 있습니다. 유분 이외에 유기물(BOD, COD 성분), 계면활성제, N-헥산 추출 물질 등이 포함되는 경우는 유수 분리 후단에서 활성 슬러지 처리를 실시합니다. 활성 슬러지 처리 전단에는 유량 조정조를 설치하고, 폭기조에는 폐수가 항상 일정 유량으로 흘러 들어가도록 합니다. 폭기조의 개수는 물의 단락류 방지와 처리 효과를 안정시킬 목적으로 2조 이상의 복수로 설치합니다. CPI 오일 세퍼레이터는 효율이 높고 장치의 소형화가 가능하므로 수량이 적은 설비에 적합합니다. 생물 처리수는 모래 여과탑과 활성탄탑으로 통수하여 다시 정화한 후 방류합니다.

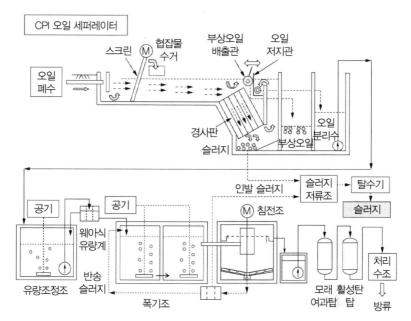

⟨그림 4.8.2⟩ 석유 정제 공장 폐수 처리 플로우 시트(2)

4.9 유기공업제품 제조업

유기 공업제품의 대표예로 ① 계면활성제와 ② 비료가 있습니다.

① 계면활성제의 주요 물질로 LAS(라우릴황산나트륨: Sodium Lauryl Sulfate)가 있습니다. LAS는 라우린산을 고압으로 환원한 라우릴 알코올을 술폰화(Sulfonation)하여 수산화나트륨으로 중화하여 만듭니다. 친숙한 상품으로는 세탁 세제, 샴푸 등이 있습니다. 천연 원료인 비누에 비해 저렴하고 균일한 제품을 대량으로 생산할 수 있습니다.

② 비료의 대표적인 예로는 요소가 있습니다. 요소는 암모니아와 이산화탄소를 고온, 고압 아래에서 직접 반응시켜 만듭니다. 요소는 비료

나 사료, 합성수지나 접착제 등의 원료, 디젤 엔진 배기가스의 탈질 환원제로도 사용되고 있습니다.

업종	유기공업제품 제조업
제품명	계면활성제, 샴푸, 세제, 요소비료, 사료 등
원재료와 처리제	원재료: 라우린산, 암모니아, 이산화탄소 등 처리제: 황산, NaOH, 암모니아, 이산화탄소 등
오탁물질	현탁물질, 산·알칼리, COD, BOD, 물의 경도성분 등

생산공정

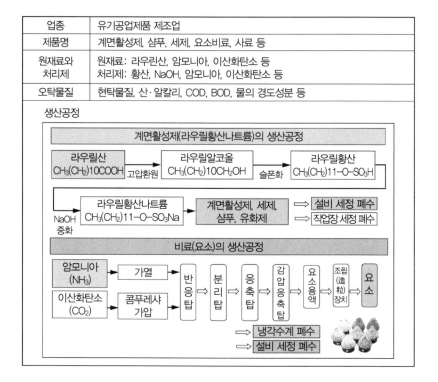

● 폐수의 종류

① 계면활성제: 일반 세탁용 세제의 주성분은 LAS입니다. 세제에는 LAS 이외에 보조제(補助劑: Builder)도 첨가되어 있습니다. 보조제는 세정력 향상, 재(再) 오염 방지, 흡습 방지, 물의 연화 등의 역할을 합니다. 합성 제올라이트에는 이온교환 작용이 있어 경수를 연화합니다. 제조 공장에서는 다음 표의 성분을 포함한 폐수가 나옵니다.

② 비료(요소): 요소 제조 공장에서는 냉각 폐수, 정기 점검 시의 설비 세

척 폐수, 공장 바닥 세척 폐수 등이 나옵니다. 다음 표에 나타난 현탁물을 포함한 폐수가 부정기적으로 다량 배출되므로 큰 저류조가 필요합니다.

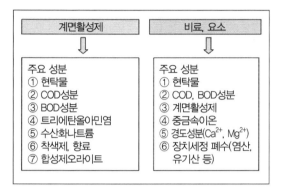

● 수량(水量)

계면활성제와 비료 제조공장 모두 사용 수량이 많은 냉각수의 대부분은 순환 사용하고 있으나, 수질 조정에 첨가하는 수처리 약품의 일부가 폐수로 나옵니다.

정기점검 시에 실시하는 설비(반응용기, 배관 등)의 세척에서는 설비의 오염(산화철 스케일 등), 처리 공장의 바닥 청소에서는 제품 그 자체가 배출되므로 이들 성분에 대응한 처리 장치가 필요합니다. 일본의 요소 제조 플랜트는 해외에 많이 수출되고 있지만 환경 대책에는 특히 주의할 필요가 있습니다.

● 주요 처리 방법

계면활성제 제조와 비료 제조 두 설비 모두 정기점검 시에는 산·알칼리, 현탁물, 중금속 이온 함유 폐수 등이 발생하므로 pH 조정, 응집침전 처리, 여과 등의 처리 설비가 필요합니다. 유기물 성분(COD, BOD)이 많은 경우는 상기 처리에 추가해 활성 슬러지 처리 등의 생물 처리 설비가 필요합니다. 계면활성제와 요소 이외의 공장에서 나오는 유기계 폐수에도 유기물이 많이 포함되어 있습니다. 이들 물질 중에는 쉽게 생물 처리를 할 수 없는 성분도 포함되어 있습니다. 일례로서 주석산, 사과산, 포름알데히드, 에틸에테르 등은 생물 분해하기 어렵기 때문에 미생물의 훈양(訓養: Bioaugmentation)이 필요합니다.

■ **처리 플로우 시트 ①**

　<그림 4.9.1>에 계면활성제 제조 공장 폐수 처리 플로우 시트(예)를 제시합니다. 계면활성제 제조공장에서는 라우린산을 원료로 하여 라우릴알코올, 라우릴 황산, 라우릴 황산나트륨 등을 만듭니다. 통상적인 생산공정에서는 유해한 물질은 나오지 않지만 정기점검 시나 반응용기, 배관세척 시에는 현탁물질, 산알칼리, 유기성분(COD, BOD) 등이 배출됩니다.

　연속식 폐수 처리 장치는 어떤 폐수라도 처리할 수는 없어, 처리 능력을 넘는 고농도의 폐수가 다량으로 유입하면 대응할 수 없습니다. 그래서 가능한 한 농도의 균일화를 도모할 목적으로 적어도 1일분의 폐수를 저장할 만한 유량 조정조를 설치하는 것을 권장합니다. <그림 4.9.1>에서는 응집 침전으로 현탁물이나 유기물의 대부분을 제거하고, 이어서 활성 슬러지 처리에 의해 용해성 유기물을 제거합니다. 생물 처리수는 또한 모래 여과탑을 통수하여 청정화를 도모하여 처리수로 만듭니다.

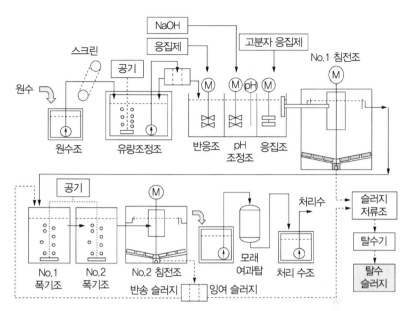

〈그림 4.9.1〉 계면활성제 제조 공장 폐수 처리 플로우 시트

■ **처리 플로우 시트 ②**

　〈그림 4.9.2〉는 비료(요소) 제조 공장 폐수 처리 플로우 시트(예)를 나타 냅니다. 통상적인 요소 생산 공정에서는 유해한 물질은 나오지 않지만 정 기점검 시나 반응용기, 배관세척 시에는 현탁물질, 산·알칼리, 유기성분 (COD, BOD) 등이 배출됩니다. 또, 제품의 요소 분말을 벨트 수송, 자루에 채울 때는 창고, 작업장에 대량의 요소 분말이 퇴적되는 경우가 있습니다. 이러한 퇴적물을 제외하고 청소한 후에는 현탁물이나 유기물을 포함한 폐수가 나옵니다. 이것을 처리하지 않고 강이나 바다에 폐기하면 수역 오 염의 원인이 됩니다. 이를 방지할 목적으로 응집침전 처리 장치 설치를 권 장합니다. 오염 폐수는 부정기적으로 배출되므로 적어도 1일분의 폐수를 저장할 만큼의 유량 조정조를 만듭니다. 폐수는 모아두면 부패하므로 교

반과 부패 방지를 겸해 공기를 넣습니다. 이어서 응집침전으로 현탁물이나 유기물을 제거한 후, 모래 여과탑에 물을 통과한 후 처리수로 방류합니다.

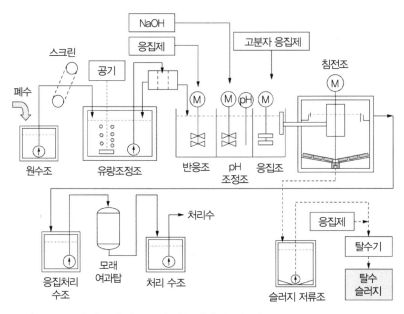

〈그림 4.9.2〉 비료(요소) 제조 공장 폐수 처리 플로우 시트

4.10 · 무기공업제품 제조업

유기 화합물의 대부분은 지표에 존재하는 데 반해 무기화합물은 지구 내부에 이르기까지 분포하고 있습니다. 공업적으로도 철강이나 시멘트, 유리 등의 무기공업제품의 생산량은 유기 공업제품을 압도하고 있습니다. 여기에서는 무기공업 중에서도 대표적인 ① 소다 공업, ② 시멘트 공업의 제품에 대해서 설명하겠습니다.

① 소다 공업: 이온교환막을 사용한 식염의 전기분해로 얻어지는 수산화나트륨 및 염소, 또는 그것들을 원료로 한 제품들을 만듭니다.

② 시멘트 공업: 석회석, 점토, 규석, 철 원료, 석고 등을 원료로 하여 분쇄, 소성, 냉각, 마감 분쇄 등의 공정을 거쳐 시멘트를 만듭니다.

업종	무기공업제품 제조업
제품명	수산화나트륨, 염소, 시멘트 등
원재료와 처리제	원재료: 식염, 석회석, 점토, 규석, 산화철, 석고 등 처리제: 전력, 물, 공기, 보크사이트, 플라이 애쉬 등
오탁물질	현탁물실, 산·알칼리, 중금속 이온 등

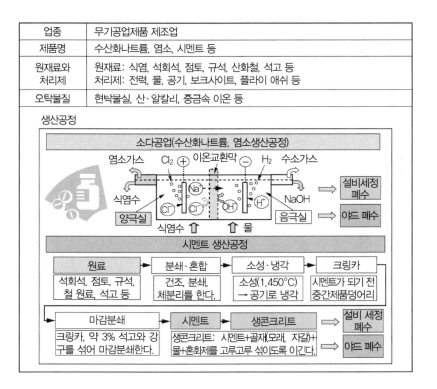

생산공정

● 폐수의 종류

① 소다 공업: 소다공업의 폐수는 다음 표와 같이 설비 세정 폐수, 공장의 바닥 세정 폐수, 배기가스 세정 폐수 등으로 분류됩니다. 설비 세척이나 공장 바닥 세척의 폐수는 부정기적으로 배출되므로 배출량

에 맞는 큼직한 폐수 저류조가 필요합니다.

② 시멘트 공업: 시멘트 공장에서는 정기 점검 시 설비세척, 공장바닥 세척의 폐수가 많이 배출됩니다. 현탁물을 포함한 물이 비정기적으로 다량으로 배출되므로 대형 저류조가 필요합니다.

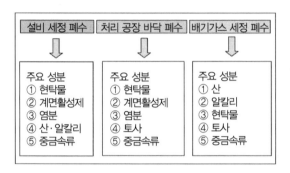

● 수량(水量)

소다 공업은 폐쇄된 설비 중에서 '전기분해'에 의해 염소가스, 수산화나트륨이 생산되므로 통상 운전 시에는 유해한 폐수는 나오지 않습니다(이전에는 물은 전해법으로 생산했기 때문에 수은 오염 문제가 있었습니다).

시멘트 공업은 '드라이' 상태로 생산을 하므로 통상 운전 시에는 유해한 폐수는 나오지 않습니다.

정기점검 시에 실시하는 설비 세척, 처리 공장의 바닥 세척, 배기가스 세정 설비의 폐수는 단기간에 대량으로 발생하므로 큰 저류조가 필요합니다.

● 주요 처리 방법

소다 공업도 시멘트 공업도 일반 운전에서는 유해한 폐수는 나오지 않습니다. 그래도 정기점검 시에는 산·알칼리, 현탁물, 중금속 함유수 등이 배출되므로 pH 조정, 응집침전 처리, 여과 등의 처리 설비가 필요합니다. 시멘트 원료에는 산업 폐기물을 사용할 수 있습니다. 중금속을 포함한 폐기물의 경우 대부분의 원소는 시멘트 소성 공정 중에서 클링카 광물 속에 고용(固溶)되어 안정화됩니다. 그래도 폐기물의 수용 단계에서는 유해 성분의 관리 체제 강화가 필요합니다. 정기점검 시에는 폐수가 일시적으로 다량으로 배출되므로 설비 규모에 맞는 용량의 폐수 저장 수조가 필요합니다.

■ 처리 플로우 시트 ①

<그림 4.10.1>에 소다 공업 폐수 처리 플로우 시트(예)를 나타냅니다. 수산화나트륨과 염소는 많은 무기 약품의 원료가 됩니다. 수산화나트륨은 화학섬유 제조, 종이펄프 제조, 공업약품 원료로, 액체염소는 소독살균제, 표백제로 사용됩니다. 소다 공업에서 생산되는 합성 염산은 조미료, 염료, 의약품 원료가 됩니다. 소다 공업의 폐수는 생산설비의 정기점검 시의 세정, 공장 바닥 세척, 배기가스 세정탑 점검, 흡수액 교환 등으로 발생합니다.

소다 공업 폐수에 유해물은 포함되어 있지 않지만, 산·알칼리 성분이나 현탁물을 포함하는 경우가 있으므로 폐수를 큰 폐수 탱크에 일단 저장하여 균일화를 도모합니다. 다음으로 일정한 유량으로 반응조에 보내고 현탁물이 많을 경우 무기응집제를 첨가하여 응집침전 처리합니다. 상징수는 pH를 재조정하여 방류합니다. 현탁물이 적고 산·알칼리 성분만 있는 경우는 pH 조정을 합니다.

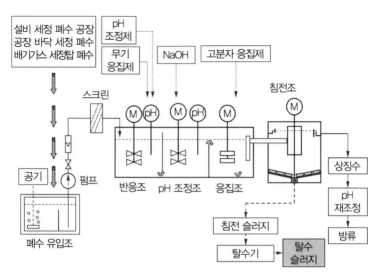

〈그림 4.10.1〉 소다 공업 폐수 처리 플로우 시트

■ 처리 플로우 시트 ②

<그림 4.10.2>에 시멘트 공장 폐수 처리 플로우 시트(예)를 나타냅니다. 시멘트 공장의 폐수는 생산 설비의 정기 점검 시의 세정, 공장 바닥 세정, 배기가스 세정탑의 점검, 흡수액 교환 등에서 발생합니다. 시멘트 공장의 폐수에 유해물은 포함되어 있지 않지만, 현탁물, 산·알칼리 성분에 더하여 원료에 따라서는 중금속을 포함하는 경우가 있습니다.

폐수는 큰 폐수 수조에 저장하여 스크린으로 이물질을 제거한 후 유량 조정조에서 농도의 균일화를 도모합니다. 이어서 일정한 유량으로 응집 반응조에 보내 황산알루미늄이나 폴리 황산철 등의 무기 응집제를 이용하여 응집침전 처리를 합니다. 응집 처리한 상징수는 모래 여과탑에 통과하여 미세한 현탁물을 제거합니다. 침전 분리된 슬러지는 슬러지 농축조에 저장했다가 탈수기(필터 프레스)로 탈수 처리합니다.

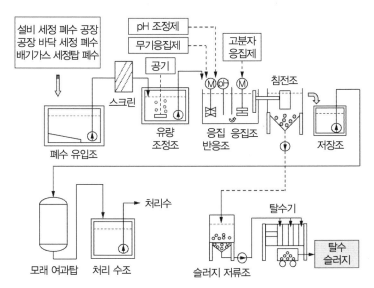

〈그림 4.10.2〉 시멘트 공장 폐수 처리 플로우 시트

4.11 **화력발전소**

　화력 발전소의 연료는 중유, 석탄, LNG(액화 천연가스) 등이 사용되고 있습니다. 최근 LNG를 연료로 하여 가스터빈 발전과 증기 발전을 조합한 발전 효율이 좋은 '컴바인드 사이클 발전'이 도입되는 경향이 있습니다.

　발전소 폐수에는 다음 페이지 표에 나타낸 ① 정상 폐수와 ② 비정상 폐수가 있습니다. ① 정상 폐수에는 터빈 증기 냉각용 온수 폐수와 보일러 수질조정에 사용한 탈산소제, 인산염, 암모니아 등이 포함되어 있습니다. ② 비정상 폐수에는 보일러의 화학 세척 폐수와 보일러 연소실, 연도 등을 세척한 폐수가 있습니다.

업종	화력·원자력 발전
제품명	발전에 의한 전력생산
원재료와 처리제	원재료: 석화(石火)연료(중유, 석탄, 천연가스), 원자력, 순수 등 처리제: 인산염류, 수가(水加)히드라진, 암모니아 등
오탁물질	중금속 이온, 산·알칼리, 유기성분(COD, BOD), 인산염류, 수가히드라진 등

생산공정

● 폐수의 종류

발전소 폐수의 대부분은 터빈 증기의 냉각에 사용한 온수 폐수입니다. 터빈 가동 후의 증기는 복수기로 냉각되어 물이 되고, 다시 보일러로 보내 재활용합니다. 냉각용 해수는 증기 냉각 후 방수구를 통해 바다로 다시 되돌립니다.

바다로 방출된 바닷물은 취수 때보다 7~8℃ 높아지기 때문에 온수 폐수라고 합니다. 온수 폐수는 양식 등 유용하게 이용되고 있는 곳도 있습니다.

● 수량(水量)

　화력발전소의 발전방식을 지금까지의 '증기발전'에서 '컴바인드 사이클발전'으로 바꾸면 연료를 절약할 수 있고 발전효율이 약 38% → 약 50%로 올라가며 온수 폐수량도 감소합니다. 일례로 다음 표와 같이 증기발전을 컴바인드 사이클 발전으로 바꾸면 온수 폐수량은 100.7 → 43m³/s로 절반 이하로 줄어듭니다.

발전방식	발전량(만kW)	온배수량(m³/s)
증기발전	200(25만 × 8기)	100.7
컴바인드 사이클 발전	200(50만 × 4기)	43

● 주요 처리 방법

　발전소의 정상 폐수는 응집침전 처리를 합니다. 수질에 따라서는 그 처리수를 생물 처리하여 폐수 기준치 이하의 수질로 합니다. 비정상 폐수는 고농도의 산·알칼리, 중금속 이온 등을 함유하고 있어, 1차 처리로서 중화 응집 및 산화 처리를 합니다.

석유정제공장, 화학공장, 제지공장, 공동발전소 등에 설치된 대형 자가
발전용 보일러 설비에서도 비정기적으로 화학 세척 폐액이 나옵니다. 이
경우에도 마찬가지로 <그림 4.11.1>에 나타난 것과 같이 전처리(1차 처리)
를 하고 나서 조금씩 정상 폐수 처리 설비의 생물 처리 공정에 합류시키는
등의 방법을 사용합니다.

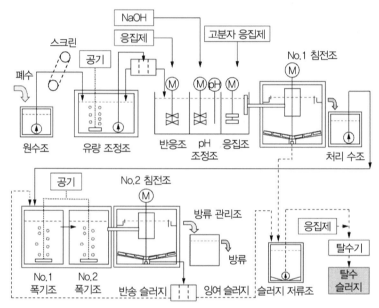

<그림 4.11.1> 화력발전소의 정상 폐수 처리 플로우 시트

■ 처리 플로우 시트 ①

<그림 4.11.1>에 화력발전소의 정상 폐수 처리 플로우 시트(예)를 나타
냅니다. 큰 이물질이나 쓰레기는 스크린에서 제외됩니다. 유량 조정조에
서는 공기를 불어 넣으면서 농도의 균일화를 합니다. 이어서 황산알루미늄
이나 염화제2철 등의 무기계 응집제와 수산화나트륨을 사용하여 pH6.5~

8.5에서 응집침전 처리합니다.

응집침전 처리로는 현탁물질, 중금속 이온, 산·알칼리, 유기성분(COD, BOD) 등을 대부분 제거할 수 있으나 보일러 수질 조정에 사용한 탈산소제[수가(水加)히드라진], 유기물, 암모니아 등의 분리가 충분하지 않아 생물에 의한 활성 슬러지 처리를 합니다. 발전소의 보일러는 1일 24시간 연속 운전을 하기 때문에 폐수량의 큰 변동은 없습니다. 그래도 큰 유량 조정조를 마련해두면 긴급 사태에 대응할 수 있어 편리합니다. 또 생물 처리를 할 경우는 폭기조에 유입되는 폐수의 유량이 정상화되므로 처리수의 수질이 안정됩니다.

■ 처리 플로우 시트 ②

<그림 4.11.2>에 화력발전소의 비정상 폐수 처리 플로우 시트(예)를 나타냅니다. 비정상 폐수는 정기 점검 등의 공사 내용에 따라 수질이 크게 변동합니다. 그래서 유량 조정조에서는 공기를 주입하여 농도의 균일화를 합니다. 이어 폐수 성분에 따라 무기계 응집제를 첨가하거나 수산화나트륨 등의 알칼리제 단독으로 응집침전 처리합니다. 응집침전 처리로는 현탁물질, 중금속이온, 산·알칼리는 제거할 수 있지만 화학세척에 사용한 세정제(구연산, 히드록실초산 등의 유기산, 킬레이트제, 계면활성제, 방청제 등)나 연소실 세척에 사용한 세제 등의 분리가 충분하지 않을 수 있습니다.

이 경우는 필요에 따라 철촉매와 과산화수소 등의 산화제나 수산화나트륨에 의한 산화 처리와 침전 분리를 실시합니다. 처리수는 다시 pH 조정하여 방류하거나 수질에 따라 <그림 4.11.1>의 정상 폐수 처리 장치에 합류시킵니다.

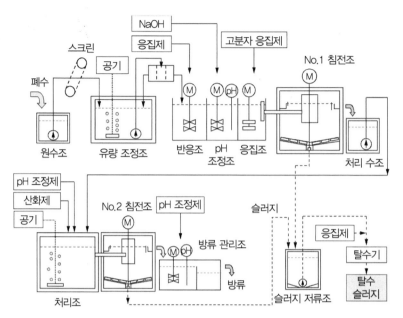

〈그림 4.11.2〉 화력발전소의 비정상 폐수 처리 플로우 시트

4.12 자동차, 기계부품 제조업

자동차, 자동차 정비, 기계 부품 제조 관련의 공장 폐수는 광물유, 현탁 물질, 노르말헥산 추출 물질, 유기물(COD, BOD) 등을 많이 포함하고 있습니다.

유분은 ① 부상유(浮上油)와 ② 유화유(乳化油)로 분류됩니다.

① 부상유는 가압부상 처리 또는 기름 분리조를 설치하면 대부분 제거가 가능합니다. ② 유화유는 유화 파괴제(Emulsion Breaker)나 무기응집제를 첨가하여 처리합니다. 유화제나 계면활성제는 화학적으로 안정되어 좀처럼 분해되지 않지만 활성탄 흡착이나 생물 처리를 조합하여 처리하

면 대부분 제거할 수 있습니다. 노르말헥산 추출물질과 유기물도 함께 제거할 수 있습니다.

업종	자동차, 기계 제조업
제품명	자동차, 자동차 부품, 도장 기계부품, 다이캐스트 제품 등
원재료와 처리제	원재료: 자동차 부품, 철강 부품, 알루미늄 부품 등 처리제: 산·알칼리, 화성 처리제, 이형제(離型劑), 유화제 등
오탁물질	유분, 현탁물질, 중금속 이온, 산·알칼리, 유기성분(COD, BOD), 도료성분, 계면활성제 등

처리 공정

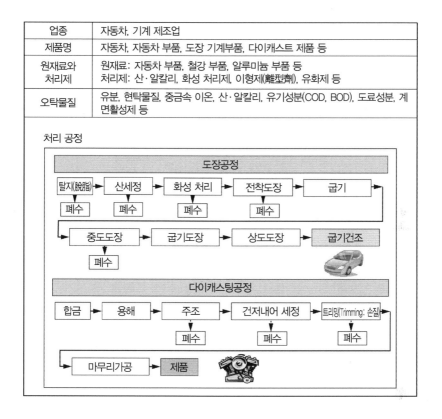

● 폐수의 종류

자동차, 기계 부품을 제작하는 공장의 도장, 다이캐스트 관련 주요 처리 공정과 폐수의 성분(예)를 다음 표에 나타냅니다. 도장공정에서는 산·알칼리, 광물유, 도료성분 등, 화성 처리 공정에서는 3가 크롬 염류, 유기산, 무기산 등이 배출됩니다.

다이캐스팅 공정의 이형제 함유 폐수에는 광물유, 계면활성제, 유화제,

유기성분 (COD, BOD) 등이 포함됩니다.

도장 공정 폐수	다이캐스트공정	
탈지, 산세정, 도장	화성 처리	이형제(離型劑) 함유 폐수
주요 성분 ① 인산염 ② 수산화나트륨 ③ 계면활성제 ④ 황산 ⑤ 염산 ⑥ 유기산 ⑦ 도료성분	주요 성분 ① 3가크롬 ② 유기산 ③ 인산염 ④ 코발트염 ⑤ 무기산 ⑥ 질산은 ⑦ 사카린염	주요 성분 ① 계면활성제 ② 폴리에틸렌글 리콜 ③ 광물류 ④ 유압작동유 ⑤ 실리콘 ⑥ 유화제

● 수량(水量)

도장의 탈지, 산세척 공정의 물 세정수에서는 산·알칼리, 광물유, 금속 이온 등을 함유한 폐수가 배출됩니다. 폐수의 약 절반은 이들 물입니다.

3가 크롬 화성 처리 공정의 물 세정수에서는 3가 크롬염류, 코발트이온, 유기산, 무기산 등을 포함한 폐수가 배출됩니다. 수량은 적지만 3가 크롬 함유 폐수의 처리는 좀처럼 어렵습니다. 다이캐스트 공정의 이형제(離型劑) 함유 폐수에는 광물유, 계면활성제, 유기성분 등이 포함되어 있습니다. 이것도 수량은 적지만 화학적으로 안정적인 성분이 포함되어 있기 때문에 처리가 어렵습니다.

● 주요 처리 방법

광물유 및 도료 성분은 중력분리, 가압부상 처리로 제거합니다. 중금속 이온, 유기 성분의 일부는 응집침전 처리로 제거합니다. 이들 처리로 남은 계면활성제, COD, BOD 성분 등은 활성 슬러지, 생물막 처리 등에 의한 생물 처리로 제거합니다. 생물학적 처리에서는 폐수를 폭기조에 24시간 균등한 유량으로 흘려보낼 수 있도록 유량 조정조를 만들어 유량 조정하는 것이 처리의 포인트입니다. 최근의 폐수 중에는 생물학적 처리를 해도 COD, BOD 성분이 좀처럼 내려가지 않는 경우가 있습니다. 이 경우 최종 마무리 공정으로 활성탄 흡착 처리를 할 수도 있습니다.

■ 처리 플로우 시트 ①

<그림 4.12.1>에 자동차 공장, 자동차 정비 공장의 폐수 처리 플로우 시트(예)를 나타냅니다. 큰 이물질이나 쓰레기는 스크린에서 제거됩니다. 광물유, 계면활성제, 도료성분, 금속이온 등을 함유한 폐수는 황산알루미늄이나 PAC 등의 무기계 응집제와 수산화나트륨을 사용하여 PH6.5~8.5에서 가압부상 처리합니다.

가압부상 처리만으로는 유기물이나 계면 활성제의 분리는 할 수 없기 때문에 생물에 의한 활성 슬러지 처리를 실시합니다. 가압부상 처리는 비교적 단시간(1~3시간)에 종료하지만 생물을 사용한 활성 슬러지 처리는 장시간(8~24시간)이 필요합니다. 생물 처리조 앞에는 폐수의 농도, 유량을 균일하게 하기 위한 유량 조정조를 설치합니다. 이렇게 하면 폭기조(2조 이상)로 흘러드는 폐수의 유량이 정상화되므로 미생물에 가해지는 급격한 부담을 줄일 수 있어 처리수의 수질이 안정적입니다.

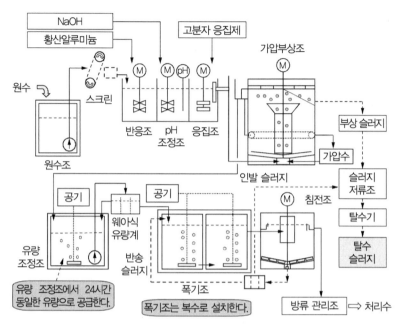

<그림 4.12.1> 자동차 공장의 폐수 처리 플로우 시트

■ 처리 플로우 시트 ②

<그림 4.12.2>에 다이캐스트 이형제(離型劑) 함유 폐수 처리 플로우 시트(예)를 나타냅니다. 폐수에 포함된 광물유는 정치하면 자연으로 부상하므로 기름 분리조를 마련하여 부상 분리합니다. 유화유, 계면활성제 등을 포함한 폐수는 염화제2철이나 폴리 황산철 등 3가 철이온을 이용하여 pH9~11로 응집침전 처리합니다. 이때 필요에 따라서 분말활성탄을 더하면 첨가량에 따라 COD 성분을 제거할 수 있습니다.

이대로는 pH가 높으므로 생물 처리에 적당한 pH7~8 정도로 pH 조정하여 유량 조정조로 이송합니다. 이형제 함유 폐수의 COD, BOD 성분은 난분해성이므로 여기에서는 다공질의 플라스틱제 담체를 이용한 유동상

접촉산화 처리를 합니다. 이 방법을 사용하면 일반적인 활성 슬러지보다 슬러지 부하를 높게(5~10배) 취할 수 있으므로 컴팩트하고 효율이 높은 생물 처리가 가능합니다.

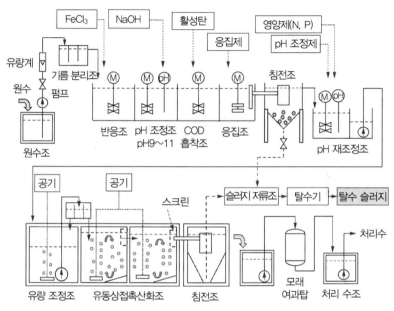

〈그림 4.12.2〉 다이캐스트 이형제(離型劑) 함유 폐수 처리 플로우 시트

4.13 유제품 제조업

유제품 공장의 업무내용은 우유를 주체로 한 우유음료(시판 우유)나 아이스크림, 요구르트, 버터, 치즈 등의 가공품 제조 공장으로 분류됩니다.

제품이 식품이므로 폐수 중에 유해물은 포함되지 않으나, 지방분이나 BOD, COD 성분이 많아 이물질 제거나 침전 분리 등의 물리적 처리만으로 폐수 규제치 이하로 하기는 어려우며, 활성 슬러지 처리를 중심으로 한 생물 처리가 필요합니다.

여기에서는 우유와 아이스크림 관련 폐수를 중심으로 설명하겠습니다. 모든 과정은 단시간에 현탁물질, BOD, COD 함유수가 배출되므로 생물 처리에 급격한 부하가 발생하지 않도록 용량에 여유가 있는 저장조나 유량 조정조가 필요합니다.

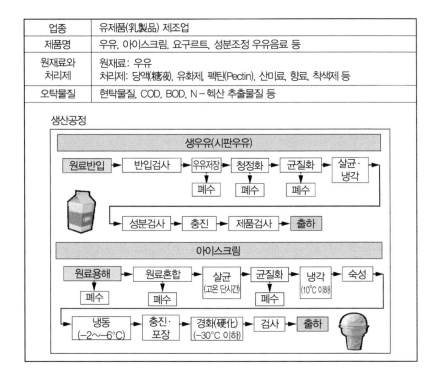

업종	유제품(乳製品) 제조업
제품명	우유, 아이스크림, 요구르트, 성분조정 우유음료 등
원재료와 처리제	원재료: 우유 처리제: 당액(糖液), 유화제, 펙틴(Pectin), 산미료, 향료, 착색제 등
오탁물질	현탁물질, COD, BOD, N – 헥산 추출물질 등

● 폐수의 종류

유제품 제조업의 폐수에는 원유(原乳) 운반차의 세정수, 각 수조의 세정, 기구 세척, 작업장의 바닥 세정 폐수 등이 있습니다. 이것들은 다음 표와 같은 성분으로 계측됩니다. 우유병 조립 공장에서 세정제로 수산화나트륨과 세제를 사용하는 경우는 폐수 pH 수치가 높아집니다.

작업 종료 시 염소계 살균제를 사용하는 공장에서는 폐수에 잔류 염소(Cl_2)가 포함됩니다. 잔류 염소는 생물 처리에 장애가 되므로 운전관리에 주의해야 합니다.

● 수량(水量)

유제품 제조 공장의 폐수량과 시간대의 관계(예)를 오른쪽 그림에 나타냅니다. 폐수는 원유 운반차의 세척수, 생산 종료 시의 원료 탱크, 조합 탱크 등의 세척 폐수 외 작업 종료 시의 바닥 세척, 기구 세척 폐수 등이 주된 것입니다. 폐수는 단시간에 집중적으로 배출되므로 큰 저류조가 필요합니다.

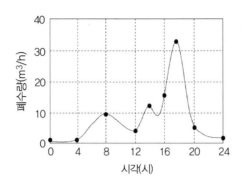

● 주요 처리 방법

유제품 제조 공장의 폐수 처리는 ① 이물질 제거, ② 현탁물 제거, ③ 유지분 제거, ④ 유기물(BOD, COD 성분) 제거가 기본입니다. 생물에 의한 BOD 처리에서는 급격한 농도변화를 피하기 위하여 농도가 높은 폐액은 통상 사용하는 원수조와는 다른 별도의 수조에 저장하고 그 후 조금씩 일상 폐수에 혼입시키는 등의 대책을 취합니다. 우유병 세척작업을 수반하는 공장 폐수는 pH 조정, 잔류 염소 제거를 위한 중화, 공기 교반이 필요합니다. 또한 빈 병속의 휴지, 빨대 등이 혼입되므로 스크린을 통한 이물질 제거가 필수적입니다.

■ 처리 플로우 시트 ①

<그림 4.13.1>에 유제품 제조 폐수 처리 플로우 시트(예)를 나타냅니다. 폐수 중 종이류, 빨대 등 쓰레기가 섞여 있을 경우 진동 스크린으로 제거하면 효과적입니다. 유지분이 포함될 경우는 유수 분리조를 마련하여 미리 제거합니다.

생물 처리를 하는 경우는 처리조 앞에 유량 조정조를 설치하여 그 이후

유량을 24시간 균등하게 하는 것이 처리의 포인트입니다. 원수의 BOD 농도가 1,000mg/L 이상인 경우는 하나의 예로서 그림과 같이 폭기조의 전단에 혐기조를 마련하여 혐기 처리를 실시합니다. 혐기 처리로 BOD를 반 이하로 한 후 활성 슬러지법에 의한 호기 처리를 실시합니다. 혐기조와 호기조는 물의 단락을 방지하기 위해서 2조 이상의 복수로 합니다. 처리수는 멸균조에서 염소 살균하여 방류합니다. 부상유(浮上油)나 침전 슬러지는 슬러지 저류조에 일시 저류하여 벨트 프레스 탈수기로 탈수 처리합니다.

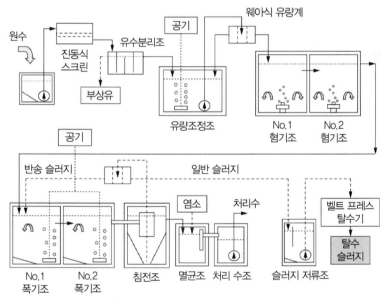

〈그림 4.13.1〉 유제품 제조 폐수 처리 플로우 시트

■ 처리 플로우 시트 ②

<그림 4.13.2>에 아이스크림 공장 폐수 처리 플로우 시트(예)를 나타냅니다. 아이스크림은 원유에 유지(유지방분, 식물유지 등), 안정제[펙틴, 알

긴산나트륨, 아라비아 껌(Arabic Gum) 등], 유화제(사탕수수 당, 지방산 에스테르 등), 향미료[Flavor: 바닐라, 초콜릿(Chocolate), 딸기 등] 등의 첨가제를 첨가하여 60℃ 정도로 가온하여 혼합합니다. 폐수는 위와 같이 여러 성분을 포함하므로 황산알루미늄을 사용한 가압부상 처리를 하여 유지분, 현탁성분, 첨가물 등을 제거합니다. 가압부상은 1∼2시간 정도의 단시간에 처리할 수 있으나, 생물 처리에서는 24시간 정도의 체류 시간이 필요합니다. 그래서 폭기조의 전단에는 유량 조정조를 설치하여 그 이후의 유량을 일정하게 하도록 조정합니다. 부상 슬러지나 침전 슬러지는 벨트 프레스 탈수기로 탈수 처리합니다.

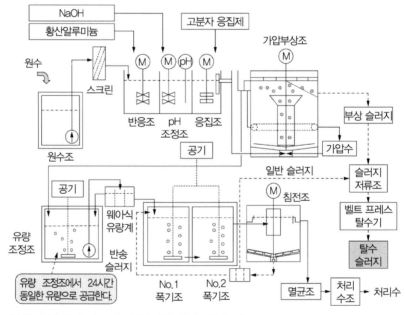

〈그림 4.13.2〉 아이스크림 공장 폐수 처리 플로우 시트

4.14 수산 가공업

수산 가공업은 수산 식료품 제조업을 말하며 ① 통조림·병조림 제조업, ② 해조 가공, 어묵제품 제조, 염간·염장품 제조, 냉동 수산물 제조업 등의 업종으로 크게 나뉩니다.

업종	수산가공업
제품명	수산식료품의 통조림·병조림, 어묵제품, 염장품, 냉동 수산물 등
원재료와 처리제	원재료: 수산 식료품(어패류, 해조 등) 처리제: 조미료, 미림, 간장, 설탕, 착색제 등
오탁물질	현탁물질, BOD, N-헥산 추출물질 등

생산공정

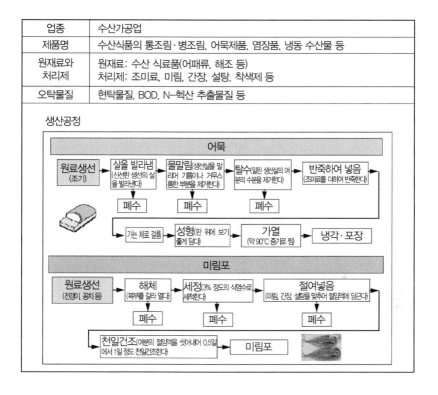

①의 공장은 생산지(어획지)가 그 근교에 위치하여 어획 상황에 따라 어획량이 달라지고 1~2개월에 따라 수질, 수량이 변동한다는 특징이 있습니다.

②의 업종은 원료가 날것인지 냉동품인지에 따라 폐수 수량, 수질이 다릅니다. 원료에 따라서는 혈수(血水) 폐수가 많을 때나 유분이 많을 수도 있습니다. 여기에서는 수산 연제품(어묵)과 건어물(미림포) 폐수의 처리에 대해 설명하겠습니다. 폐수에는 BOD 성분, 조미료, 식품첨가물 등이 포함되어 있습니다.

● 폐수의 종류

폐수의 주요 성분을 다음 표에 제시합니다. 폐수는 오염 성분과는 별도로 다량의 염분을 포함하고 있습니다. 급격한 염분 농도 변화는 활성 슬러지에 저해 물질로 작용하므로 BOD 성분뿐만 아니라 염분 농도 관리에도 주의가 필요합니다. 공장에 따라서는 작업 종료 시 염소계 살균제를 사용하므로 과도한 잔류 염소에도 주의가 필요합니다.

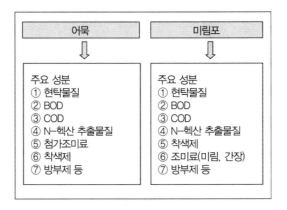

어묵	미림포
주요 성분 ① 현탁물질 ② BOD ③ COD ④ N-헥산 추출물질 ⑤ 첨가조미료 ⑥ 착색제 ⑦ 방부제 등	주요 성분 ① 현탁물질 ② BOD ③ COD ④ N-헥산 추출물질 ⑤ 착색제 ⑥ 조미료(미림, 간장) ⑦ 방부제 등

● 수량(水量)

폐수의 주요 사항은 ① 어류 해체, 열림 작업으로 인한 오염수, ② 세척, 노출공정에서 나오는 폐수, ③ 양념 공정에서 나오는 간장, 미림, 설탕, 보존재료 등을 포함한 폐수 등입니다. 수량은 가공 제품에 따라 항상 증감하므로 일정하지 않습니다.

수산 가공업에서는 폐수 배출 시간대가 일정하지 않기 때문에 가능한 한 큰 원수조(하루 배수량 이상)가 있으면 생물 처리가 잘 진행됩니다.

● 주요 처리 방법

수산 가공 폐수 처리는 활성 슬러지법이 대부분입니다. 내용은 ① 이물질 제거 ② BOD 제거 ③ 질소, 인 제거가 기본입니다.

하나의 예로서 <표 4.14.1>에 나타낸 플로어 시트로 활성 슬러지 처리를 하면 다음 표의 원수는 처리수 정도까지 정화됩니다.

성분명	원수	처리수
pH	6.5	7.2
BOD(mg/L)	500	<10
SS(mg/L)	200	<15
T-N(mg/L)	30	<10
T-P(mg/L)	10	<2
N-헥산 추출물질(mg/L)	100	<5

■ 처리 플로우 시트 ①

<그림 4.14.1>에 수산가공업 폐수 처리(연속식) 플로우 시트(예)를 나타냅니다.

수산 가공 폐수의 오염원은 원료의 어패류 등에서 유출되는 수용성 성분(단백질·아미노산 성분), 미세한 살조각 등의 현탁물이나 조미료 등으로 전형적인 유기성 폐수입니다. 이 폐수는 부패하면 황화수소 냄새를 발

생하기 쉬우므로 처리수의 일부를 원수조에 반송하는 등의 연구를 하면 탈취에 도움이 됩니다.

스크린에서 대형 쓰레기나 이물질을 제거한 폐수는 유량 조정조로 보냅니다. 유량 조정조의 수위는 항상 변동하기 때문에 단독 블로워로 폭기합니다. 유량 조정조를 통과한 폐수는 24시간 균일 유량으로 흐르도록 조정합니다. 침전 슬러지의 대부분은 폭기조로 반송하고, 일부는 슬러지 저류조에 저장하여 벨트 프레스 탈수기로 탈수 처리합니다. 처리수는 멸균조에서 염소 살균하여 방류합니다.

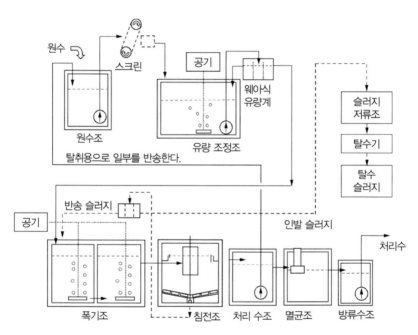

〈그림 4.14.1〉 수산가공업 폐수 처리(연속식) 플로우 시트

■ 처리 플로우 시트 ②

〈그림 4.14.2〉에 수산가공업 폐수 처리(회분식) 플로우 시트(예)를 나타

냅니다.

회분식 활성 슬러지법은 하나의 폭기조 안에서 ① 오수의 유입, ② 폭기, ③ 활성 슬러지의 침전, ④ 처리수 배출의 4공정을 반복하는 방법입니다.

이 방법은 폭기조가 침전조를 겸하므로 구조가 단순하고 유지관리가 용이하여 소규모 폐수 처리 시설에 적합합니다.

회분 처리는 원수의 수질이 항상 변화하는 소규모 수산 가공 공장의 폐수 처리 설비에 적합합니다. 활성 슬러지 속에 서식하는 '미생물'은 급격한 수질 변화나 염분의 농도 변화를 가장 싫어합니다. 회분법은 처리를 시작할 때가 가장 높은 유기물 농도(BOD)로, 그 이후에는 시간이 지남에 따라 확실히 저하됩니다. 이것은 '미생물'에게는 '앞으로의 예측을 할 수 있는' 농도 변화로 편리한 것입니다. 그 결과 수질은 다소 나쁠 때도 있지만 안정적인 처리 결과를 얻을 수 있습니다.

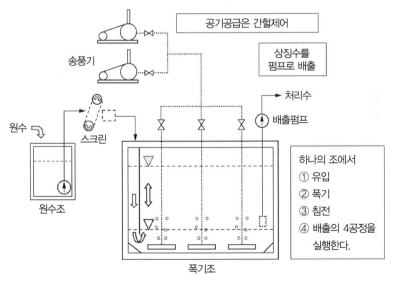

〈그림 4.14.2〉 수산가공업 폐수 처리(회분식) 플로우 시트

청량음료는 기존에 있던 콜라, 사이다, 커피 등과 더불어 현재는 젊은 층을 대상으로 한 신제품 개발이 증가하고 있습니다. 이에 따라 조제, 가열, 살균, 용기충전 등의 생산 공정도 다양해지고 있습니다. 폐수는 기본적으로 당질과 유기산을 주체로 하는 성분이므로 '생물처리법'이 적합합니다.

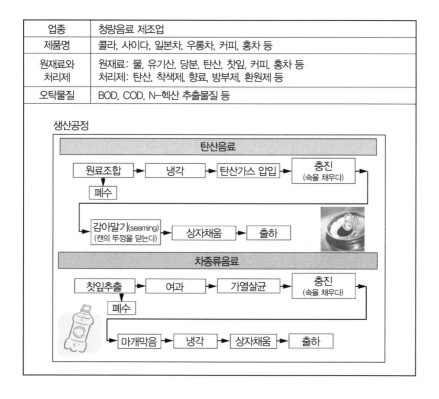

업종	청량음료 제조업
제품명	콜라, 사이다, 일본차, 우롱차, 커피, 홍차 등
원재료와 처리제	원재료: 물, 유기산, 당분, 탄산, 찻잎, 커피, 홍차 등 처리제: 탄산, 착색제, 향료, 방부제, 환원제 등
오탁물질	BOD, COD, N-헥산 추출물질 등

생산공정

생산 품목에 따라 폐수의 유기물 농도에 차이가 있으므로 고농도 폐수와 저농도 폐수로 나누어 저류하며, 고농도 폐수는 혐기 처리 후 호기 처리, 저농도 폐수는 호기 처리(활성 슬러지 처리)의 적용이 유리합니다. 청량음료 제조에 사용한 폐수는 생물 처리 후 고도 처리하고 일부는 공장 내에서 재사용합니다.

● 폐수의 종류

탄산음료, 차(茶) 종류 음료 폐수의 주요 성분을 다음 표에 나타냅니다. 폐수는 BOD 등의 유기물이 주체이지만 공장에 따라서는 용기 살균에 사용한 과산화수소와 과초산의 혼합물이나 작업장 세척에 염소계 살균제를 사용하기도 합니다. 이 경우는 활성탄이나 환원제를 사용하여 과잉 산화제를 제거할 필요가 있습니다.

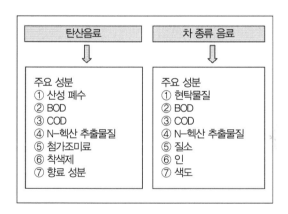

● 수량(水量)

폐수의 주된 것은 ① 원료의 조합, 주입, ② 찻잎의 추출공정 등에서 나오는 것으로 당질, 착색료, 보존재료 등을 포함하고 있습니다. 폐수량은 제조하는 품목에 따라 항상 증감하므로 일정하지 않습니다. 또한 같은 날

생산 품목이 바뀔 수도 있기 때문에 수질에 차이가 있습니다. 이를 해소하기 위해 가능한 한 큰 원수조(1일 배수량 이상) 설치를 권장합니다. 이에 따라 농도가 균일화되고 처리 설비에 대한 부하도 정상화되므로 생물 처리가 잘 진행됩니다.

● 주요 처리 방법

폐수 처리를 효율적으로 하기 위해 생산 공정별로 분리하여 BOD 농도별로 회수, 저장합니다. 최종 처리 목표치에 따라 다르지만, 고농도계 BOD 폐수는 우선 혐기 처리법으로 처리하고, 저농도가 되면 호기성 처리를 합니다. 저농도계 BOD 폐수는 처음부터 호기성 처리를 합니다. 폐수에 유해물은 포함되지 않지만 당질 성분이 주된 성분이기 때문에, 아무리 해도 생물 처리에서 영양염의 균형이 잡히지 않습니다. 이 경우에는 한 예로 BOD : 질소 : 인의 비율 100 : 5 : 1을 기준으로 조정합니다. 생물 처리의 전(前)공정에서 화학약품(PAC나 고분자 응집제 등)을 사용한 응집침전 처리를 하지 않으면 활성 슬러지 처리 공정에서 침전 분리를 대신하여 막분리법(3.7항을 참조)을 적용할 수 있습니다. PAC나 고분자 응집제는 MF막 표면의 세공을 막아 투과 수량을 저하시킬 수 있으므로 주의가 필요합니다.

■ 처리 플로우 시트 ①

<그림 4.15.1>에 고농도 음료 폐수 처리 플로우 시트(예)를 나타냅니다. 그림과 같이 BOD 농도가 높은 (10,000mg/L) 폐수를 직접 호기성 처리하는 것은 효율이 나쁘기 때문에 그 전단에서 혐기성 폐수를 처리합니다. 음료는 제품에 따라 폐수 중 유기물 농도가 크게 다르므로 품목에 따라 폐수 처리 설비에 부가되는 부하가 변동됩니다.

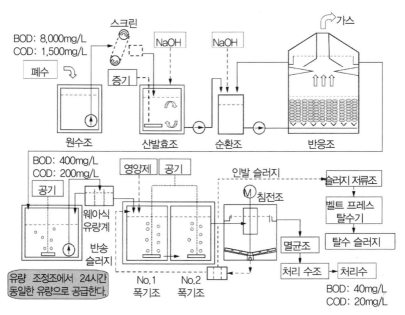

BOD: 8,000mg/L
COD: 1,500mg/L

폐수

스크린

증기

NaOH

NaOH

가스

원수조

산발효조

순환조

반응조

BOD: 400mg/L
COD: 200mg/L

공기

영양제

공기

웨아식
유량계

반송
슬러지

유량 조정조에서 24시간
동일한 유량으로 공급한다.

No.1
폭기조

No.2
폭기조

인발 슬러지

침전조

멸균조

처리 수조

슬러지 저류조

벨트 프레스
탈수기

탈수 슬러지

처리수

BOD: 40mg/L
COD: 20mg/L

〈그림 4.15.1〉 고농도 음료 폐수 처리 플로우 시트

이러한 점에서 음료 폐수 처리에서는 유기물 농도가 높을 경우에는 전단의 혐기성 처리로 BOD 성분의 대부분을 제거하고, 이어서 호기성 처리 추가로 BOD 값을 낮추면 처리 효율이 높아집니다. 혐기성 처리는 공기 공급이 필요 없는 점과 슬러지 발생량이 적다는 장점이 있습니다. 이로 인해 전력 요금의 절약, 슬러지 처분비가 절감됩니다. 또한 혐기 처리로 인해 발생한 바이오가스 이용도 가능해 자원 절약, 에너지 절약도 됩니다.

■ 처리 플로우 시트 ②

<그림 4.15.2>에 음료 폐수의 고도 처리 플로우 시트(예)를 나타냅니다. BOD 농도가 250mg/L 이하인 폐수는 호기성 처리가 적합합니다. 생물 처리, 모래 여과, 활성탄 처리 등을 합니다. 생물 처리는 2단계로 하며, 전단

에서 활성 슬러지 처리, 후단에서 접촉산화 처리를 실시합니다.

　접촉산화 처리수는 모래 여과, 활성탄 처리를 하면 BOD값과 COD값은 대략 10mg/L 이하가 됩니다. 이 정도까지 정화된 처리수라면 작업장의 바닥 세척 및 살수 등에 재사용할 수 있습니다.

　이전의 경우와 마찬가지로 음료는 제품에 따라 폐수 중 유기물 농도의 비율이 크게 다르고 질소나 인 성분의 조성도 변화합니다. 그래서 폐수에 따라서는 영양 균형을 유지하기 위해 질소, 인 등의 보급을 실시합니다.

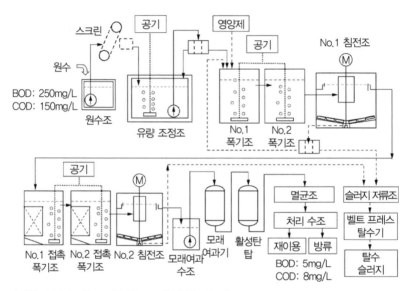

〈그림 4.15.2〉 음료 폐수의 고도 처리 플로우 시트

4.16　맥주 제조업

　맥주 공장의 폐수는 투입(당화), 맥즙 끓임, 저주(貯酒), 여과, 병채움 등

의 각각의 공정에서 나옵니다. 주된 조성은 당질, 휘발성 지방산(초산, 프로피온산 등), 에탄올 등으로 이들은 미생물에 의해 분해됩니다.

맥주 공장 폐수는 생물 저해 물질이 적기 때문에 혐기성 처리나 호기성 처리로 대응할 수 있습니다. BOD 농도가 낮은 경우는 활성 슬러지법이 적합하지만, BOD 농도가 높은 경우는 혐기성 처리와 호기성 처리를 조합하면 처리 효과가 향상됩니다. 이로 인해 슬러지 발생량과 소비 전력이 삭감되어 혐기성 처리로 발생한 바이오가스를 이용하면 자원 절약 에너지 절약이 됩니다.

업종	맥주 제조업
제품명	맥주
원재료와 처리제	원재료: 맥아, 호프(Hop), 쌀, 물, 효모 등 처리제: 탄산 등
오탁물질	BOD, COD, SS 등

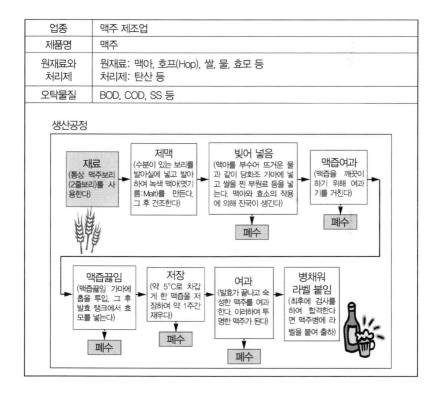

● 폐수의 종류

맥주 공장의 종합 폐수는 COD 2,000∼5,000mg/L, BOD 1,000∼3,000mg/L, SS 500∼2,000mg/L 정도로 농도에 상당한 폭이 있습니다.

유기물 농도가 높은 폐수는 COD 5,000mg/L 이상, BOD 3,000mg/L 이상도 있습니다. 폐수의 조성은 다음 표에 나타나 있듯이 당질을 비롯해 홉 유래의 현탁물질 등이 주된 것입니다. 농도가 높은 폐수는 혐기성 처리, 농도가 낮은 폐수는 활성 슬러지 처리가 적합합니다.

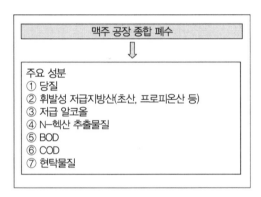

맥주 공장 종합 폐수

⬇

주요 성분
① 당질
② 휘발성 저급지방산(초산, 프로피온산 등)
③ 저급 알코올
④ N–헥산 추출물질
⑤ BOD
⑥ COD
⑦ 현탁물질

● 수량(水量)

일본 맥주 공장의 폐수량 원단위(예)를 다음 표에 표시하였습니다. 각 맥주 공장에서는 폐수의 고도 처리와 재이용에 힘쓰며 제조량에 따른 폐수량이 줄어드는 경향이 있습니다. 이에 반해 개발도상국의 맥주 공장 폐수 원단위는 10∼15m³/kL 정도입니다.

연도	2006	2007	2008
폐수량	12,100천m³	11,500천m³	10,800천m³
제조량	2,420천kL	2,400천kL	2,330천kL
폐수 원단위	5.0m³/kL	4.8m³/kL	4.6m³/kL

* 일본 A 맥주공장 평균값 예

● 주요 처리 방법

맥주 공장 폐수에는 원래 유해한 물질이 포함되어 있지 않아 생물 처리에 적합합니다. 고농도 폐수는 UASB법(상향류식 혐기성 슬러지 블랭킷법)과 호기성 생물 처리법의 조합이 효과적입니다. 저농도 폐수의 경우는 활성 처리와 오존산화, 활성탄 처리를 조합하는 방법도 있습니다.

■ 처리 플로우 시트 ①

<그림 4.16.1>에 맥주 공장 폐수 처리 플로우 시트(예)를 나타냅니다. 맥주 공장 폐수는 생산공정에 따라 유기물 농도가 다르므로 폐수 전부를 혼합하여 처리하는 것은 효율이 좋지 않습니다. 이에 다음 그림과 같이 BOD 농도가 높은 폐수는 혐기성 폐수 처리(UASB법)를 합니다. 그러나 UASB법의 숙명으로 이 방법만으로는 처리 수질을 폐수 기준치 이하로 할 수 없습니다. 따라서 후단에 활성 슬러지법 등의 호기성 생물 처리를 도입합니다.

혐기성 처리는 공기 공급이 불필요하고 슬러지 발생량이 적은 점의 이점이 있습니다. 이로 인해 전력 요금의 절약과 슬러지 처분비가 절감됩니다. 혐기 처리로 발생한 바이오가스 이용도 가능하며 자원 절약, 에너지 절약도 됩니다. BOD 농도가 낮은(500mg/L 이하) 폐수는 호기성 처리를 합니다.

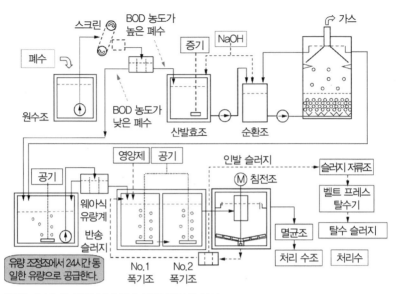

<그림 4.16.1> 맥주 공장 폐수 처리 플로우 시트

■ **처리 플로우 시트 ②**

<그림 4.16.2>는 맥주 공장 폐수(저농도) 처리 플로우 시트(예)를 나타냅니다. 폐수에는 맥아나 홉 유래의 SS가 약 1,000mg/L 정도 포함되어 있기 때문에 스크린에서 SS를 제거합니다. BOD 농도가 500mg/L 이하인 폐수는 호기성 처리가 적합합니다. 그런데 실제로는 BOD 500mg/L 이상인 경우도 있습니다. 이에 대응하기 위해 폭기조의 전단에 혐기 처리조를 설치하면 호기 처리의 부담이 경감됩니다. 여기에서는 생물 처리(혐기 처리, 호기 처리)의 후단에서 오존산화, 활성탄 처리를 실시하고 있습니다. 다음 그림의 처리로 COD 값, BOD 값은 대략 20mg/L 이하입니다. 이 정도까지 정화된 처리수라면 작업장의 바닥 세척 및 살수 등에 재사용할 수 있습니다. 활성탄 흡착 처리 전 오존산화를 시행하면 '생물 활성탄' 효과로 활성탄 사용 기간이 길어질 수 있습니다.

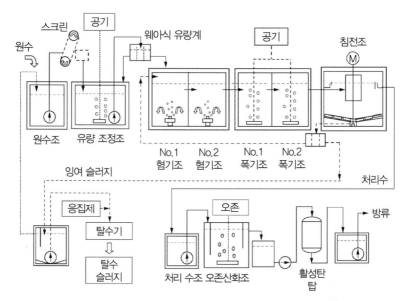

〈그림 4.16.2〉 맥주 공장 폐수(저농도) 처리 플로우 시트

4.17 면류 제조업

　면류(우동, 메밀, 라면 등)를 생산하는 제면 공장의 폐수에는 '전분질'이 많이 포함되어 있으므로 무처리로 공공수역에 방출하면 부영양화의 한 요인이 되고, 녹조나 조류의 발생을 촉진시키는 등 물환경에 악영향을 미칩니다. 일례로 우동점의 '삶은 국물' 폐수의 COD 값은 약 1,000mg/L으로 일반 가정오수의 약 10배 값입니다. 이와 같이 환경 부하가 높은 면류의 '삶은 국물'은 배출하는 사업자의 대부분이 소규모의 개인 영업으로 양도 적기 때문에 수질오염 방지법의 규제 대상이 되지 않습니다. 면류 제조 공장이나 우동 가게 등에서 나오는 폐수의 유기물 농도(COD, BOD)는 높아

도 유해물이 포함되지 않기 때문에 기본적으로 생물 처리를 적용할 수 있습니다.

업종	면류 제조업
제품명	우동, 메밀, 라면
원재료와 처리제	원재료: 소맥분, 소금, 물, 첨가제 등 처리제: 물, 달걀, 식용유 등
오탁물질	BOD, COD, SS 등

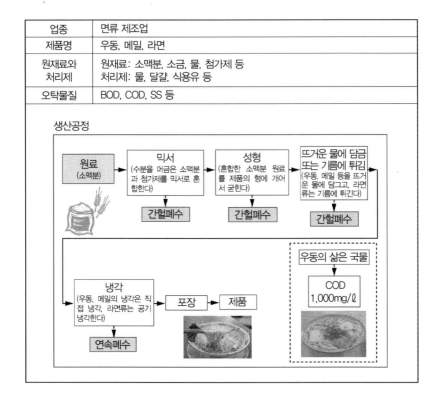

● 폐수의 종류

우동(생면, 삶은 면) 성분의 일례를 오른쪽 표에 나타냅니다. 이들 면류의 삶은 국물은 원료인 전분(탄수화물)을 많이 포함하고 있기 때문에 COD 값이 높고 우동 삶은 국물만이라면 10,000mg/L을 넘는 경우도 있습니다.

	생면	삶은 면
수분(%)	34.0	76.0
단백질(%)	6.5	2.8
지방질(%)	0.8	0.5
탄수화물(%)	57.0	22.5

● 수량(水量)

  면류 제조 공장의 폐수량은 일례로 오후 4시 이후 갑자기 증가하여 COD와 질소 농도도 급격히 증가합니다. 이것은 '솥에서 삶기' 할 때 삶은 국물이 넘쳐서 추가 보급하는 정도로 폐수량은 적지만, 하루 작업이 끝나는 저녁이 되면 솥의 물을 모두 버리기 때문입니다. 이처럼 면류 제조 공장의 폐수는 간헐적이고 시간대에 따라 변동이 크기 때문에 일정한 경향을 파악할 수 없습니다. 따라서 폐수 저장탱크의 크기는 적어도 1일분을 모아 두는 용량이 필요합니다. 이것에 의해 폐수 농도의 균일화가 도모되어 처리에 고르지 않게 되는 일이 없어집니다.

● 주요 처리 방법

  면류 제조 공장의 폐수에는 유해물이 포함되어 있지 않으므로 오른쪽 표와 같이 생물 처리가 효과적입니다. 기름에 튀긴 두부를 포함하는 즉석라면 공장 폐수에서는 유분이 혼입될 가능성이 있으므로 가압부상 처리와 생물 처리의 조합이

유분 있는 폐수 처리	유분 없는 폐수 처리
⬇	⬇
① 원수	① 원수
② 폐수 유입조	② 폐수 유입조
③ 스크린	③ 스크린
④ 유량 조정조	④ 생물 처리조
⑤ 가압부상조	⑤ 막 분리조
⑥ 생물 처리조	⑥ 처리수
⑦ 접촉 산화조	
⑧ 침전조	
⑨ 처리수	

효과적입니다. 소규모 개인 경영 매장에서는 생물 처리와 침전조가 필요 없는 막분리법 등이 효과적입니다.

■ 처리 플로우 시트 ①

  <그림 4.17.1>에 면류 제조 공장 폐수 처리 플로우 시트(예)를 나타냅니다. 유분을 포함한 면 제품이나 유부(油腐) 공정이 있는 즉석 라면 조리장

등에서는 폐수 중에 유분 혼입의 가능성이 있습니다. 그래서 생물 처리의 전단에서 가압부상 처리를 실시하면 생물 처리의 부하를 경감할 수 있습니다. 다음 그림과 같이 스크린에서 큰 이물질을 제거한 후 PAC(폴리염화알루미늄), 수산화나트륨, 고분자 응집제를 이용하여 유분과 현탁물질의 대부분을 응집시킵니다. 응집된 플록은 가압수와 접촉, 부상시켜 슬러지로 분리됩니다. 가압부상 처리한 물은 유량 조정조에 저류하여 농도의 균일화를 도모합니다. 유량 조정 이후의 유량은 24시간 균일해지도록 조정합니다. 생물 처리를 하는 폭기조는 2조 이상 복수로 합니다. 이를 통해 처리수의 단락(쇼트 패스)을 방지할 수 있어 안정적인 수질을 얻을 수 있습니다.

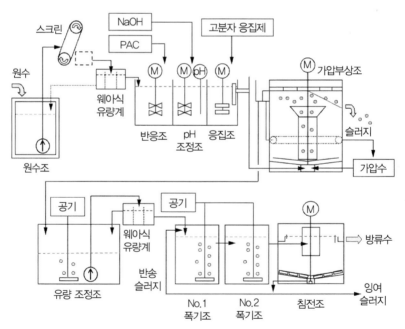

〈그림 4.17.1〉 면류 제조 공장 폐수 처리 플로우 시트

■ 처리 플로우 시트 ②

　<그림 4.17.2>에 소규모 우동 점포 폐수 처리 플로우 시트(예)를 나타냅니다. 다음 그림의 처리 장치에서는 스크린으로 큰 이물질을 제거한 후 침전 분리조에 폐수를 저장하여 가라앉기 쉬운 것을 분리합니다. 폐수는 옆의 폭기조로 이송하여 활성 슬러지에 의한 생물 처리를 실시합니다. 이어서 폭기조의 처리수는 막분리조로 흘러 들어갑니다.

　막분리조에는 세공경 0.5μm 정도의 MF 여과막이 잠겨 있으며, 그 하부에서 공기를 보냅니다. 처리수는 MF막에 접속한 흡입 펌프로 여과합니다. 이 방법은 침전조가 불필요하고 확실한 고액 분리가 가능하므로 처리수 수질이 양호합니다.

　활성 슬러지는 에어 리프트 펌프를 통해 침전 분리조와 폭기조로 반송합니다. 처리로 늘어난 슬러지는 침전 분리조에 쌓이므로 정기적인 슬러지 인발이 필요합니다. 또한 막의 성능을 유지하기 위한 전문가의 관리가 필요합니다.

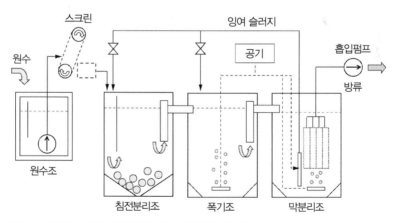

<그림 4.17.2> 소규모 우동 점포 폐수 처리 플로우 시트

도시락과 반찬 가공업은 가내 공업적인 규모가 많았지만, 최근 식생활의 변화에 따라 대량으로 다품종의 도시락, 식품을 취급하는 공장이 건설되고 있습니다.

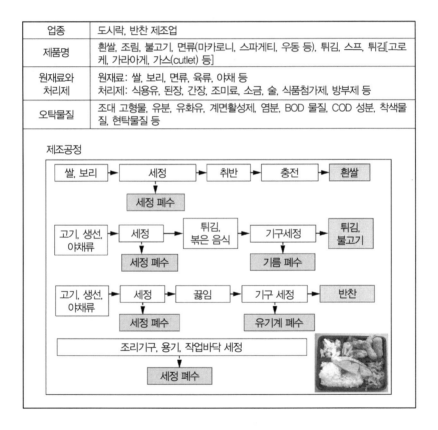

업종	도시락, 반찬 제조업
제품명	흰쌀, 조림, 불고기, 면류(마카로니, 스파게티, 우동 등), 튀김, 스프, 튀김[고로케, 가라아게, 가스(cutlet) 등]
원재료와 처리제	원재료: 쌀, 보리, 면류, 육류, 야채 등 처리제: 식용유, 된장, 간장, 조미료, 소금, 술, 식품첨가제, 방부제 등
오탁물질	조대 고형물, 유분, 유화유, 계면활성제, 염분, BOD 물질, COD 성분, 착색물질, 현탁물질 등

반찬의 가공에서는 다품종의 식품을 취급하기 때문에 폐수의 종류도 일정하지 않고, 생산 과정에 따라 크게 변동하는 것이 특징입니다. 제품이

원래 식료품이므로 폐수 중 유해물은 포함되지 않으나, 이물질 제거나 침전만의 물리적인 처리로는 폐수 규제치 이하로 하기는 어려우며, 화학적 처리나 생물학적 처리가 필요합니다.

● 폐수의 종류

도시락, 반찬 제조 공정에서 배출되는 폐수에는 유해물이 포함되지 않습니다.

폐수의 종류는 크게 오른쪽 표와 같이 ① 유계(油系)와 ② 유기계로 나뉩니다.

제조공정에 따라서는 ①과 ②가 단속적으로 배출될 수 있습니다. 최근의 경향으로 기름을 포함한 폐수가

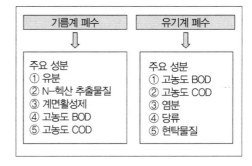

증가하고 있으므로 다음 페이지에 나타낸 원수조에 들어가기 전에 유분을 제거하기 위한 기름 분리조를 설치하는 것을 권장합니다.

● 수량(水量)

폐수는 생산 시작 시 원재료 세척 폐수, 생산 종료 시 조리도구 세척 폐수, 작업장 바닥 세척 폐수 등이 주된 것입니다.

다음 그림은 낮 동안 작업할 때 폐수 배출(예)로 항상 일정하다고는 할 수 없습니다. 이 유량 변동을 보정하기 위해서 유량 조정조의 설치가 필요합니다.

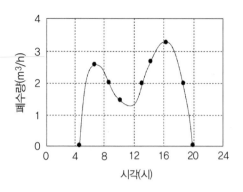

● 주요 처리 방법

　도시락, 반찬 제조 공정의 폐수 처리는 ① 이물질 제거, ② 부상유 분리, ③ 세제 등의 유화유 성분 제거, ④ 유기물(BOD, COD 성분) 제거가 기본입니다.

　세제를 포함한 유화유 성분의 처리로, 오염 정도가 가벼우면 황산알루미늄이나 폴리염화알루미늄(PAC) 등에 의한 가압부상 처리와 호기성 활성 슬러지 처리의 조합이 효과적입니다. 오염 부하가 높을 경우는 염화제2철에 의한 응집 처리 후, 혐기 처리 − 호기성 활성 슬러지 처리의 조합이 효과적입니다. 가압부상법은 응집침전법에 비해 처리 특성상 수질이 저하됩니다. 도시락, 반찬 제조업의 폐수 처리에서는 활성 슬러지 처리가 많이 채택되나 BOD, COD 농도와 함께 염분 농도에도 유의할 필요가 있습니다. 갑작스러운 염분 농도의 증가는 박테리아의 활성을 잃게 할 수 있습니다.

■ 처리 플로우 시트 ①

　<그림 4.18.1>에 오염 부하가 낮은 폐수 처리 플로우 시트를 나타냅니다.

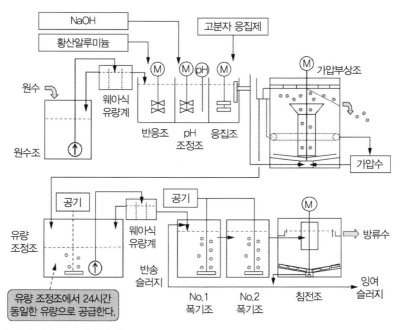

〈**그림 4.18.1**〉 오염 부하가 낮은 폐수 처리 플로우 시트

유분을 함유한 BOD 250mg/L 이하 폐수의 경우 ① 스크린 여과를 통한 이물질 제거, ② 부상유 분리 처리의 전처리 후 원수조에 저장합니다. 그래도 원수는 탁하거나 유분이 포함되어 있기 때문에 원수를 반응조에 보내려면 오염에 강한 그림과 같은 웨아식 유량계의 채용을 권장합니다. 반응조에서는 황산알루미늄 등의 알루미늄계 처리제를 이용하여 응집 처리 후 가압부상 처리를 합니다. 이를 통해 유화유, 현탁물질, 물에 난용(難溶) 유기물을 제거할 수 있습니다.

가압부상 처리수는 생물 처리를 하는데, 생물 처리조 앞에 유량 조정조를 설치하여 그 이후 유량을 24시간 균등하게 하는 것이 생물 처리의 포인트입니다.

■ 처리 플로우 시트 ②

<그림 4.18.2>에 오염 부하가 높은 폐수 처리 플로우 시트를 나타냅니다.

유분이 많고 BOD 500mg/L 이상의 폐수는 가압부상으로는 대응하기 어려우므로 여기에서는 염화제2철을 이용한 응집침전을 실시합니다. 응집침전 처리는 응집 처리수를 몇 시간 동안만 정지시키면 상징수와 침전물로 분리되므로 가압부상 처리에 비교하여 깨끗한 처리수를 얻을 수 있습니다. 공장의 조업이 24시간 연속되는 경우는 폐수량이 평균화되어 있기 때문에 유량 조정조는 불필요하지만, 그래도 적어도 하루 발생량 이상 폐수를 저장할 만큼의 원수조를 마련하는 것이 좋습니다.

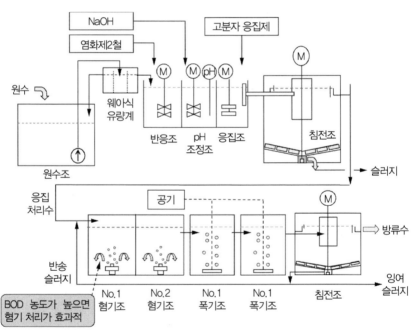

* 응집침전 처리도 24시간 운전

<그림 4.18.2> 오염 부하가 높은 배수 처리 플로우 시트

BOD 농도가 높은 경우는 폭기조의 전단에 혐기 처리조를 설치하면 호기 처리의 부담이 경감됩니다.

4.19 두부 제조업

두부를 제조하는 절차의 개요는 다음과 같습니다.

업종	두부 제조업
제품명	두부, 비지
원재료와 처리제	원재료: 콩, 물 처리제: 응고제(무기계: 염화마그네슘, 황산알루미늄 등)(유기계: 글루코노 델타 락톤(Glucono Delta Lactone)
오탁물질	콩자반, 두유, 응고제 성분, 두부 응고 성분, 제조 용기, 기구, 작업장의 세정 폐수 등

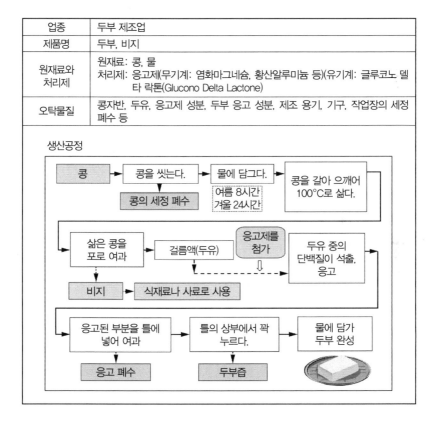

① 콩을 씻어서 물에 담근 후 부드럽게 만들어 분쇄기로 으깬다.

② 분쇄한 콩을 100℃에서 삶아야 한다. 가열에 의해 콩의 단백질이 녹아 나온다.

③ 삶은 분쇄 콩을 자루에 넣어 걸러낸 후 여과액(두유: 豆乳)과 비지로 나눈다.

④ 두유가 70℃ 정도로 차가워졌을 때 응고제를 첨가하면 콩단백이 응고된다. 이것을 형 상자에 넣어 상부에서 눌러 물을 짜내면 두부가 된다.

이 공정에서 대두 유래의 현탁물질, BOD 성분, 염류 함유 폐수 등이 나옵니다.

● 폐수의 종류

두부 제조 공정에서 배출되는 폐수에는 유해물이 포함되지 않습니다. 폐수의 주성분은 대두(大豆) 유래의 현탁물이나 하얗게 흐려진 단백질(BOD 성분)입니다. 두유를 응고시키는 응고제에는 무기계와 유기계가 있습니다. 옛부터 사용되고 있는 무기계로는 '간수'가 있습니다. 간수의 주성분은 오른

간수의 주요 성분(예)	(100g당)
염화마그네슘	19g
염화칼륨	3.5g
염화나트륨	2.5g
염화칼슘	2.3g
인	0.1mg
아연	0.1mg

쪽 표와 같이 염화마그네슘으로 염석(鹽析)효과로 콩 단백질을 응고시켜 두부로 만듭니다.

● 수량(水量)

폐수량의 주요 사항은 ① 콩의 세정 폐수, ② 응고된 두부 단백질 여과액, ③ 두부를 틀에 눌러 넣었을 때의 두부 국물, ④ 냉각수, ⑤ 용기 및 작업장의 세정수 등입니다. 이 중 ②의 여과액에는 상기 '간수'와 유기계 응고제의 잉여 성분이 포함되어 있습니다. 폐수 배출 시간대는 일정하지 않으므로 가능한 한 큰 유량 조정조(하루 배수량 이상)가 있으면 후단의 생물 처리가 잘 진행됩니다.

● 주요 처리 방법

두부 제조 폐수는 ① 스크린을 통한 이물질 제거, ② 가압부상, ③ 활성 슬러지법 등을 조합하여 처리합니다.

이것에 의해, 현탁물(SS)이나 유기물(BOD와 COD 성분)의 제거가 가능합니다.

	원수 수질	처리수 수질
pH	5~9	5.8~8.6
BOD(mg/L)	1200	20 이하
COD(mg/L)	800	20 이하
SS(mg/L)	400	3 이하
T-N(mg/L)	90	20 이하
T-P(mg/L)	10	5 이하

상기 ①, ②, ③의 공정을 조합하여 두부 제조 폐수를 처리하면 하나의 예로 오른쪽 표 정도의 처리수가 됩니다.

■ 처리 플로우 시트 ①

<그림 4.19.1>에 수량이 적고 BOD 값이 낮은 폐수 처리 플로우 시트(예)를 나타냅니다. 원수조에 저장한 폐수는 스크린으로 여과하여 현탁물이나 이물질을 제거합니다.

유량 조정조에서는 폐수의 부패 방지와 혼합을 겸해 블로워로 공기를

보냅니다.

유량 조정조의 크기는 후단의 활성 슬러지 처리에 급격한 변화를 주지 않도록 적어도 하루 폐수량을 저장할 수 있는 것을 권장합니다. 생물 처리는 폐수량을 24시간 균등하게 흘려 처리하는 것이 포인트입니다. 유량 조정조의 폐수는 다음 그림과 같은 웨아식 유량계를 경유하여 폭기조(No. l, No. 2)로 보냅니다.

폭기조의 수는 1조보다 복수로 하는 편이 폐수의 단락류를 방지할 수 있으므로 처리 수질이 안정적입니다. 침전조의 슬러지 대부분은 에어 리프트 펌프로 퍼 올린 뒤 No.1 폭기조로 반송하고 일부는 슬러지 저류조로 보내 탈수기로 탈수합니다.

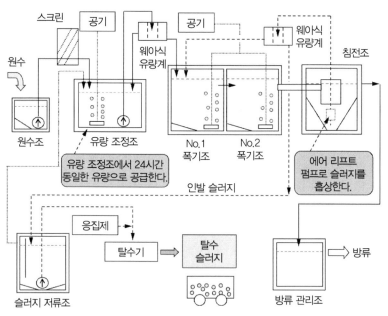

〈그림 4.19.1〉 수량이 적고 BOD 값이 낮은 폐수 처리 플로우 시트

■ 처리 플로우 시트 ②

<그림 4.19.2>에 폐수량이 많고 BOD 값이 높은 폐수(원수의 BOD가 1,000mg/L 이상)인 처리 플로우 시트(예)를 나타냅니다.

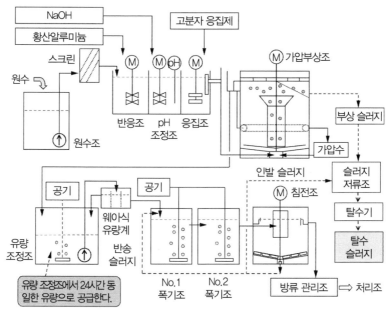

<그림 4.19.2> 폐수량이 많고 오탁 부하가 높은 폐수 처리 플로우 시트

스크린에서 현탁물질이나 이물질을 제거한 폐수는 황산알루미늄 등의 처리제를 이용하여 반응조, pH 조정조, 응집조에서 응집시켜 가압부상조로 이송시킵니다. 여기까지의 처리는 보통 1~2시간에 종료합니다.

가압부상으로 처리한 처리수는 유량 조정조로 보냅니다. 유량 조정조는 폭기조에 흘려보내는 수량을 24시간 균등하게 하기 위해서 적어도 1일 폐수량 이상을 확보할 수 있는 용량으로 합니다. 폭기조에서 생물 처리한 후 슬러지를 긁어 모으는 장치가 있는 침전조로 보냅니다. 침전조의 슬러

지 대부분은 에어 리프트 펌프로 퍼 올린 뒤 No.1 폭기조로 반송하고 일부
는 슬러지 저류조로 보내 탈수기로 탈수합니다.

장아찌 제조업

장아찌는 채소류(무, 배추, 매실 등)에 식염을 많이 첨가하여 맛을 이끌
어 내고, 보존력을 높이기 위해 고안된 뛰어난 보존식품입니다.

최근에는 원료(매실 장아찌, 죽순, 자사이 등)를 중국 등에서 염장품으
로 수입해 소금을 빼고 가공하는 사례가 늘고 있습니다. 따라서 염분을 뺀

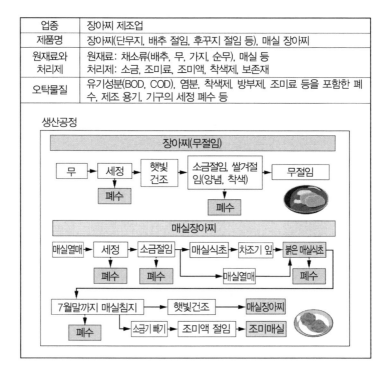

업종	장아찌 제조업
제품명	장아찌(단무지, 배추 절임, 후꾸지 절임 등), 매실 장아찌
원재료와 처리제	원재료: 채소류(배추, 무, 가지, 순무), 매실 등 처리제: 소금, 조미료, 조미액, 착색제, 보존재
오탁물질	유기성분(BOD, COD), 염분, 착색제, 방부제, 조미료 등을 포함한 폐수, 제조 용기, 기구의 세정 폐수 등

생산공정

공정에서는 고농도의 염분을 포함한 물이 배출됩니다.

최근 장아찌의 염분은 다음의 표에 나타나 있듯이 감소 추세에 있습니다. 절임류 폐수 처리는 염분농도 관리와 BOD 처리가 포인트입니다.

● 폐수의 종류

장아찌 공장의 폐수는 염분 농도가 높은 점에 특징이 있습니다. 염장품을 취급하는 공장의 경우 발효에 의한 유기산 농도가 높아 BOD 값, COD 값도 높아집니다.

장아찌 공장의 폐수는 외관 색이

종류	1960년	1999년
매실(%)	약 20	약 8
후꾸지 절임(%)	10~10.5	5~5.2
김치(%)	4	2
모리구치 절임(%)	8~9	4~5
단무지(%)	12~14	4~5

* 아이치현 장아찌 협회 청년회조사

언뜻 보기에는 깨끗하지만 유기물 농도가 높을 수 있기 때문에 외형으로 판단하기 어렵고, 실제로 계기로 측정하는 것이 중요합니다.

● 수량(水量)

폐수의 주요 사항은 ① 원료 채소 세척 폐수, ② 눌러 담그는 절임 폐수, ③ 조미액 절임 폐액 등입니다. 이 중 ②의 눌러 담그는 절임 폐수에는 고농도의 염분, 채소의 세포액, 발효에 따른 유기산 등이 포함되어 있습니다. ③의 양념액은 매실 장아찌 생산에 사용됩니다. 배출량은 적지만 성분의 상세 내용을 알 수 없기 때문에 처리에 과제가 남습니다.

오염수 배출시간대는 일정하지 않으므로 큰 유량 조정조(1일 폐수량 이상)가 있으면 생물 처리가 잘 진행됩니다. ③의 조미액은 COD, BOD 모두 고농도이므로 별도로 저류조와 전처리조를 마련하여 조금씩 처리하는 것이 좋습니다.

● 주요 처리 방법

절임 반찬은 다음 그림과 같이 채소 등의 식물에 고농도의 식염을 작용시켜 세포 내의 수분을 삼투작용을 통해 뽑아낸 후 탈수되어 부드럽고 콤팩트한 것입니다. 이에 따라 식이섬유와 비타민 등의 영양소는 거의 그대로 절임 속에 남게 됩니다.

폐수 처리는 활성 슬러지법이 기본이 되는데, ① 염분, ② 조미액 및 방부제, ③ 유기산 등의 혼재에 주의해야 합니다.

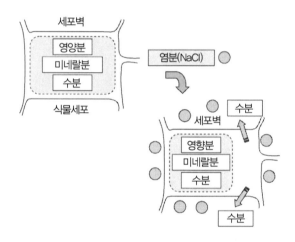

■ 처리 플로우 시트 ①

<그림 4.20.1>은 절임 공장 폐수 처리 플로우 시트(예)를 나타낸 것입니다. 장아찌 공장의 폐수는 염분 농도가 높은 점에 특징이 있지만 기본적으로는 생물 처리로 대응할 수 있습니다. 생물 처리에서 염분 농도가 높아지면 활성 슬러지 중의 박테리아가 삼투압의 원리로 탈수 증상을 일으켜 사멸해버립니다. 그래서 가능한 한 큰 원수조를 마련하여 원수의 염분 농도를 희석·균일화합니다. 하나의 기준으로서 염분(NaCl) 농도는 해수의

3.5g/L 이하(Cl⁻로서 1.86g/L)로 합니다. 큰 원수조는 수량과 농도의 변동을 완충하여 생물 처리 설비의 부하를 균일하게 하는 효과를 가집니다.

유량 조정조에서는 폐수의 부패 방지와 혼합을 겸해 독립된 블로워로 공기를 보냅니다. 유량 조정조를 나온 물은 24시간 일정한 유량으로 흐르도록 하는 것이 생물 처리의 포인트입니다. 폭기조의 수는 물의 단락을 방지하도록 2조 이상으로 합니다.

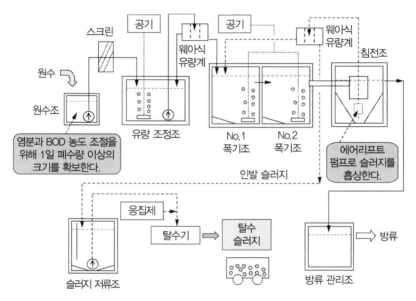

〈그림 4.20.1〉 절임 공장 폐수 처리 플로우 시트

■ 처리 플로우 시트 ②

〈그림 4.20.2〉에 매실장아찌 공장 폐수 처리 플로우 시트(예)를 나타냅니다. 매실 장아찌는 다량의 식염을 사용하여 매실에서 구연산을 추출하고, 여기에 차조기 잎을 담가 홍색소를 용출하여 홍색소 액에 매실 알갱이

를 담그는 이른바 차조기 매실 장아찌가 주류를 이루었습니다.

현재는 한 번 절인 매실 장아찌에서 염분을 제거하고 단맛을 얻은 매실 장아찌(양념 매실 장아찌)가 인기입니다. 조미 매실은 조미액(양조 취기, 유기산, 주정, 벌꿀, 물엿, 인공 감미료, 보존료, 착색제 등의 혼합물)에 흰색 말린 매실을 약 1개월간 담급니다. 조미 폐액의 성분은 염분 2~3%, pH2~3, COD와 BOD 100,000~300,000mg/L, N과 P에 대해서는 적은 경향이 있습니다.

조미액의 염분과 유기물 농도가 높아 분리수거하여 별도로 산화 처리한 후 조금씩 폭기조에 보내 일정 유량으로 천천히 처리하는 것이 포인트입니다.

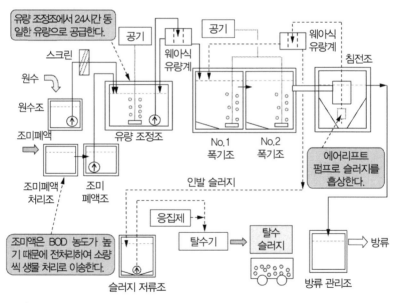

〈그림 4.20.2〉 매실장아찌 공장 폐수 처리 플로우 시트

4.21 종이·펄프 제조업

종이는 목재나 폐지로부터 셀룰로오스를 다음과 같은 방법으로 추출하여 펄프로 만듭니다.

업종	종이·펄프 제조업
제품명	종이, 펄프
원재료와 처리제	원재료: 목재, 폐지 등 처리제: 수산화나트륨, 황화나트륨, 과산화수소, 염소, 오존, 이산화 염소, 폼아미딘설판산($CH_4N_2O_2S$: Thiourea dioxide) 등
오탁물질	유기성분(BOD, COD), 착색성분, 현탁물질, 섬유 등

처리 공정

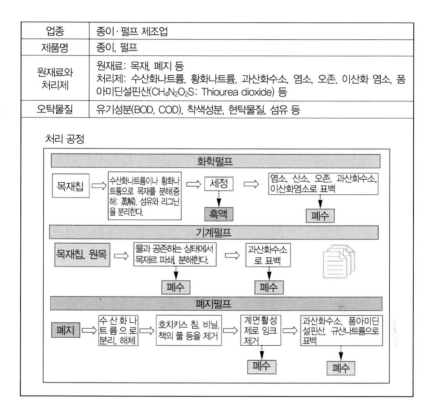

① 화학펄프: 목재 칩을 알칼리성 약품(수산화나트륨, 황화나트륨 등)으로 끓여 리그닌을 분리해 셀룰로오스 섬유를 추출한다.

② 기계펄프: 목재 칩을 물과 공존하는 상태에서 기계적으로 파쇄, 해섬(解纖)한다.

③ 폐지펄프: 폐지를 물에 담가 이물질을 제외하여 폐지펄프로 한다.

펄프는 물속에서 기계적으로 두드려 보풀을 일으킨 후 각종 처리제를 첨가하여 물빠짐 후 건조하면 종이가 됩니다.

● 폐수의 종류

목재는 다음의 모식도와 같이 셀룰로오스와 리그닌이 얽혀 마치 철근 콘크리트와 같은 구조를 하고 있습니다.

셀룰로오스는 리그닌을 분리한 섬유 모임이므로 제지 공장의 폐수는 셀룰로오스 섬유에서 유래한 현탁물 농도가 높으며, 리그닌 등 유기물 유래 BOD 성분이 포함되어 있습니다.

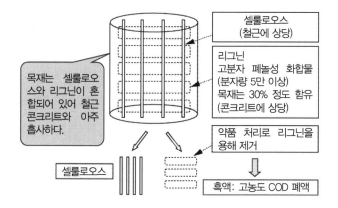

● 수량(水量)

종이를 구성하는 셀룰로오스는 다음 그림과 같이 물의 중개에 의한 '수소결합'에 의해 연결되어 있습니다.

이는 종이 제조에 물이 없어서는 안 되는 것입니다. 종이·펄프 산업은 '종이 1톤을 만드는 데 물이 100톤 필요'하다고 알려져 있습니다. 종이·펄프 산업에서는 가능한 한 새로운 물을 사용하지 않도록 절수에 노력하고 있으며, 현재는 제품 1톤당 새로운 물 사용량은 10년 전에 비해 40% 정도 줄어들었습니다.

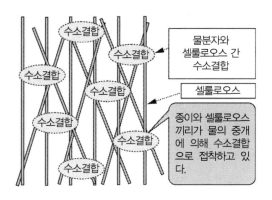

물분자와
셀룰로오스 간
수소결합

셀룰로오스

종이와 셀룰로오스 끼리가 물의 중개에 의해 수소결합으로 접착하고 있다.

● 주요 처리 방법

제지 공장 폐수의 성분은 현탁물과 BOD 성분이 주된 것입니다. 종이의 종류에 따라서는 첨가제인 탄산칼슘, 전분 등을 포함하는 경우가 있습니다. 폐지펄프에는 인쇄 잉크의 잔사, 염료 등이 포함될 수 있습니다. 이들을 제거하기 위해 응집침전, 가압부상, 활성 슬러지법 등이 조합되어 사용되고 있습니다.

화학펄프 제조에서 발생하는 리그닌 폐액(흑액)의 BOD 농도는 매우 높기 때문에 일반 수처리 기술로는 대응할 수 없습니다. 그래서 흑액을 20~70% 정도까지 농축 후, 흑액 전용 보일러로 소각해 연료로 이용합니다. 연소 후 보일러 하부에 남은 재에 생석회를 넣어 백액(白液)으로 되돌려 이것을 증해(蒸解) 공정에서 재이용합니다. 이 방법은 연료 절약과 환경오염 방지에 도움이 되고 있습니다.

■ 처리 플로우 시트 ①

<그림 4.21.1>에 제지 공장 폐수 처리 플로우 시트(예)(응집침전＋생물 처리)를 나타냅니다. 제지 폐수는 SS 처리를 위한 응집침전 또는 가압부상과 유기물 처리를 위한 생물 처리를 조합하는 방식이 일반적입니다. 다음 그림은 응집침전 처리한 처리수를 활성 슬러지 처리하는 플로우 시트이지만, 현탁물질이 가라앉기 쉬운 경우에 유효한 수단입니다. 원수조의 폐수는 스크린으로 여과하여 현탁물 및 이물질을 제거합니다. 유량 조정조는 폐수의 유량과 농도의 변동을 평균화하여 응집침전 및 생물 처리설비

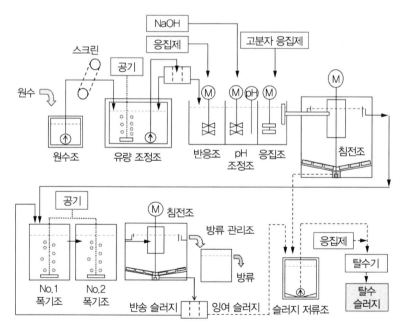

〈그림 4.21.1〉 제지 공장 폐수 처리 플로우 시트(응집침전＋생물 처리)

에 균일한 유량으로 유하시키는 효과가 있습니다. 유량 조정조에서는 폐수의 부패 방지와 혼합을 겸해 독립된 블로워로 공기를 보냅니다. 조정조를 나온 물은 24시간 일정한 유량으로 흐르도록 하는 것이 생물 처리의 포인트입니다. 철이온(Fe^{3+}) 등을 이용하여 응집침전 처리한 처리수는 생물 처리를 통해 BOD를 제거합니다. 폭기조의 수는 물의 단락을 방지하기 위해서 복수 이상으로 합니다.

■ 처리 플로우 시트 ②

 <그림 4.21.2>에 제지 공장 폐수 처리 플로우 시트(예)(가압부상＋생물 처리)를 나타냅니다. 원수조의 물은 스크린으로 여과하여 현탁물이나 이물질을 제거합니다. 유량 조정조의 폐수 부패 방지와 혼합을 겸해 독립된

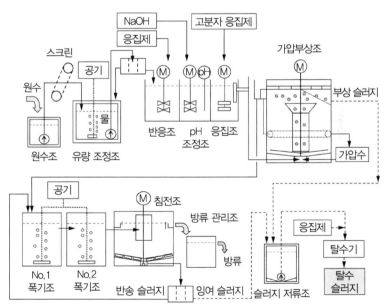

〈그림 4.21.2〉 제지 공장 폐수 처리 플로우 시트(가압부상＋생물 처리)

블로워로 공기를 보냅니다.

조정조를 나온 폐수는 현탁물을 응집시키기 위해 반응조로 보냅니다. 현탁물이 가벼운 경우는 황산알루미늄이나 폴리염화알루미늄(PAC)을 첨가하여 pH7~8로 조정합니다. 응집조에서 플록을 크게 한 후 가압부상조 하부로 이송시킵니다. 가압부상조의 바닥부에서 가압수와 접촉한 플록은 기포를 끌어안아 겉보기 비중이 가벼워지므로 떠오릅니다. 부상한 플록은 긁어모아 슬러지 저장탱크에 보냅니다. 가압부상 처리수는 플록과 가압수가 충돌할 때 플록의 일부가 붕괴하기 때문에 응집침전법보다 수질이 저하됩니다. 가압부상조의 중간부에서 모은 물은 No.1 폭기조로 보내어 생물 처리합니다.

4.22 · 피혁 제조업

동물의 가죽은 그대로 방치하면 딱딱해지고 부패합니다. 이것을 막기 위해서 '무두질 처리'를 합니다. 무두질 방법에는 ① 타닌 무두질, ② 크롬 무두질, ③ 타닌과 크롬을 혼합한 무두질이 있습니다. 크롬 무두질에서는 염기성 황산 크롬[$Cr(OH)SO_4$](용해도 200g/100mL − 물)이 사용됩니다. 크롬 무두질로 가죽 콜라겐, 조직과 크롬(Cr^{3+})이 착체를 형성해 안정화되어 가죽의 내열성, 기계적 강도가 증가합니다. 지금까지는 비교적 저렴한 크롬 무두질이 주류였지만, 최근 환경 문제에서 타닌 무두질이 재검토되고 있습니다.

업종	피혁 제조업
제품명	가죽, 피혁제품
원재료와 처리제	원재료: 동물의 가죽 처리제: 염화나트륨, 석회, 황산, 염산, 표백제, 황산크롬, 타닌, 도료 등
오탁물질	유기성분(BOD, COD), 크롬, 유분, 착색성분, 현탁물질, 섬유 등

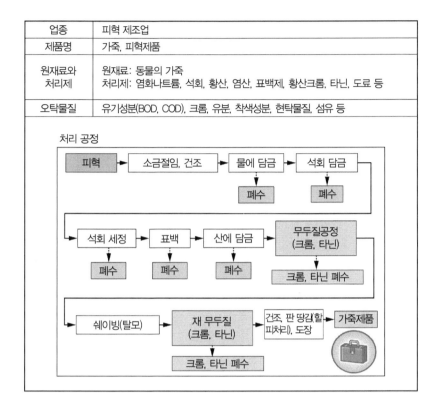

● 폐수의 종류

피혁 제조는 원피의 종류에 따라 다르지만 기본적으로 ① 물에 절임, ② 석회절임 – 제모, ③ 표백, ④ 무두질, ⑤ 건조, ⑥ 가공의 순서로 진행됩니다. 무두질은 현재, 크롬 무두질이 대다수이지만, 타닌[다수의 페놀성 하이드록시기(基)를 가지는 복잡한 화합물] 무두질, 알루미늄 무두질 등도 행해지고 있습니다. 크롬 무두질에 사용된 3가 크롬은 표백 공정의 폐수와 접촉하여 유해한 6가 크롬으로 변화될 수 있습니다. 타닌식 폐수는 유기물을 많이 포함하고 있기 때문에 크롬식보다 BOD가 높아집니다. 염혁(染革) 공정 폐수는 염료나 착색제 색상에 따라 저마다 다른 색으로 착색되어 있습니다. 이와 같이 피혁 폐수는 원피의 종류, 처리 공정에서 수질이 매우 달라집니다.

● 수량(水量)

가죽 공장의 폐수가 나오는 시간대는 오전과 오후에 크게 다릅니다. 폐수는 통칭 다이크라고 불리는 처리조에서 세미 배치(Semi Batch)식으로 배출됩니다. 다이크 폐수의 대부분은 원피를 일단 절여놓고 다음 그림과 같이 오전 작업 시작 시에 일제히 방출합니다. 이 폐수의 처리를 잘 하기 위해서는 유량을 평준화하기 위해서 큰 저장탱크가 필요합니다.

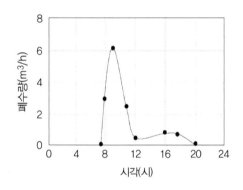

● 주요 처리 방법

폐수 처리는 보통 살점이나 털을 제거하기 위한 스크린을 통해 pH 조정후 철염에 의한 응집침전을 합니다. 이 처리에 의해 부유물, 현탁물의 80%가 제거됩니다. 이후 중화 처리하고 BOD 제거를 위해 생물 처리가 이루어집니다. 이 처리로 현탁물질과 BOD의 90% 이상이 제거됩니다.

처리수가 착색되어 있지 않으면 그대로 방류하는 것도 가능하지만, 착색되어 있는 경우는 오존산화 및 활성탄 처리로 탈색을 합니다.

■ **처리 플로우 시트 ①**

<그림 4.22.1>은 피혁 제조 폐수 처리(응집침전＋생물 처리) 플로우 시트(예)를 나타냅니다. 가죽 공장 폐수 처리의 포인트는 큰 이물질이나 부유물질은 발생 현장에서 최대한 제거하고 폐액 피트에서는 공기 교반하여 부패를 방지하는 것입니다. 다음 그림에서는 스크린으로 부유 물질을 제거한 후 폐수를 유량 조정조에서 모아 농도의 균일화와 후공정으로 보내는 폐수의 유량을 정상화합니다.

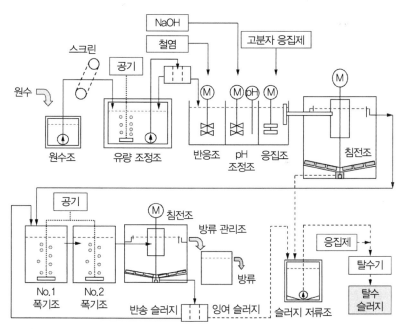

〈그림 4.22.1〉 피혁 제조 폐수 처리 플로우 시트 (1)

피혁 폐수의 처리는 크롬이나 황화나트륨 제거를 위한 물리 화학 처리, 타닌 성분과 유기물(BOD, COD 성분) 제거를 위한 생물 처리가 필요합니다.

폐수에 6가 크롬이 포함되지 않은 경우는 폴리 황산철이나 염화제2철 등의 철염을 가하여 응집침전 처리를 합니다.

응집 처리한 처리수는 활성 슬러지 처리를 통해 타닌성분과 유기물(BOD, COD 성분)을 제거합니다.

■ 처리 플로우 시트 ②

<그림 4.22.2>는 피혁 제조 폐수 처리(환원 처리＋응집침전＋생물 처리＋오존산화＋활성탄 흡착 처리) 플로우 시트(예)를 나타냅니다.

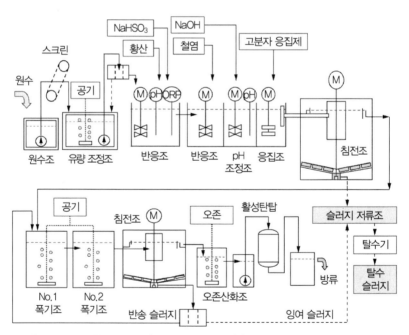

<그림 4.22.2> 피혁 제조 폐수 처리 플로우 시트 (2)

폐수에 조금이라도 6가 크롬이 포함되어 있으면 폴리 황산철이나 염화 제2철 등의 철염을 가하여 응집침전을 해도 제거할 수 없습니다. 그런데 6가 크롬은 다음 그림과 같이 황산 산성조건(pH2.0~3.0)에서 아황산수소나트륨 등의 환원제를 첨가하여 산화환원전위(ORP) 250~300mV에서 환원하면 쉽게 3가 크롬으로 변합니다. 이어서 철염을 가하여 응집침전 처리하면 크롬이나 현탁물질을 제거할 수 있습니다.

응집 처리한 처리수는 활성 슬러지 처리를 통해 타닌성분과 유기물(BOD, COD 성분)을 제거하지만, 착색되어 있는 경우에는 더욱 오존산화와 활성탄 흡착 처리를 합니다. 이것에 의해, 6가 크롬, 현탁물질, 유기 성분, 착색 성분 등을 제거할 수 있습니다.

4.23 세탁업

우리는 청결 지향이 강하여 최근에는 의류가 더러워지지 않아도 세탁하는 습관이 정착해, 가정에서 1인당 세탁량, 세제 사용량이 증가하고 있습니다. 이러한 환경 부하를 줄이기 위해서는 ① 정리 세척, ② 부분 세척, ③ 얼룩 제거 등의 사전 처리를 하여 세제 사용량을 줄이는 등의 대책이 필요합니다.

이것과 같이 큰 클리닝 공장에 반입되는 의류, 타올, 시트 등의 세탁물도 별로 더러워지지 않기 때문에 폐수 중에는 오염 성분 이외에 과잉의 세제가 용해되고 있습니다. 클리닝 공장 폐수 처리는 생물 처리가 기본이나, 오염된 작업복 등을 세탁한 폐수는 가압부상 등의 전처리가 필요합니다.

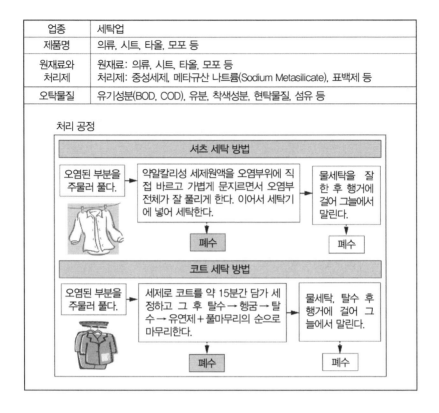

업종	세탁업
제품명	의류, 시트, 타올, 모포 등
원재료와 처리제	원재료: 의류, 시트, 타올, 모포 등 처리제: 중성세제, 메타규산 나트륨(Sodium Metasilicate), 표백제 등
오탁물질	유기성분(BOD, COD), 유분, 착색성분, 현탁물질, 섬유 등

처리 공정

셔츠 세탁 방법

오염된 부분을 주물러 풀다. → 약알칼리성 세제원액을 오염부위에 직접 바르고 가볍게 문지르면서 오염부 전체가 잘 풀리게 한다. 이어서 세탁기에 넣어 세탁한다. → 물세탁을 잘 한 후 행거에 걸어 그늘에서 말린다.

폐수　　폐수

코트 세탁 방법

오염된 부분을 주물러 풀다. → 세제로 코트를 약 15분간 담가 세정하고 그 후 탈수 → 헹굼 → 탈수 → 유연제 + 풀마무리의 순으로 마무리한다. → 물세탁, 탈수 후 행거에 걸어 그늘에서 말린다.

폐수　　폐수

● 폐수의 종류

클리닝 공장의 폐수에는 현탁물질이나 계면 활성제 이외에 알칼리 성분이나 염소계 표백제등이 포함될 수 있습니다. 기름때가 심한 경우에는 세제 안에 알칼리성이 강한 메타규산나트륨을 주 세제의 첨가제를 추가할 수도 있습니다. 이 경우는 pH 조정이나 환원 처리가 필요합니다. 클리닝 공장에 반입되는 의류, 시트, 담요 등에는 상당한 이물질이 혼재되어 있기 때문에 이를 제거하기 위한 스크린 설비가 필요합니다. 세탁 폐수의 오염부하를 줄이는 방법을 다음 표에 나타냅니다.

클리닝 공장 폐수는 하수도 폐수와 달리 암모니아 및 질소 성분은 소량

입니다. 따라서 처리 항목은 pH, BOD, COD, 현탁물(SS) 농도, 투시도 등
이 주요 항목입니다.

세탁 폐수의 오염 부하를 줄이는 방법
① 세탁은 한꺼번에 해야 한다.
② 세탁 전 부분 세탁, 얼룩을 제거해야 한다.
③ 비누, 세제는 적당량을 계량하여 사용한다.
④ 흙 등 가벼운 얼룩은 물로만 씻는다.
⑤ 가정에서는 목욕을 하고 남은 물을 사용한다.
⑥ 연수(軟水)를 사용하면 세제를 크게 줄일 수 있다.

● 수량(水量)

세탁 폐수는 비정기적으로 단시간에 다량 배출됩니다. 공장의 규모에
따라 다르지만 폐수량은 100L/min 이상으로 하루 평균 50m³ 정도이지만,
그 양이나 오염 정도는 나날이 달라집니다. 세탁물의 양이 늘어나는 봄부
터 여름에 걸쳐서는 처리량이 평소의 1.5배나 됩니다. 따라서 실제 장비를
계획하기 위해서는 연간 처리량 변화에 대응하는 장치가 필요합니다.

● 주요 처리 방법

클리닝 폐수는 스크린으로 이물질을 제거한 후 유량 조정조에 저장합
니다. 다음으로 미생물을 사용한 활성 슬러지로 처리합니다. 오염의 정도
가 높은 경우는 활성 슬러지 처리의 전 단계에서 가압부상 처리나 응집침
전 처리를 실시하면 생물 처리에 걸리는 부하를 경감할 수 있습니다. 활성
슬러지 처리 후단에서 접촉산화 등의 생물막 처리를 하고, 이어서 모래 여
과를 실시하면 수질이 더욱 개선됩니다.

■ 처리 플로우 시트 ①

<그림 4.23.1>에 클리닝 공장 폐수 처리(활성 슬러지 처리 + 접촉산화 처리) 플로우 시트(예)를 나타냅니다. 세탁소 폐수에는 유해물이 포함되어 있지 않기 때문에 기본적으로 생물 처리가 유효합니다.

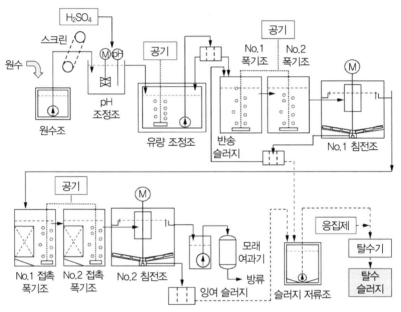

<그림 4.23.1> 활성 슬러지, 접촉산화 처리 플로우 시트

폐수 중 이물질은 스크린에서 제거 후 생물 처리에 적합한 pH(pH6.0~8.0)로 조정 후 유량 조정조에 저장합니다. 유량 조정조에서는 농도의 균일화와 부패 방지를 겸해 완만하게 공기 교반합니다. 유량 조정조를 나온 물은 복수의 활성 슬러지 처리 폭기조에 24시간 같은 유량으로 흘러들어가도록 조절합니다. No.1, No.2 폭기조를 나온 물은 No.1 침전조를 거쳐 접촉 폭기조로 이송합니다. 접촉 폭기조에서는 수중에 고정한 충진재(플

라스틱제 파형판 등)에 부착된 미생물막이 남은 유기물을 분해합니다. No.2 침전조를 나온 물은 모래 여과기를 거쳐 방류합니다. 앞의 플로우 시트 처리로 원수에 포함된 BOD 성분의 90% 이상이 제거됩니다.

■ 처리 플로우 시트 ②

<그림 4.23.2>에 클리닝 공장 폐수 처리(가압부상 처리＋활성 슬러지 처리) 플로우 시트(예)를 나타냅니다. 폐수 중에 유분이나 현탁물질이 많이 포함되어 있는 경우는 생물 처리 전단에서 가압부상 처리를 하면 생물 처리에 드는 부하를 경감할 수 있습니다.

폐수 중 이물질은 스크린에서 제외한 후 황산알루미늄과 수산화나트륨을 이용하여 pH6.5 부근에서 현탁물 및 유분을 응집시킵니다. 이 방법

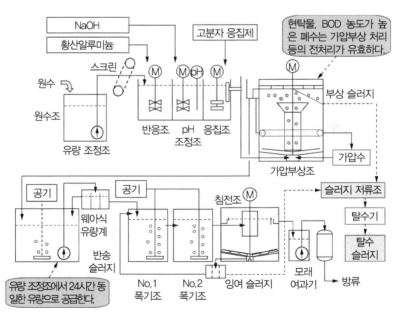

〈그림 4.23.2〉 현탁물, BOD 농도가 높은 폐수 처리 플로우 시트

은 폐수 중의 실리카(SiO$_2$) 성분을 제거하는 효과도 있습니다.

응집한 처리수는 가압부상조로 이송하여 부상 슬러지를 분리합니다. 가압부상 처리수는 유량 조정조에 저장하여 농도의 균일화와 부패 방지를 겸하여 완만하게 공기 교반합니다. 유량 조정조를 나온 물은 복수의 활성 슬러지 처리 폭기조에 24시간 같은 유량으로 흘러 들어가도록 조절합니다. 폭기조를 나온 물은 모래 여과기를 거쳐 방류합니다. 이와 같은 플로우 시트의 처리는 광범위한 오염 폐수에 대응할 수 있습니다.

4.24 주유소업

주유소나 세차장 등에서 배출되는 물에는 현탁물질 이외에 유분, 왁스 등의 광물 유류가 포함되어 있습니다. 휘발성 유분은 공공수역이나 하수도에 유입되면 인화, 폭발의 위험이 있으며, 비휘발성 유분은 하수관의 폐색, 수생생물의 장애 등이 우려되므로 유수 분리장치를 설치해야 합니다.[1]

수질오염 방지법 시행령의 별표 제1의 71에 '자동식 차량 세정 시설'이라고 하는 것이 있어 특정 시설로 지정되어 있습니다. 다만, 일본 도도부현 조례로 추가 기준이 정해져 있지 않으면, 1일 폐수량 50m^{3}를 넘는 사업장이 아니면 수질오염 방지법이 적용되지 않기 때문에 대부분의 주유소에는 적용되고 있지 않습니다.

---

1 국내의 경우는 「물환경 보전법」 시행규칙 제 6조 [별표4] 폐수배출시설을 참고하기 바란다.

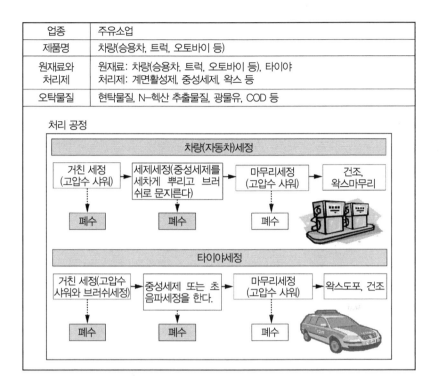

업종	주유소업
제품명	차량(승용차, 트럭, 오토바이 등)
원재료와 처리제	원재료: 차량(승용차, 트럭, 오토바이 등), 타이야 처리제: 계면활성제, 중성세제, 왁스 등
오탁물질	현탁물질, N-헥산 추출물질, 광물유, COD 등

처리 공정

차량(자동차)세정

거친 세정
(고압수 샤워) → 세제세정(중성세제를 세차게 뿌리고 브러쉬로 문지른다) → 마무리세정
(고압수 샤워) → 건조,
왁스마무리

폐수   폐수   폐수

타이야세정

거친 세정(고압수 샤워와 브러쉬세정) → 중성세제 또는 초음파세정을 한다. → 마무리세정
(고압수 샤워) → 왁스도포, 건조

폐수   폐수   폐수

● 폐수의 종류

주유소에서의 세차 폐수에는 토사 등의 현탁물질 외에 오른쪽 표에 나타낸 바와 같이 COD, 질소(T-N), 인(T-P) 등이 포함되어 있습니다. 주유소에는 반드시 유수 분리조가 설치되어 있는데, 여기서 현탁물질이나 유분을 분리합니다.

	COD (mg/L)	T-N (mg/L)	T-P (mg/L)
거친 세정 폐수	15	2	0.2
세제 세차 폐수	60	4.2	0.5
헹굼 폐수	50	3.0	0.3
유수 분리조 입구	55	3.7	0.5
유수 분리조 출구	30	2.5	0.1

유수 분리조에서 COD 성분이 검출되고 있는 것은 잉여 세제나 계면활

성제, 유분, 왁스 등이 에멀견화되어 남아 있기 때문이라고 생각됩니다.

● 수량(水量)

주유소에 있는 세차기에서 한 대의 차량을 세차했을 때 폐수량은 물세척 80~100L, 왁스 세차가 120~150L 정도입니다.

주유소의 규모에 따라 다르지만, 하루에 100대를 왁스 세차할 경우 배수량은 15m³ 정도로 추산됩니다. 기타 폐수량(바닥 세척, 기구 세척 폐수, 빗물 등)을 고려해도 하루에 50m³를 넘는 사례는 적을 것으로 보입니다.

● 주요 처리 방법

주유소는 반드시 주위가 작은 도랑으로 둘러싸여 있습니다. 이는 연료가 흘러내렸을 때의 유출 방지, 유분을 포함한 빗물이나 청소의 물이 외부로 유출되지 않도록 하기 위한 것입니다. 배수구의 폐수는 오일트랩에 저류하고, 토사 및 유분은 처리 업자가 회수하여 별도 처분합니다. 유분과 왁스가 섞여 유화(乳化)한 오염수의 COD는 높고 난분해성입니다. 특히 유분의 COD 값은 극단적으로 높은 수치를 나타냅니다. 이러한 함유 폐수가 공공수역으로 유출되면 좀처럼 분해되지 않기 때문에 하천수, 농업용수로 등의 오염원이 됩니다. 이 경우, 약간의 비용이 들지만 미리 오일 흡착 매트나 흡착 섬유를 준비해두었다가 필요에 따라 사용하면 쉽게 유분을 제거할 수 있어 편리합니다.

■ 처리 플로우 시트 ①

<그림 4.24.1>에 주유소 폐수 처리(예)를 나타냈습니다. 주유소의 폐수는 그림과 같은 지하에 설치된 유수분리조를 통과시켜 도로측구 등을 경

유하여 공공수역으로 이동합니다.

유수분리조의 폐수는 통상적으로 3~4단계 정도의 저류조(저장탱크)에 저장되어 상수와 분리한 후 배출되도록 되어 있습니다(기름은 물에 뜨므로 뜬 기름을 일부러 남깁니다). 부상한 유분은 폐기물 처리 업체가 정기적으로 회수하여 외부에서 처리합니다. 주유소 바닥은 반드시 경사지게 하여 세차 폐수와 빗물이 주위 배수구로 흘러가도록 합니다.

배수구 끝에는 다음 그림과 같은 유수 분리조가 있으므로 휘발유, 경유, 왁스 등의 가연물이 직접 외부로 누출되지 않습니다.

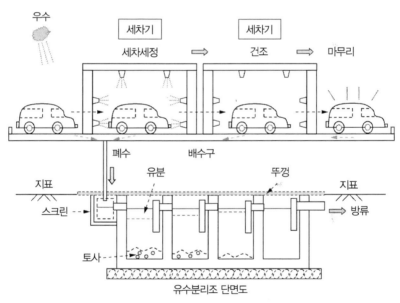

〈그림 4.24.1〉 주유소 폐수 처리 장치 플로우 시트

■ 처리 플로우 시트 ②

<그림 4.24.2>는 주유소 폐수 처리 장치와 재이용 장치(예)를 나타냅니다.

주유소 폐수는 유수분리조를 통과시키면 대부분의 유분이나 현탁물을 제거할 수 있지만 이를 다시 사용하려면 좀 더 정화할 필요가 있습니다.

다음 그림은 유수분리조에서 처리한 물의 일부를 퍼올려 사이클론식 센터 – 웰 침전조에 통수하여 가라앉기 쉬운 현탁물을 분리합니다. 현탁물을 분리한 상징수는 여과사, 유흡착제, 활성탄 등의 여과재 층을 거쳐 깨끗해집니다. 정화한 처리수는 차량의 거친 세척이나 작업장의 바닥면 청소수로 사용할 수 있습니다.

이 장치는 주유소 이외에도 다음 사업소에서 사용할 수 있습니다.

① 가연성 용제를 사용하는 드라이클리닝업소, 화학공장 등
② 휘발성 가연 액체를 취급하는 저유소, 차고, 시험장 등

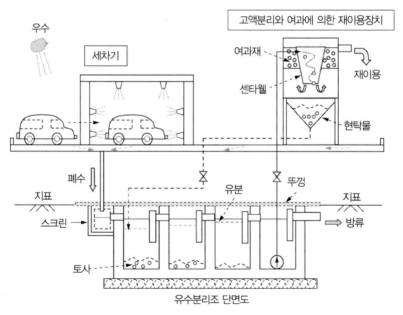

〈그림 4.24.2〉 고액분리와 여과에 의한 폐수의 재이용장치 플로우 시트

4.25 염색업

염색공장 폐수는 난분해성 유기물(COD, BOD 성분), 질소, 색도 성분 등이 포함되어 있습니다. 이들 중 질소 성분은 폐쇄성 수역의 부영양화의 한 요인이 됩니다. 최근의 염료는 생물분해가 어렵고 착색된 처리수는 재활용에 적합하지 않으며, 그대로 방류하면 경관상의 문제도 있어 질소와 함께 제거하는 것이 요구되고 있습니다. 염색공장 폐수의 처리 방법으로는 응집침전, 가압부상, 활성 슬러지, 오존산화, 활성탄 흡착 등이 있습니다. 착색 폐수는 일부 지자체를 제외하고 규제되고 있지 않지만, 시각적으

업종	염색업
제품명	섬유제품, 천제품, 의류, 실(絲) 등
원재료와 처리제	원재료: 섬유, 옷감(피륙), 의료, 실(絲) 등 처리제: 염료, 계면활성제, 산, 알칼리, 호료(糊料) 등
오탁물질	현탁물질, COD, BOD, N-헥산 추출물질, 색도성분 등

처리 공정

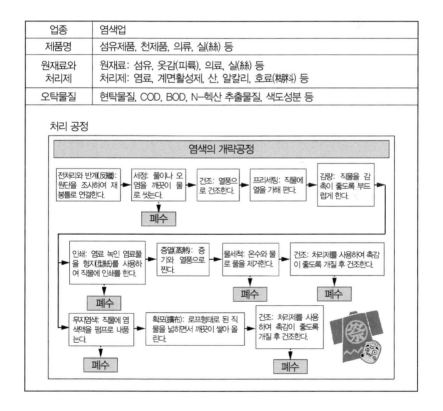

로 불쾌하기 때문에 직접적인 해가 없더라도 제거해야 합니다.

● 폐수의 종류

염료에는 천연 염료와 화학 염료가 있습니다. 실제로는 화학 염료가 많이 쓰이고 있으며 화학 구조에 따라 아조(Azo Dye) 염료, 안트라퀴논(Anthraquinone Dye) 염료, 퀴놀린(Quinoline Dye) 염료, 인디고(Indigo) 염료, 안토시아닌(Anthocyanin) 염료 등으로 분류되어 있습니다. 그중 아조염료[아조기(基): -N=N-를 가지는 화학 염료]의 사용량은 약 60%를 차지하고 있습니다. 폐수는 COD 100~500mg/L, 질소 10~100mg/L로 색상은 염료의 종류에 따라 다릅니다. 착색한 폐수는 하천수의 색을 바꾸기 때문에 일명 '색오염'이라고도 합니다.

● 수량(水量)

염색 폐수는 취급제품 및 처리 공정에 따라 비정기, 단시간에 배출됩니다. 공장의 규모에 따라 다르지만 폐수량은 하루 평균 수~수백m³로 폭이 달라집니다. 염색 폐수는 수량, 농도, 색 변화의 폭이 크기 때문에 폐수 저류조의 용량은 적어도 하루 분량을 확보해야 합니다. 폐수 저류조가 크면 성분, 농도가 균일화되므로 이후 처리가 잘 진행됩니다.

● 주요 처리 방법

염료 폐수의 주성분은 유기물이므로 일반적으로 활성 슬러지법으로 처리를 합니다. 오염물이 많아 COD나 BOD 값이 500mg/L을 넘을 경우에는 다음 표와 같이 생물 처리 전에 응집 처리합니다. 응집제로 황산알루미늄, PAC(폴리염화알루미늄) 등의 무기계 응집제를 투입하여 pH를 6~7

로 조정한 후 고분자 응집제로 응집시킵니다.

오염이 적은 경우는 활성 슬러지 처리 후, UV 오존산화나 활성탄 흡착법등의 고도 처리를 부가합니다. 이렇게 하면 처리수는 바닥 세척 등에 재사용할 수 있습니다.

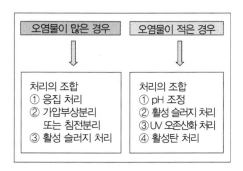

■ 처리 플로우 시트 ①

<그림 4.25.1>에 오염물질이 많은 폐수 처리 장치 플로우 시트(예)를 나타냅니다.

오염물질이 많은(현탁물, 유기물질) 폐수는 그림과 같이 황산알루미늄 등의 무기 응집제를 이용해 현탁물질을 응집시켜 가압부상 장치에 흘려 넣습니다.

가압부상 장치로 부상한 부상 슬러지는 수면에 설치한 긁기 장치로 분리해 슬러지 저류조에 저장합니다. 가압부상 장치의 중간에서 빼낸 처리수는 유량 조정조에 모아 공기 교반합니다. 유량 조정조에서 나온 물은 활성 슬러지 처리하므로 유량은 24시간 균등하게 흐르도록 조정하는 것이 포인트입니다.

그림의 폭기조는 지면 관계로 No.1과 No.2의 2조로 되어 있는데, 폭기조의 수를 더 늘리면 처리 효과가 향상됩니다. 실제로는 3~5조 정도 있으면 처리가 안정됩니다. 처리수는 방류 관리조에서 수질을 체크한 후 방류합니다.

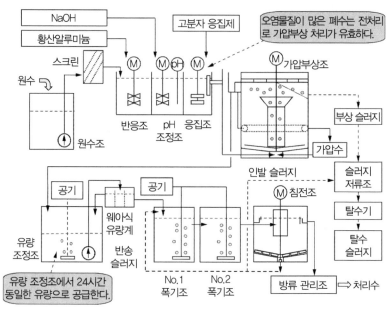

<그림 4.25.1> 오염물질이 많은 폐수 처리 장치 플로우 시트

■ 처리 플로우 시트 ②

<그림 4.25.2>에 오염물질이 적은 폐수 처리 장치 플로우 시트(예)를 나타냅니다.

오염물질이 적은 폐수는 그림과 같이 스크린에서 큰 이물질을 제외하고 산 또는 알칼리를 첨가하여 pH6.5~8.0 정도로 조정합니다. pH 조정한 물은 유량 조정조에 저장하여 공기 교반하여 농도를 균일화합니다.

유량 조정조 이후의 유량은 <그림 4.25.1>의 플로우 시트와 같이 24시간 균등하게 흐르도록 조정하는 것이 포인트입니다. 복수의 폭기조에서 활성 슬러지 처리한 처리수는 자외선과 오존을 병용한 광오존산화 처리를 실시합니다. 이로 인해 생물 처리로 제거되지 못한 유기물(COD, BOD 성분)이나 착색성분이 제거됩니다.

광오존산화 처리수를 활성탄 처리하면 수질이 더욱 좋아지므로 생산 설비에서 재이용(바닥이나 처리조 등의 세정)이 가능합니다.

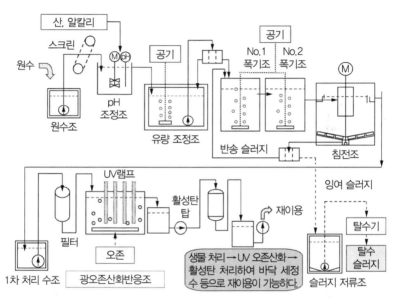

〈그림 4.25.2〉 오염물질이 적은 폐수 처리 장치 플로우 시트

4.26 의약품 및 농약 제조업

의약품이나 농약 제조공장에서의 폐수는 주로 기기 세척수로, 그 안에 의약, 농약 원료, 세정제 등이 포함되어 있습니다. 폐수의 오염성분은 주

로 BOD, COD, SS, N-헥산 추출물질입니다. 이러한 물질은 폐수 처리 설비로 정화하지 않으면 수질 오염의 원인이 되므로 각 공장에서는 오염 내용에 따라 처리합니다.

의약, 농약 합성의 경우는 반응과 분리, 정제의 반복으로, 그 사이에 원심분리, 여과, 건조 등의 공정이 더해져 제품화됩니다. 약품 성분의 대부분은 회수되지만, 산, 알칼리, 유기용제 등의 일부는 폐수 중에 혼입됩니다. 폐수 조성은 하나의 예로서 pH1 ~ 12, BOD 1,000mg/L, COD 2,000mg/L 등의 값입니다.

업종	의약품 및 농약 제조업
제품명	의약품, 농약
원재료와 처리제	원재료: 벤젠, 아닐린, 페놀, 살리실산 등 처리제: 황산, 수산화나트륨, 유기용제 등
오탁물질	산, 알칼리, 유기물, 현탁물질, N-헥산 추출물질 등

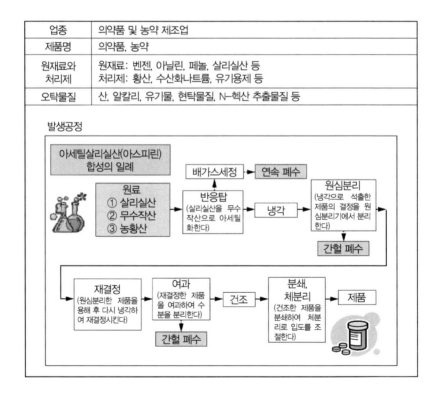

● 폐수의 종류

의약품 및 농약 제조 공장은 조제(調劑) 공장과 합성 공장으로 분류됩니다. 합성 공장의 폐수는 pH 범위가 1～12로 넓어 유기약품 원래 BOD 값은 통상적으로 1,000～2,000mg/L, 경우에 따라서는 10,000～100,000mg/L이라는 값을 보이기도 합니다.

농도가 높은 폐수는 소량이므로 분리수거하여 감압 증류 장치와 드럼 드라이어를 사용하여 증발 농축 후 고형화합니다. 순도가 높은 의약품이나 농약 제조 공정에서는 원료의 조합이나 제품 세척에 순수를 사용합니다. 이들 폐수 중 청정한 부분은 분리수거하여 막여과, 오존산화, 활성탄 흡착 처리 등을 한 후 재사용합니다.

● 수량(水量)

조제 공장의 폐수는 냉각수가 대부분이며, 그 외에 기계 기구류의 세정 폐수가 있습니다. 이에 비해 합성 공장에서는 냉각수에 더해 오른쪽 표에 나타난 유기물을 포함한 폐수가 나옵니다.

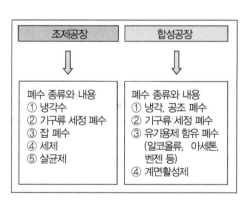

수량은 공장의 규모나 생산 품목에 따라서 항상 바뀌므로 일정하지 않지만 냉각, 공조 폐수가 50～70%, 세정 폐수는 10～20% 정도입니다.

● 주요 처리 방법

폐수의 오염 물질은 산, 알칼리, BOD, COD, SS, N-헥산 추출 물질 등이 주된 것입니다. 이에 대응하는 처리 방법으로는 ① pH 조정, ② 가압부상, ③ 생물 처리, ④ 오존산화, ⑤ 활성탄 흡착 등의 처리를 들 수 있습니다. 활성 슬러지법 등의 생물 처리는 유기물 분해에 유력한 수단이지만 에틸렌글리콜, N-부탄올, 에틸에테르 등의 유기 용제는 생물에게는 난분해성이므로 주의가 필요합니다.

■ 처리 플로우 시트 ①

<그림 4.26.1>에 유기물 농도가 높은(BOD 1,000mg/L) 의약품, 농약 공장 폐수 처리 플로우 시트(예)를 나타냅니다. 조제 공장의 폐수는 양, 질 모두 적기 때문에 별로 문제가 되지 않지만, 합성 공장의 경우는 오염원이 다방면에 걸쳐, 산·알칼리를 시작해 다종류의 유기·무기 약품이 사용됩니다. 합성 공장은 제조공정이 복잡하고 제조 품목이 많아 하루에 100여 가지의 약품을 합성할 수도 있으므로, 사용수량, 폐수의 수질도 항상 변화한다는 특징이 있습니다.

다음 그림은 유기계 의약품 및 농약을 합성하는 공장 폐수 사례입니다. 폐수는 pH7 부근으로 조정한 후 유량 조정조에 저류하여 농도의 균일화를 도모합니다. 전단의 활성 슬러지 처리에 의해 BOD, COD의 대부분을 분해합니다. 하단의 접촉 폭기조에서는 추가로 BOD, COD 농도를 낮춘 후 모래 여과, 활성탄 처리를 실시합니다. 이렇게 해서 정화한 처리수의 대부분은 방류하지만 수질에 따라서는 재사용할 수 있습니다.

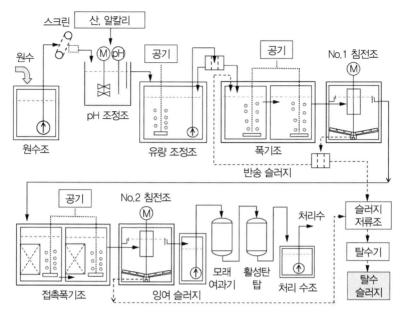

〈그림 4.26.1〉 의약품, 농약 공장 폐수(고농도 BOD) 처리 플로우 시트

■ **처리 플로우 시트** ②

<그림 4.26.2>에 유기물 농도가 낮은 의약품 및 농약 공장 폐수 처리 플로우 시트 (예)를 나타냅니다. BOD, COD 농도가 낮은(BOD 100mg/L 이하) 조제 공장의 폐수나 무기계 약품을 취급하는 공장 폐수는 스크린에서 이물질을 제거한 후 PAC, 수산화나트륨, 고분자 응집제를 사용하여 가압부상 처리합니다. 가압부상 처리수는 모래 여과, 활성탄 흡착 처리 후 방류합니다.

현탁물질이 적고 BOD, COD 농도가 더 낮은 폐수는 직접 유량 조정조에 저장합니다. 유량 조정조에서 농도 균일화를 위한 폐수는 상기와 마찬가지로 직접 모래 여과, 활성탄 흡착 처리를 합니다. 의약품·농약 공장의 합성 공정은 복잡하고, 제품이 다품종이라는 특징이 있습니다.

의약품·농약 공장 폐수 처리에서는 이러한 변화에 대응할 수 있도록 기능별로 분류한 처리 시설 설치를 권장합니다.

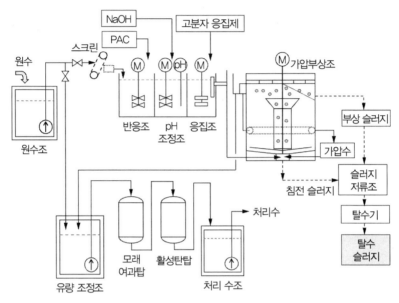

〈그림 4.26.2〉 의약품 및 농약 공장 폐수(저농도 BOD) 처리 플로우 시트

4.27 축산업

축산 폐수는 미처리 상태로 방치하면 악취와 파리의 발생 원인이 될 뿐만 아니라 질산성 질소와 암모늄 화합물이 되어 하천과 지하수를 오염시켜 물환경에 피해를 입힙니다. 따라서 유기물(BOD 성분), 질소화합물, 착색성분의 제거는 중요한 과제입니다.

일본의 수질오염 방지법에 의거한 암모늄 화합물이나 질산성 질소의 배수 기준은 2001년 7월에 일률적으로 폐수 기준(100mg/L)이 정해져 있습니다.[2] 축산업에 대해서는 잠정 폐수 기준(900mg/L)이 설정되었습니다. 현재 잠정 기준의 연장이 2010년 6월 30일까지로 되어 있으며, 향후 기준치가 더욱 엄격해질 것으로 예상됩니다.

업종	축산업
제품명	우유, 식용 쇠고기, 돼지고기, 식용 닭고기, 계란, 피혁
원재료와 처리제	원재료: 우유, 식용 쇠고기, 돼지, 양계 처리제: 사료(밀, 옥수수 등), 목초, 음료수 등
오탁물질	유기물(분뇨 원래의 BOD, COD 물질), 질소 성분, 착색 성분 등

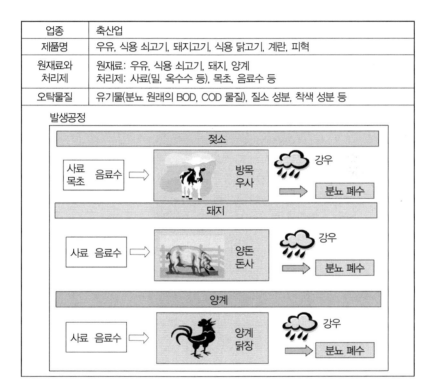

발생공정

● 폐수의 종류

젖소, 식육우, 돼지, 양계 등에서 배출되는 오염 물질의 항목은 pH,

2 국내의 경우는 「가축분뇨의 관리 및 이용에 관한 법률」에 의거하여 동법 시행령 제 13조 [별표 1] 허가대상 배출시설, 동법 시행규칙 제 11조 [별표 4] 정화시설의 방류수 수질 기준을 참고하기 바란다.

BOD, COD, 현탁물질, 질소, 인 등입니다. 일례로 일반적인 소의 분뇨 폐수
는 소변에 5~10%의 분변이 혼입되어 있으며, BOD 농도는 약 12,000mg/L,
암모니아성 질소는 약 4,500mg/L입니다. 인간의 생오줌의 BOD는 약
10,000mg/L, 암모니아성 질소 약 3,000mg/L 정도이므로 사람이나 소나 크
게 다르지 않습니다.

● 수량(水量)

가축의 배설량은 종류, 사료
섭취량, 사육 형태, 계절 등에 따
라 크게 변동되므로 명확한 수
량 산정이 어렵습니다. 현장 상
황에 따라 변동이 있을 수 있지
만 하나의 기준으로 오른쪽 표
에 나타낸 젖소와 돼지의 분뇨
량이 있습니다.

		1일당 분뇨량		
		대변량 (kg)	대변 함수율 (%)	소변량 (kg)
젖소	유축소	55	85	18
	육성우	16	80	8
돼지	새끼돼지	0.6	75	1
	비육돼지	2.2	75	4
	번식돼지	3.3	75	8

사람은 1일에 소변으로 약 1.5kg을 배출합니다. 사람에 비해 가축이 얼
마나 많은 분뇨를 배출하는지 알 수 있습니다.

● 주요 처리 방법

가축의 소변과 대변이 섞인 폐수는 저류 후 2주가 경과하면 암모니아분
과 pH값이 상승하고 이후 서서히 감소합니다. BOD 값은 저장되어 있는
것만으로도 혐기 분해되어 저하된다고 하는 성질이 있습니다. 폐수 처리
는 다음 2단계 처리가 적절합니다.

① 1단 처리: 오수중의 고형물을 침전분리, 스크린여과 등으로 제거합니다.

② 2단 처리: 오수 중의 유기물을 미생물의 작용에 의해 분해합니다. 처리 방법에는 공기를 불어넣어 BOD 성분을 분해하는 활성 슬러지 처리법과 활성 슬러지 처리 후 공기를 차단하여 질소 제거를 하는 혐기성 처리법 등이 있습니다.

■ 처리 플로우 시트 ①

<그림 4.27.1>에 축산 폐수 BOD 처리 플로우 시트(예)를 나타냅니다. 축산 폐수 처리는 정화의 정도에 따라 1차 처리(전처리), 2차 처리(본처리), 3차 처리(고도처리, 후처리)로 나뉩니다. 그림은 1차 처리와 2차 처리의 사

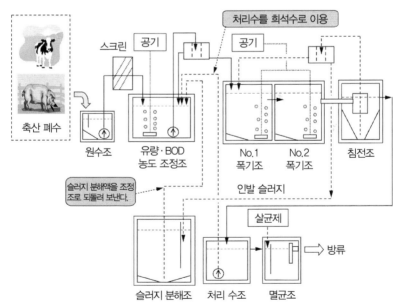

〈그림 4.27.1〉 축산 폐수 BOD 처리 플로우 시트

례입니다.

1차 처리로 원수조의 오염수를 스크린으로 여과합니다. 2차 처리에서는 유량·BOD 농도 조정조에서 폭기조로 흘려보내고 원수의 유량과 BOD 농도를 조정합니다. 폭기조(No.1, No.2)로의 유입량은 24시간 균등하게 조정하는 것이 포인트입니다. 침전조에서는 상징수와 침전 슬러지를 나누는 고액 분리를 실시하게 됩니다. 슬러지는 에어 리프트 펌프로 퍼올려 계량조를 거쳐 No.1 폭기조와 슬러지 분해조에 보냅니다. 슬러지 분해조에 슬러지를 1개월 이상 저장하면 혐기 분해되어 슬러지 양이 줄고 BOD 농도도 저하됩니다. 상징수는 처리 수조를 거쳐 멸균 처리 후 방류합니다. 처리수의 일부는 원수 희석에 재이용합니다.

■ 처리 플로우 시트 ②

<그림 4.27.2>에 축산 폐수 BOD, 질소 처리 플로우 시트(예)를 나타냅니다. 그림은 1차 처리, 2차 처리, 3차 처리의 사례입니다. 1차 처리(스크린 여과)와 2차 처리(활성 슬러지 처리)는 앞에서와 같은 방법입니다.

3차로 질소성분 제거를 위한 탈질소조를 두었습니다. 2차 처리(활성 슬러지 처리)에서는 BOD 농도는 저하되지만, 질소분은 암모니아 성분(NH_3^+)이 질산성 질소(NO_3^-)로 변화되었을 뿐 물속에 남아 있습니다. 그래서 탈질소조에서는 공기 공급을 차단하고 물을 교반하게 됩니다. 이때 탈질소조에 영양원으로서의 BOD 성분(메탄올, 원수의 일부 등)을 첨가합니다. 탈질소균은 이 영양원과 질산성 질소(NO_3^-)의 산소를 흡수하여 서식하므로 NO_3^-는 질소(N_2)가 됩니다. 생물 처리조를 2조로 나누고 있는 것은 오염된 물의 단락 방지를 위해서입니다. 상징수는 처리 수조를 거쳐 멸균 처리 후 방류합니다. 처리수의 일부는 원수 희석에 재이용합니다.

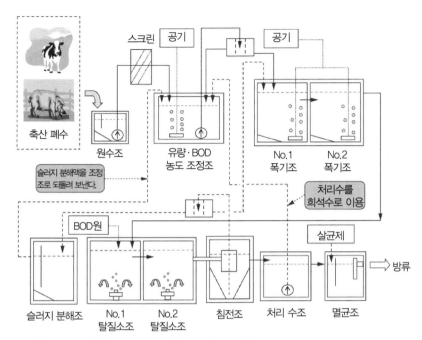

〈그림 4.27.2〉 축산 폐수 BOD, 질소 처리 플로우 시트

4.28 온천여관업

2001년 수질오염방지법(일본) 시행령 개정으로 붕소, 불소가 유해물질에 추가(붕소 10mg/L, 불소 8mg/L)되었으며 온천을 이용하는 여관업도 적용 업종이 되었습니다. 그러나 온천 폐수에서 붕소, 불소를 제거하는 장치는 설치공간, 가격, 유지관리 등의 과제가 많고, 현재 개발 중인 특수성 때문에 3년간 잠정 폐수 기준(붕소 500mg/L, 불소 15mg/L)이 설정되어 현재에 이르고 있습니다.[3]

업종	온천여관업, 당일치기 온천 목욕탕업
제품명	입욕온천 폐수
원재료와 처리제	원재료: 용출 온천수, 퍼올린 온천수 처리제: 비누, 세제, 샴푸, 린스제 등
오탁물질	산, 알칼리, 불소, 붕소, 규소, 유기 오탁물질 등

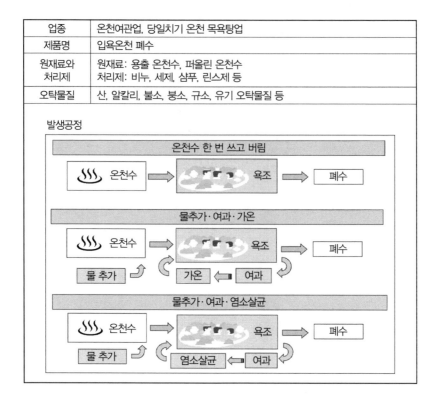

발생공정

온천수 한 번 쓰고 버림

온천수 → 욕조 → 폐수

물추가·여과·가온

온천수 → 욕조 → 폐수
물 추가 / 가온 ← 여과

물추가·여과·염소살균

온천수 → 욕조 → 폐수
물 추가 / 염소살균 ← 여과

여기에서는 호텔, 여관, 당일치기 온천 시설 등에 실제로 적용할 수 있는 폐수 처리 방법에 대해 설명하겠습니다.

● 폐수의 종류

온천법(일본) 제2조 제1항(1948년 7월 10일 제정)에서 온천이란 ① 온천수의 수온이 섭씨 25도 이상으로, ② 다음 표 안의 성분(19개 항목 중 필자

---

3 국내의 경우는 온천, 여관업에서 배출되는 오수는 하수 처리장에서 처리하고 있는 실정이며 「온천법」에서는 동법 시행규칙 제11조[별표 3] 온천 목욕물의 수질 기준 및 수질검사를 규정하고 있으니 참고하기 바란다.

가 주된 것을 선택) 중 어느 하나를 포함하도록 하고 있습니다.

온천 폐수에는 다음 표 안의 성분 이외에 비누, 세제, 샴푸, 린스제 원래의 COD, BOD 물질이나 현탁물질이 포함되어 있습니다.

폐수의 실태나 성분에 대해서는, 현재, 일본 환경성이 여관 업계의 협력을 얻으면서 정보 수집에 임하고 있습니다.

No	주의항목	mg/kg 이상	No	주의항목	mg/kg 이상
1	용존물질(가스성상 제외)	1,000	8	불소이온(F^-)	2
2	유리탄산(CO_2)	250	9	비소히드로비산이온($HAsO_4{}^{2-}$)	1.3
3	철이온(Fe^{2+}, Fe^{3+})	10	10	메타아비산($HAsO_2$)	1
4	망간이온(Mn^{2+})	10	11	총황산(S)	1
5	수소이온(H^+)	1	12	메타붕산(HBO_2)	5
6	브롬이온(Br^-)	5	13	메타규산(H_2SiO_3)	50
7	옥소이온(I^-)	1	14	중탄산소다($NaHCO_3$)	340

● 수량(水量)

온천 중 온천수로부터의 용출량은 그 30% 미만이 자기 분출이지만, 나머지 70% 이상은 동력에 의한 퍼올림으로 많은 온천에서는 이것들이 혼재된 상태로 이용되고 있습니다.

폐수량은 욕조의 규모에 따라 다르지만, 저녁부터 야간에 걸쳐 많아 심야, 이른 아침에는 극단적으로 줄어드는 경향을 나타냅니다.

● 주요 처리 방법

온천 폐수 처리는 아직까지 시행되지 않았기 때문에 확립된 방법은 없지만, 주요 처리 방법으로는 ① 침전법, ② pH 조정 + 침전법, ③ pH 조정,

침전, 여과, 흡착법 등의 조합이 효과적인 수단이라고 볼 수 있습니다.

비소 제거에는 ① 철 이온을 이용한 응집침전법 ② 흡착법 등이 있습니다.

■ **처리 플로우 시트 ①**

<그림 4.28.1>에 온천 폐수 처리 플로우 시트(예)를 나타냅니다.

온천은 본래 자연 유래의 것으로 옛날부터 큰 문제가 생기지 않았기 때문에, 원래 규제하는 것 자체가 이상하다는 의견이 있습니다. 이에 비해 환경성(일본)은 온천 폐수의 조성에 대해 지금까지의 조사 결과가 없고 불분명한 부분이 많기 때문에 현재 여관 업계의 협력을 얻으면서 정보 수집에 임하고 있습니다.

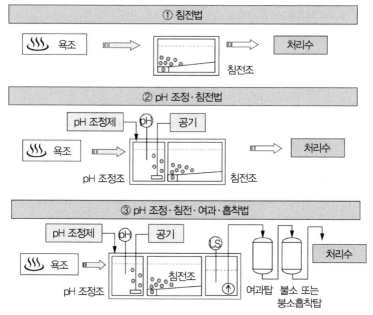

〈그림 4.28.1〉 온천 폐수 처리 플로우 시트

온천 폐수는 앞의 그림 ①과 같이 침전조를 설치하는 것만으로도 상당한 오염물질을 제거하는데, 여기에 ②와 같이 pH 조정조를 설치하면 수질이 상당히 개선됩니다. ③과 같이 pH 조정조, 침전조 뒤에 모래 여과탑을 설치하고 불소 또는 붕소를 선택적으로 흡착하는 흡착제를 충전한 흡착탑을 부가하면 수질이 대폭 개선됩니다.

흡착탑 내의 흡착제가 포화되면 다른 재생 전문 공장에서 재생 후 충진하여 교체하면 사용 현장에서 쉽게 취급할 수 있어 경제적입니다.

■ 처리 플로우 시트 ②

<그림 4.28.2>에 온천 폐수 중의 비소 제거 장치의 플로우 시트(예)를 나타냅니다.

수중의 비소는 3가의 아비산(Arsenic trioxide: H_3AsO_3)이나 5가의 비소산(Arsenious Acid: H_3AsO_4)으로 존재하지만, 지하수 중의 비소는 환원성이므로 아비산의 비율이 높습니다.

비소는 사람의 몸 안에 축적되는 성질이 있어 한도를 초과하면 식욕부진, 권태감, 간 종양, 흑피병(黑皮病) 등을 일으키고 결국 죽음에 이르는 무서운 물질입니다.

비소 제거에는 ① 응집침전법, ② 흡착법이 있습니다. ① 응집침전에서는 철 이온을 비소의 5배 이상 가하고 NaOH 등의 알칼리를 첨가하여 pH6.5~9.0으로 하면 제거할 수 있습니다. 비소의 농도가 낮을 경우는 pH 조정을 한 처리수를 모래 여과 후 비소를 흡착하는 흡착제(킬레이트 수지, 입상 산화철 흡착제, 활성 알루미나 등)를 충전한 흡착탑에 통수하면 비소를 제거할 수 있습니다. 포화에 이른 흡착제는 다른 재생 전문 공장에서 재생 후 충진하여 교체하면 취급이 간편하여 경제적입니다.

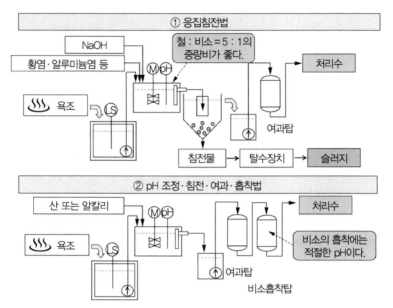

<그림 4.28.2> 비소 함유 온천수의 처리 플로우 시트

산업 폐기물 처리업

산업 폐기물이란 사업 활동에 수반해 생긴 폐기물 가운데, 연통, 슬러지, 폐유, 폐산, 폐알칼리, 폐플라스틱류 그 외 법령으로 정하는 폐기물을 말합니다. 수처리와 관련해서는 폐산, 폐알칼리, 슬러지가 주된 처리 대상이 됩니다.

산업 폐기물은 허가를 받은 산업 폐기물 처리 사업자에게 처리·처분을 위탁하도록 되어 있습니다. 앞으로의 산업 폐기물 처리에서는 재이용, 재자원화, 재활용화를 촉진하는 것이 큰 과제입니다.

업종	폐산·폐알칼리 처리
제품명	폐산·폐알칼리 중화나 물리 화학적 처리에 의해 정화한 물은 공공 수역에 방류하든가 수질에 따라서는 재이용한다.
원재료와 처리제	원재료: 폐산·폐알칼리 처리제: 수산화나트륨, 수산화칼슘, 황산, 염산, 황산알루미늄,과산화수소, 고분자 응집제 등
오탁물질	무기산[황산, 염산, 불산 등), 유기산(옥살산, 주석산(酒石酸),구연산 등]알칼리 폐액, 폐소다액, 돌로마이트(백운석)폐액 등

처리 공정

● 폐수의 종류

폐산, 폐알칼리, 슬러지는 다음 표와 같이 나뉩니다. 중화 처리로 발생된 금속 수산화물이나 유기산 염류를 포함한 슬러지는 함수율 85% 이하로 해서 처분하거나 재이용합니다. 이를 위하여 효율적인 탈수기가 필요합니다.

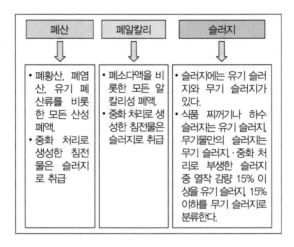

폐산	폐알칼리	슬러지
• 폐황산, 폐염산, 유기 폐산류를 비롯한 모든 산성 폐액. • 중화 처리로 생성한 침전물은 슬러지로 취급	• 폐소다액을 비롯한 모든 알칼리성 폐액. • 중화 처리로 생성한 침전물은 슬러지로 취급	• 슬러지에는 유기 슬러지와 무기 슬러지가 있다. • 식품 찌꺼기나 하수 슬러지는 유기 슬러지, 무기물만의 슬러지는 무기 슬러지·중화 처리로 부생한 슬러지 중 열작 감량 15% 이상을 유기 슬러지, 15% 이하를 무기 슬러지로 분류한다.

● 수량(水量)

폐산, 폐알칼리 양은 발생 사업장에서 수거하는 폐액의 양에 따라 달라집니다. 폐산, 폐알칼리의 비율을 합리적으로 조합하면 새로운 산, 알칼리를 사용하지 않고 처리할 수 있어 경제적입니다.

● 주요 처리 방법

폐산, 폐알칼리의 중간 처리 공장에서는 다음 그림과 같이 산과 알칼리의 수용조를 분리해둡니다. 처리 설비에서는 중화, 탈수, 산화, 환원, 감압 농축 등을 시행합니다. 처리수는 하수도 등의 공공 수역에 방류하거나 공장 내에서 재사용합니다. pH 조정 및 응집침전 처리로 발생한 슬러지는 탈수 후 매립 또는 재자원화합니다.

입고된 폐산, 폐알칼리는 하나의 예로 다음 그림과 같이 시계방향의 흐름에 따라 처리하면 현장 작업이 쉽고 합리적입니다. 탈수 슬러지의 저장탱크는 처리장의 입구나 출구의 도로에 접해 배치하면 반출 작업이 쉬워집니다.

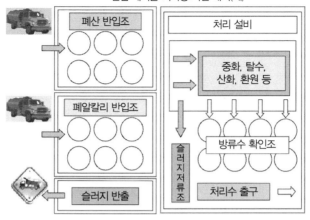

산업 폐기물 처리장 시설 배치(예)

- **처리 플로우 시트 ①**

<그림 4.29.1>에 저농도 COD(COD 1,000mg/L 이하) 폐액 처리 플로우 시트(예)를 나타냅니다.

표면 처리 공장이나 도금 공장에서 배출되는 폐산에는 황산, 염산, 불산 등의 무기계 산 이외에 철, 구리, 아연 등의 중금속이 포함되어 있습니다.

폐알칼리에는 수산화나트륨, 인산나트륨, 수산화칼슘 등의 알칼리 성분과 더불어 계면활성제, 유분 등도 공존합니다.

이 폐액은 혼합하여 pH를 조정하는 것만으로는 폐수 규제값 이하까지 처리할 수 없으므로 응집 보조제나 고분자 응집제 등을 첨가하여 1차 처리를 합니다. 금속 이온은 수산화물로 석출하기 때문에 탈수기를 통해 전량을 여과 탈수합니다.

여과액의 COD 값이 하수도 방류 기준에 미달할 경우에는 철촉매와 과산화수소를 통한 펜톤 처리를 하면 COD 값을 600mg/L 이하로 저감할 수 있습니다.

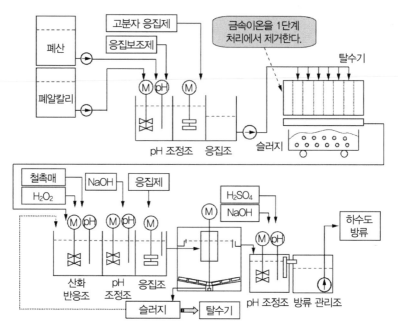

<그림 4.29.1> 저 COD 폐액 처리 플로우 시트

■ 처리 플로우 시트 ②

<그림 4.29.2>에 고농도 COD(COD 1,000mg/L 이상) 폐액 처리 플로우 시트(예)를 나타냅니다.

고농도 COD의 폐산에는 무기산 이외에 구연산, 주석산, 글리콜산 등의 유기산 외에 중금속이 포함되어 있습니다. 폐알칼리에는 무기계 알칼리 이외에 난분해성 계면활성제 및 유분이 포함되어 있습니다.

산업 폐기물 처리의 어려움은 폐산, 폐알칼리에 포함된 성분이 특정할 수 없다는 점입니다. 최근의 경향으로 난분해성 폴리에틸렌 글리콜이나 성분 미상의 불소계 계면활성제 등이 포함되어 있는 것이 있습니다. 이러한 폐산, 폐알칼리는 앞에서와는 다른 처리제로 1차 처리를 합니다. 탈수 여과된 처리액의 COD 값은 1,000mg/L 이상이나 되며 난분해성입니다. 이에 고효율 감압 증류장치로 증류해주면 COD 200mg/L 이하의 처리수를 얻을 수 있습니다.

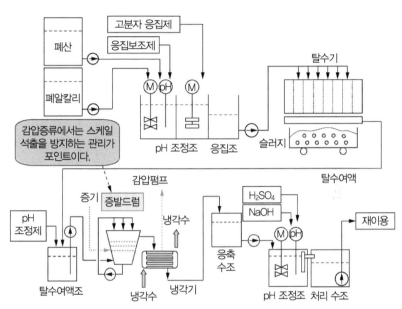

〈그림 4.29.2〉 고 COD 폐액의 처리 플로우 시트

4.30 매립장 침출수

일반 폐기물이나 산업 폐기물의 대부분은 소각되며, 소각재나 타다 남은 것은 매립장에 묻힙니다. 매립장에는 다음 그림과 같이 ① 안정형, ② 관리형, ③ 차단형의 세 가지 유형이 있습니다. 이 중 ② 관리형 매립지에 내린 빗물은 매립 폐기물 속을 통과하는 동안 점차 분해되어 오염수(침출

업종	매립장 침출수 처리
제품명	생물 처리, 중화응집 처리, 산화 처리 등에 의하여 정화된 물은 공공수역에 방류하거나 더욱 고도처리하여 재이용한다.
원재료와 처리제	원재료: 일반폐기물 또는 산업폐기물의 소각재, 잔사 등 처리제: 수산화나트륨, 탄산나트륨, 황산, 황산알루미늄, 과산화수소, 철염, 고분자 응집제 등
오탁물질	유기물(BOD, COD 성분), 산, 알칼리, 중금속류, 회분, 현탁물질, 착색성분 등

처리 공정

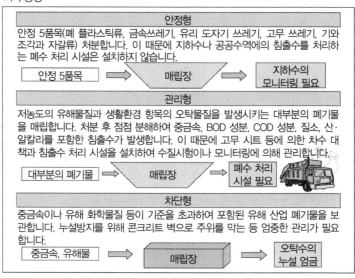

수)가 됩니다.

침출수는 ① 유기물(BOD, COD 성분), 질소 등이 주성분인 경우와 ② 산, 알칼리, 중금속류 등이 다수를 차지하는 경우로 크게 나누어집니다.

● 폐수의 종류

매립장의 침출수는 크게 나누어 유기계, 무기계로 나눌 수 있습니다. 매립장에 따라 오른쪽 표와 같이 양쪽이 혼재되어 있는 경우도 있습니다. 폐수의 종류가 정상적이지 않기 때문에 집수 피트로 모은 폐수는 유량 조정조에서 농도의 균일화를 하는 것이 포인트입니다.

유기계 폐수	무기계 폐수
⇩	⇩
폐수의 주성분 ① BOD 성분 ② COD 성분 ③ N−헥산 추출물질 ④ 회분(Ca^{2+}, Mg^{2+}) ⑤ 취기·착색 성분	폐수의 주성분 ① 산 ② 알칼리 ③ 중금속류 ④ 회분(Ca^{2+}, Mg^{2+}) ⑤ 현탁물질
유기계와 무기계가 혼재한 폐수	

● 수량(水量)

폐수량은 맑은 날일 경우와 우천의 경우 크게 차이가 납니다. 따라서 피트로 모은 폐수는 유량 조정조에 옮겨 농도의 균일화, 처리 수량의 정상화를 합니다.

● 주요 처리 방법

유기계 폐수는 ① 활성 슬러지 처리, ② 탈질소 처리, ③ 응집침전 처리 등으로 처리합니다. 활성 슬러지 처리는 유지 관리가 어렵기 때문에 생물막을 이용한 접촉산화법이나 회전 원판법 등이 유리합니다. 매립장에 가뭄이 계속되어 비가 너무 많이 내리지 않으면 '원 폐수'가 사라지게 됩니다. 이 경우는 생물 처리조에 생물의 먹이가 되는 영양원을 인공적으로 첨가하는 등의 관리가 필요합니다. 소각재에는 칼슘 성분이 많이 포함되어 있으므로 탄산염 등을 사용하여 칼슘을 제거합니다. 무기계 폐수는 ① 중화 응집 처리, ② 펜톤 산화 처리, ③ 킬레이트 수지에 의한 이온교환법 등으로 처리합니다.

모래 여과와 활성탄 처리는 상기 1단계의 처리가 끝난 깨끗한 물을 더욱 정화할 목적으로 진행됩니다. 처리장에 따라서는 MF막, RO막을 이용하여 처리수를 재활용하고 있는 곳도 있습니다.

입유기계 폐수	입무기계 폐수
⇩	⇩
주요 처리 방법 ① 활성 슬러지법 ② 탈질소법 ③ 응집침전법 ④ 모래 여과 ⑤ 활성탄흡착	주요 처리 방법 ① 중화응집법 ② 산화 처리 ③ 모래 여과 ④ 활성탄흡착 ⑤ 이온교환법

■ 처리 플로우 시트 ①

<그림 4.30.1>에 유기계 폐수 처리 플로우 시트(예)를 나타냅니다.

집수 피트의 침출수는 유량 조정조에 보내 농도의 균일화와 처리 설비에의 정상적인 유량 관리를 실시합니다. 침출수는 소각재나 불에 탄 빈 통 사이를 뚫고 나오므로 칼슘 성분을 많이 함유하고 있습니다. 칼슘이 많으면 후단의 생물 처리에 지장이 되므로 탄산나트륨 등의 탄산염을 첨가하여 탄산칼슘으로 제거합니다.

BOD 성분은 생물 처리에서 제외하지만, 활성 슬러지법은 유지 관리가 어렵기 때문에 반송 슬러지가 필요 없는 생물막법을 추천합니다. BOD 성분은 생물분해와 동시에 암모니아 성분(NH_3) 등이 질산이온(NO_3^-)으로 변하며 탈질소조에서 질소(N_2)로 분해됩니다.

접촉폭기조와 탈질소조는 각 2조 이상으로 해야 처리 결과가 안정됩니다.

처리수는 응집 처리 후 모래 여과, 활성탄 처리하여 멸균 후 방류합니다.

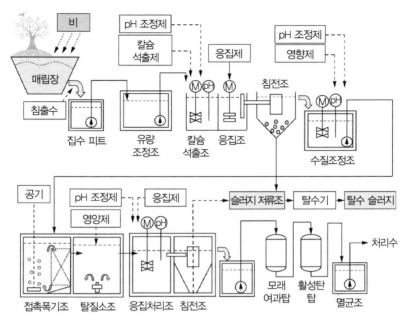

〈그림 4.30.1〉 유기계 폐수 처리 플로우 시트

■ 처리 플로우 시트 ②

<그림 4.30.2>에 무기계 폐수 처리 플로우 시트(예)를 나타냅니다.

집수 피트의 침출수는 유량 조정조에 모아져 농도의 균일화와 처리 설비에의 정상적인 유량 관리를 실시합니다. 침출수는 철분 등의 중금속과 난분해성 유기물을 포함하므로 철촉매와 과산화수소를 사용한 펜톤 산화 처리를 합니다.

이렇게 하면 중금속이나 유기물의 대부분은 제거할 수 있지만 아직 불소, 붕소 등의 음이온 물질이 일부 남게 됩니다. 그래서 pH 조정을 한 후 모래 여과, 활성탄 처리하여 킬레이트 수지로 흡착 처리합니다. 처리수는 수질 확인조에 저류하여 수질을 확인한 후 처리수로 방류하거나 재사용합니다.

상수도 수원이 가까이 있는 처리장에서는 처리수를 다시 MF막, RO막으로 고도 처리하여 재활용하고 있습니다.

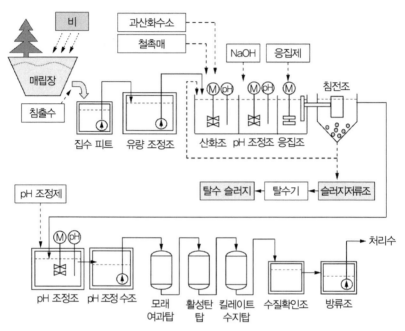

〈그림 4.30.2〉 무기계 폐수 처리 플로우 시트

물의 경도와 요리

음료나 요리에서, 물은 빠뜨릴 수 없는 것입니다. 어떤 물을 사용하느냐에 따라 음료와 요리의 맛을 좌우하게 됩니다. 물의 역할에는 차, 커피, 육수 등의 유효 성분을 추출하는 등의 작용 외에 가열, 냉각, 조미료의 맛을 스며들게 하는 등의 작용이 있습니다. 녹차의 맛은 특히 수질에 영향을 받기 쉬운 것으로 알려져 있습니다.

다음 그림에 연수와 경수의 사용법을 나타냅니다. 일본차의 주요 성분은 감칠맛, 단맛 성분인 '테아닌', 떫은맛 성분의 '카테킨(탄닌)', 쓴맛 성분의 '카페인'입니다만, 이것들은 특히 물의 온도와 경도에 좌우되기 쉬운 성분입니다. 녹차의 민감한 향기를 즐기기 위해서는 경도가 낮은 연수가 적합합니다.

풍미가 중요한 일본식 국물은 재료뿐만 아니라 물의 좋고 나쁨에 따라 맛이 좌우됩니다. 육수의 소재의 성분을 충분히 끌어낼 수 있는 것은 경도가 낮은 연수인 것으로 알려져 있습니다. 다시마와 가다랑어포는 냄새가 나기 전에 빨리 국물을 내는 것이 중요합니다.

연수가 많은 일본에서는 끓인 물을 모두 사용하는 이러한 조리 방법이 발전했습니다. 서양식 수프와 중국 요리 수프는 뼈가 붙은 닭고기와 소고기 등을 향미 채소 등을 끓여서 만들지만, 이때 사용하는 물은 경수가 적합합니다.

경수의 물에 함유된 미네랄 성분이 탁함의 근원이 되는 육류의 단백질과 결합하여 떫은맛이 되기 때문에 그 떫은맛을 정성스럽게 건져 빼면 맑고 맛있는 서양식 스프나 라면 스프가 완성됩니다.

경수가 많은 유럽과 중국에서는 이러한 조리 방법이 발전했습니다.

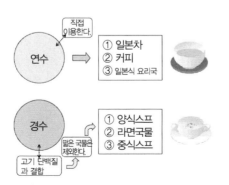

참고문헌

[1] 미야하라 쇼조(宮原昭三) 외, 실용이온 교환, 화학공업사(1979)

[2] 단보 아키히토(丹保憲仁) 편, 수도와 트리할로메탄, 기보당 출판(1984)

[3] 단보 노리히토(丹保憲仁), 오가사와라 코이치(小笠原紘一), 정수의 기술, 기보당출판(1985)

[4] 오야 하루히코(大矢晴彦) 감수, 순수·초순수 제조법, 고쇼보(1985)

[5] 나카시오 마키오(中塩真喜夫), 폐수의 활성 오니 처리, 항성사 후생각판(1986)

[6] 코지마 사다오(小島貞夫), 나카니시 준코(中西準子), 일본의 수도는 좋아집니까, 아키쇼보(1990)

[7] 이데 데쓰오(井出哲夫) 편, 수처리 공학, 기보당 출판(1990)

[8] 와다 요로쿠(和田洋六), 물의 재활용(기초편), 지인서관(1992)

[9] 와다 요로쿠(和田洋六), 물의 재활용(응용편), 지인서관(1992)

[10] 와다 요로쿠(和田洋六) 외, 일본화학회지, No.9(1994)

[11] (사)산업공해방지협회, 공해방지의 기술과 법규(수질편), 마루젠(1995)

[12] 와다 요로쿠(和田洋六) 외, 일본화학회지, No.2(1998)

[13] 와다 요로쿠(和田洋六), 식수를 생각하다, 지인서관(2000)

[14] 후쿠로후 창간(袋布昌幹) 외, 물환경학회지, Vol.26, No.1(2003)

[15] 물핸드북 편집위원회, 물핸드북, 마루젠(2003)

[16] 와다 요로쿠(和田洋六), 조수의 기술(증보판), 지인서관(2004)

[17] 와다 요로쿠(和田洋六) 외, 화학공학논문집, Vol.31, No.5(2005)

[18] 와다 요로쿠(和田洋六), 화학장치, Vol.50, No.8(2008)

[19] 와다 요로쿠(和田洋六), 실무에 도움이 되는 수처리의 요점, (주)공업조사회(2008)

[20] 와다 요로쿠(和田洋六), 수처리 기술의 기본과 구조, (주)슈와시스템(2008)

찾아보기

저자 · 역자 소개

와다 히로무츠(和田洋六)

기업에서 40년에 걸쳐 수처리 기술 연구를 하는 한편, 국가 국제 협력기구 (JICA) 와 경제 산업성의 수처리 기술 전문가로 동남아시아와 남미 여러 나라에서 용수와 폐수처리의 실무 지도를 수행. 경제 산업성 및 환경성의 폐수처리 기술 검토회 위원

약력 공학박사, 기술사(상하수도 부문, 위생공학 부문)
1943년 10월 시나가와현 출생
1969년 3월 동양대학대학원공학연구과(석사 과정) 수료 후 日機装(株)에 입사
1982년 12월 일본 워콘(주)에 근무. 상무 이사 역을 거쳐 현재 상임 감사 역
도까이 대학(東海大学) 대학원 강사(비상근) (1994년~현재)
(사) 일본표면처리 기재 공업회 참여

저서 『물의 리사이클(기초편 · 응용편)』, 지인서관
『조수(造水)의 기술』, 지인서관
『음료수를 생각한다』, 지인서관
『실무에 도움이 되는 수처리의 요점』, 공업조사회
『실무에 도움이 되는 산업별 용수 · 폐수처리의 요점』, 공업조사회
『수처리 기술의 기본과 구성』, 수화시스템

김상배

약력 동부엔지니어링(주) 상하수도부 부사장(산업기계설비기술사)

경희대학교 기계공학과 졸업(학사)

대우중공업(주) 설계부 근무, 두산기계(주) 설계부 근무

태평양건설(주) 플랜트부 근무, 도화엔지니어링(주) 기전부 근무,

(주)삼안 기전부 근무

한국산업인력공단 대한민국 산업현장교수

(사)한국유체기계학회 펌프 및 수차분과 사업위원

(사)한국생활폐기물기술협회 기술이사

역서 『실무자를 위한 수처리 약품기술』, 도서출판 씨아이알

용수·폐수의
산업별 처리 기술

초 판 인 쇄 2022년 4월 11일
초 판 발 행 2022년 4월 18일

저   자 와다 히로무츠(和田洋六)
역   자 김상배
펴 낸 이 김성배
펴 낸 곳 도서출판 씨아이알

책 임 편 집 박영지
디 자 인 윤현경, 김민영
제 작 책 임 김문갑

등 록 번 호 제2-3285호
등 록 일 2001년 3월 19일
주   소 (04626) 서울특별시 중구 필동로8길 43(예장동 1-151)
전 화 번 호 02-2275-8603(대표)
팩 스 번 호 02-2265-9394
홈 페 이 지 www.circom.co.kr

I S B N 979-11-6856-052-9 (93530)
정   가 25,000원